石油库油罐检修技术丛书

石油库油罐清洗与修理

王伟峰　聂世全　主编

中国石化出版社

内容提要

本书为《石油库油罐检修技术丛书》之一，内容紧紧围绕石油库在用油罐清洗修理工程施工与安全管理这一主题，详细介绍了油罐清洗修理工程施工作业中常见问题、采用的安全技术手段、预防事故措施等内容，并从油罐清洗修理工程设计、油罐清洗、油罐局部修理、安全防护与检测装备、安全风险管理等五个方面，阐述了施工作业的基本方法、程序步骤及其施工安全的注意事项。

本书可供石油化工各级管理部门和石油库、加油站的管理人员及技术、操作人员学习、培训使用；也可作为相关专业院校师生的参考用书。

图书在版编目(CIP)数据

石油库油罐清洗与修理／王伟峰，聂世全主编．
—北京：中国石化出版社，2019.9
(石油库油罐检修技术丛书)
ISBN 978-7-5114-5490-4

Ⅰ.①石… Ⅱ.①王… ②聂… Ⅲ.①油库油罐-清洗②油库油罐-维修 Ⅳ.①TE972.07

中国版本图书馆 CIP 数据核字(2019)第 181538 号

未经本社书面授权，本书任何部分不得被复制、抄袭，或者以任何形式或任何方式传播。版权所有，侵权必究。

中国石化出版社出版发行
地址：北京市东城区安定门外大街58号
邮编：100011 电话：(010)57512500
发行部电话：(010)57512575
http：//www.sinopec-press.com
E-mail：press@sinopec.com
北京科信印刷有限公司印刷
全国各地新华书店经销

*

710×1000 毫米 16 开本 15 印张 279 千字
2019 年 10 月第 1 版 2019 年 10 月第 1 次印刷
定价：59.00 元

《石油库油罐清洗与修理》编委会

主 编 王伟峰 聂世全

编 委 王 军 钟 伟 牛星华

孔佑铭 陆鹏州 梁泽彬

前 言
PREFACE

油罐是石油库储存石油产品的核心设备，也是日常设备管理的重点。加强油罐检修对延长油罐使用寿命、确保石油库安全运行具有十分重要的意义。

在长期的石油库工作实践中，我们深深感到，在油罐的"清洗修理、除锈涂装、动火动焊、在线检测"等技术检修工作中，缺少一套系统全面的指导性丛书。于是，在原兰州军区联勤部油料监督处聂世全高工的策划指导下，萌生了编写《石油库油罐检修技术丛书》的想法并付诸实施。该丛书包括《石油库油罐清洗与修理》和《石油库油罐涂装工程设计与施工》两个分册。

该丛书依据国内外相关管理规范和操作规程，参照行业管理要求，紧密结合石油库油罐检修作业实际，在对大量实践经验进行系统分析、总结归纳的基础上，对油罐检修作业的基本方法进行了系统研究探讨，对作业过程中的安全问题进行了全面分析研判，既能指导石油库油罐检修现场作业实施，又有一定的理论高度和学习研究价值。丛书内容来源于工作实践，又服务于石油库一线工作，可供石油化工各级管理部门和石油库、加油站的管理人员、业务技术干部及一线操作人员阅读使用；也可供石油库、加油站工程设计与施工人员和相关专业院校师生参考。

本书介绍了油罐清洗修理工程施工作业中常见问题、采用的安全技术手段、预防事故措施等内容，并从油罐清洗修理工程设计、油罐清洗、油罐局部修理、安全防护与检测装备、安全风险管理等五个方面，阐述了施工作业的基本方法、程序步骤及其施工安全的注意事项。

本书第一章、第二章、第五章由王伟峰、钟伟、牛星华编写；第三章、第四章由聂世全、王军、陆鹏州编写；第六章、第七章由王军、梁泽彬编写；全书由王伟峰、聂世全统稿。

本书在编写过程中，参阅、选用了大量专业书刊、法规、规范、规程、规章的相关内容，以及施工单位的技术方案，在此对这些作者深表谢意。由于编写人员水平有限，书中不当之处在所难免，恳请读者批评指正。

目录

第一章　绪论 …………………………………………………………（ 1 ）
第一节　油罐清洗修理工程施工作业的重要意义 …………………（ 1 ）
一、油罐清洗修理的目的 ………………………………………（ 1 ）
二、油罐清洗修理的意义 ………………………………………（ 2 ）
第二节　油罐清洗修理工程施工的特点及规范要求 ………………（ 2 ）
一、在用油罐清洗修理工程施工特点 …………………………（ 2 ）
二、油罐清洗修理工程施工相关规范要求 ……………………（ 5 ）
三、油罐清洗修理工程施工的原则 ……………………………（ 6 ）
四、油罐清洗修理工程施工的基本依据 ………………………（ 6 ）

第二章　油罐清洗作业及施工案例 ……………………………………（ 8 ）
第一节　油罐清洗概述 ………………………………………………（ 8 ）
一、油罐清洗的功能 ……………………………………………（ 8 ）
二、油罐清洗时机 ………………………………………………（ 9 ）
三、油罐清洗的质量要求 ………………………………………（ 10 ）
第二节　油罐清洗作业流程 …………………………………………（ 11 ）
一、作业准备 ……………………………………………………（ 11 ）
二、排出底油 ……………………………………………………（ 15 ）
三、油气排除 ……………………………………………………（ 16 ）
四、油气检测 ……………………………………………………（ 18 ）
五、进罐准备 ……………………………………………………（ 18 ）
六、进罐清洗 ……………………………………………………（ 19 ）
七、验收复位 ……………………………………………………（ 20 ）
第三节　油罐清洗方法及作业要点 …………………………………（ 21 ）
一、油罐清洗方法 ………………………………………………（ 21 ）
二、油罐清洗方法步骤对比分析 ………………………………（ 23 ）
三、油罐清洗主要步骤操作要点及要求 ………………………（ 25 ）
四、卧式油罐清洗 ………………………………………………（ 26 ）
第四节　油罐清洗安全措施 …………………………………………（ 26 ）
一、作业安全监护 ………………………………………………（ 27 ）

二、照明与通信 …………………………………………………（27）
三、作业证制度 …………………………………………………（28）
四、个人安全防护 ………………………………………………（28）
五、防中毒防窒息 ………………………………………………（28）
六、防人身伤害 …………………………………………………（30）
七、防火防爆 ……………………………………………………（30）
八、防静电 ………………………………………………………（31）
九、污物处理 ……………………………………………………（31）
第五节　油罐清洗检查验收 …………………………………………（32）
一、油罐清洗检查验收内容 ……………………………………（32）
二、油罐清洗检查验收方法 ……………………………………（32）
三、油罐清洗验收质量要求 ……………………………………（33）
四、油罐清洗验收报告结构形式 ………………………………（33）
第六节　油罐清洗施工方案举例 ……………………………………（37）
一、总则 …………………………………………………………（37）
二、工程概况 ……………………………………………………（37）
三、施工进度计划 ………………………………………………（37）
四、作业准备 ……………………………………………………（37）
五、操作流程 ……………………………………………………（39）
六、环保专项方案 ………………………………………………（43）
七、特殊情况处置 ………………………………………………（44）
八、油罐清洗作业应急预案 ……………………………………（44）
九、油罐清洗合同样本 …………………………………………（47）
第七节　油罐清洗机器人系统介绍 …………………………………（52）
一、国外清洗机器人研究现状 …………………………………（53）
二、国内清洗机器人研究现状 …………………………………（54）
三、油罐清洗机器人功能概述 …………………………………（55）
四、油罐清洗机器人工作一般步骤 ……………………………（56）
五、油罐清洗机器人的技术难点分析 …………………………（57）
六、原油储罐清洗系统简介 ……………………………………（58）

第三章　油罐修理设计 ……………………………………………………（61）
第一节　油罐换底改造设计 …………………………………………（61）
一、油罐换底方法 ………………………………………………（61）
二、油罐更换新底板基本要求 …………………………………（64）
三、油罐顶升换底法主要构造及施工要求 ……………………（66）

四、油罐复合换底法主要构造和施工要求 …………………（ 68 ）
　　五、油罐中幅板拆除换底法主要构造和施工要求 ……………（ 72 ）
　　六、油罐边板边拆边换法主要构造和施工要求 ………………（ 73 ）
　　七、弃底增基换底法主要构造和施工要求 ……………………（ 74 ）
　　八、沥青砂垫层铺设技术要求 …………………………………（ 79 ）
　　九、检验与检测 …………………………………………………（ 80 ）
　第二节　油罐局部修理设计 ………………………………………（ 81 ）
　　一、油罐修理方法的确定 ………………………………………（ 81 ）
　　二、油罐不动火修理设计 ………………………………………（ 81 ）
　　三、油罐动火修理方法基本要求 ………………………………（ 83 ）
　　四、油罐修理质量要求 …………………………………………（ 87 ）
第四章　油罐局部修理施工 …………………………………………（ 88 ）
　第一节　在用油罐常见缺陷分析 …………………………………（ 88 ）
　　一、油罐缺陷部位特点 …………………………………………（ 88 ）
　　二、油罐渗漏缺陷特点 …………………………………………（ 89 ）
　　三、油罐常见缺陷分析 …………………………………………（ 89 ）
　第二节　油罐局部修理要求 ………………………………………（ 91 ）
　　一、油罐局部修理范围的界定 …………………………………（ 91 ）
　　二、油罐修理周期 ………………………………………………（ 92 ）
　　三、油罐局部修理条件 …………………………………………（ 92 ）
　　四、油罐局部修理质量要求 ……………………………………（ 94 ）
　第三节　油罐局部修理方法 ………………………………………（ 94 ）
　　一、油罐局部修理原则 …………………………………………（ 94 ）
　　二、油罐局部修理特点 …………………………………………（ 95 ）
　　三、油罐局部修理分类 …………………………………………（ 96 ）
　　四、油罐局部修理程序 …………………………………………（ 96 ）
　　五、油罐局部修理技术要求 ……………………………………（ 97 ）
　第四节　油罐不动火修理 …………………………………………（ 98 ）
　　一、法兰堵漏法 …………………………………………………（ 98 ）
　　二、环氧树脂玻璃布修补法 ……………………………………（ 99 ）
　　三、弹性聚氨酯涂料修补法 ……………………………………（ 99 ）
　　四、罐底螺栓堵漏法 ……………………………………………（100）
　　五、直角支承顶压粘接堵漏法 …………………………………（101）
　　六、侧面支承顶压粘接堵漏法 …………………………………（101）
　　七、快速堵漏胶堵漏法 …………………………………………（101）

  八、快速堵漏胶棒堵漏法 ……………………………………………（102）
  九、应急堵漏器堵漏法 ……………………………………………（103）
  十、孔缝堵漏法 ……………………………………………………（103）
  十一、美特铁材料修理 ……………………………………………（104）
 第五节 油罐动火修理 …………………………………………………（105）
  一、油罐渗漏修理 …………………………………………………（105）
  二、油罐凹瘪修复 …………………………………………………（106）
  三、油罐翘底修理 …………………………………………………（109）
  四、油罐底板变形修理 ……………………………………………（110）
  五、内浮顶油罐倾斜修复 …………………………………………（110）
  六、卧式油罐变形修理 ……………………………………………（112）
  七、油罐倾斜修理 …………………………………………………（113）
 第六节 油罐动火修理安全措施 ………………………………………（115）
  一、一般要求 ………………………………………………………（115）
  二、洞库防火隔离 …………………………………………………（115）
  三、动火注意事项 …………………………………………………（116）
 第七节 油罐局部修理检查验收 ………………………………………（117）
  一、基本要求 ………………………………………………………（117）
  二、质量检验 ………………………………………………………（117）
  三、验收准备 ………………………………………………………（119）
  四、检查验收内容 …………………………………………………（120）
  五、资料要求 ………………………………………………………（120）
  六、交接手续 ………………………………………………………（121）
 第八节 油罐局部修理实例 ……………………………………………（121）
第五章 油罐清洗修理工程施工作业安全管理 ……………………………（124）
 第一节 油罐清洗修理工程施工作业危险因素分析 …………………（124）
  一、中毒窒息 ………………………………………………………（125）
  二、着火爆炸 ………………………………………………………（126）
  三、静电危险 ………………………………………………………（127）
  四、污染环境 ………………………………………………………（129）
  五、罐体变形报废 …………………………………………………（129）
  六、人身伤害 ………………………………………………………（130）
  七、作业时机不当 …………………………………………………（130）
  八、制度不落实 ……………………………………………………（130）
 第二节 油罐清洗修理工程施工安全事故与教训 ……………………（130）

一、油罐清洗修理及除锈涂装作业安全事故案例分析 …………（130）
　　二、油罐清洗修理及除锈涂装施工作业安全事故的主要教训 ………（146）
第三节　油罐清洗修理工程施工安全管理措施 ……………………（147）
　　一、健全组织，明确程序，细化规程，落实责任制 ………………（147）
　　二、认真考察，规范招标，严格筛选，选择过硬施工队伍 ………（150）
　　三、全面细致，精细准备，履职尽责，完善开工条件 ……………（152）
　　四、加强监督，突出细节，严密管控，堵塞各项安全漏洞 ………（154）
第四节　油罐清洗修理工程施工作业安全技术措施 ………………（157）
　　一、安全技术通用要求 ………………………………………………（157）
　　二、可燃性气体检测 …………………………………………………（157）
　　三、安全防护用具 ……………………………………………………（158）
　　四、通风换气 …………………………………………………………（158）
　　五、作业环境 …………………………………………………………（161）
　　六、清洗油罐安全要求 ………………………………………………（161）
　　七、油罐修理安全注意事项 …………………………………………（162）
　　八、油罐清洗修理及除锈涂装作业消防安全要求 …………………（163）
　　九、油罐除锈总体安全要求 …………………………………………（164）
　　十、油罐涂装总体安全要求 …………………………………………（165）
第五节　防窒息中毒技术措施 ………………………………………（166）
　　一、准备工作 …………………………………………………………（166）
　　二、打开油罐人孔 ……………………………………………………（167）
　　三、进罐前预防措施 …………………………………………………（167）
　　四、进罐技术措施 ……………………………………………………（167）
　　五、油气中毒机理及预防对策 ………………………………………（167）
　　六、油气中毒救治措施 ………………………………………………（168）
　　七、防窒息中毒注意事项 ……………………………………………（169）
第六节　防着火爆炸技术措施 ………………………………………（169）
　　一、油罐清洗修理施工期间危险环境等级和范围划分 ……………（170）
　　二、油罐清洗修理对电气设备的防爆要求 …………………………（170）
　　三、油罐清洗修理作业过程中防爆要求 ……………………………（171）
　　四、油罐维修动火焊接过程防爆要求 ………………………………（172）
第七节　防静电危害技术措施 ………………………………………（174）
　　一、作业前准备 ………………………………………………………（174）
　　二、施工管道 …………………………………………………………（174）
　　三、人体防静电 ………………………………………………………（174）

V

四、操作防静电 …………………………………………………………（174）
  第八节　防工伤事故技术措施 ……………………………………………（175）
　　一、高处作业防工伤事故 ………………………………………………（175）
　　二、作业人员防护 ………………………………………………………（178）
　　三、工伤事故处置 ………………………………………………………（178）
第六章　油罐清洗修理及除锈涂装施工作业安全防护与检测装备 ………（179）
  第一节　个体防护装备 ……………………………………………………（179）
　　一、个体防护装备的分类 ………………………………………………（179）
　　二、头部防护装备 ………………………………………………………（180）
　　三、呼吸器官防护装备 …………………………………………………（180）
　　四、眼、面部防护装备 …………………………………………………（181）
　　五、听觉器官防护装备 …………………………………………………（182）
　　六、手（臂）防护用品 …………………………………………………（182）
　　七、足部防护用品 ………………………………………………………（184）
　　八、躯体防护用品 ………………………………………………………（184）
　　九、皮肤防护用品 ………………………………………………………（185）
　　十、防坠落用具 …………………………………………………………（185）
　　十一、医疗救护设备 ……………………………………………………（187）
　　十二、油罐清洗防护装具 ………………………………………………（187）
  第二节　安全检测装备 ……………………………………………………（189）
　　一、可燃性气体检测仪 …………………………………………………（189）
　　二、静电测量仪 …………………………………………………………（190）
　　三、接地电阻测量仪 ……………………………………………………（192）
　　四、超声波测厚仪 ………………………………………………………（193）
　　五、涂层测厚仪 …………………………………………………………（195）
第七章　油罐清洗修理及除锈涂装工程施工作业安全风险管理 …………（201）
  第一节　安全风险评估管理 ………………………………………………（201）
　　一、安全风险分类 ………………………………………………………（202）
　　二、安全风险评估组织程序 ……………………………………………（203）
　　三、安全风险评估方法任务 ……………………………………………（203）
　　四、安全风险评估原则 …………………………………………………（204）
　　五、安全风险评估内容 …………………………………………………（204）
　　六、安全风险评估报告 …………………………………………………（205）
　　七、安全风险评估主要表格式样 ………………………………………（205）
　　八、事故树分析法在安全风险评估中的应用 …………………………（211）

九、安全风险评估应注意把握的几个问题 ……………………（213）
第二节　安全风险预警管理 …………………………………………（214）
　　一、安全风险等级 ……………………………………………（214）
　　二、安全风险预警类别及预警区分 …………………………（214）
　　三、预警信息发布 ……………………………………………（215）
　　四、预警发布时间 ……………………………………………（215）
　　五、安全风险管控 ……………………………………………（215）
第三节　安全风险应急管理 …………………………………………（219）
　　一、风险应急响应级别及响应内容 …………………………（219）
　　二、风险应急教育 ……………………………………………（219）
　　三、风险应急预案 ……………………………………………（220）
　　四、风险应急训练 ……………………………………………（220）
　　五、风险应急处置 ……………………………………………（220）
　　六、风险应急处置后的恢复与重建 …………………………（221）
　　七、安全风险应急管理应把握的几个问题 …………………（221）
参考文献 ………………………………………………………………（224）

第一章 绪 论

石油库油罐清洗修理工程施工是一项具有系统性、复杂性、综合性、连续性、技术性和危险性的工作，不仅包括在爆炸危险环境进行油罐清洗、修理两项高危作业，还涉及通风驱除油气、设备安装调试、动焊动火、高处施工等多项风险作业，"防火防爆、防窒息中毒、防静电危害、防工伤事故"任重而道远。可以说，在爆炸危险环境中，各个作业环节紧密相连，环环相扣，互相贯穿，首尾相连，且作业时间长，体力消耗大，环境条件差，施工要求苛刻，稍有疏忽，就有可能造成工期延误、工程环节顺延不畅、工程质量下降、工程成本上升等问题，甚至出现前功尽弃、重复施工、返工等现象。同时，若不注重安全把控，不加强现场安全管理，不重视提高人员安全素养，出现人员伤亡、设备损毁、设施报废的风险也很高，大量事故案例和血的教训无不证明了这一点。

油罐是石油库储存石油产品的核心设备，其技术性能是否良好直接关系到储存产品的可靠性和连续运营的安全性，对保证石油库安全起着至关重要的作用。油罐清洗修理是保证油罐技术性能良好的一项经常性检修维护工作。整项工作包括油罐清洗修理工程施工方案拟制、技术设计、组织管理、安全施工、作业流程、施工方法到质量标准、质量控制、风险管控、应急处置、个体防护、检查验收等，内容杂而多，安全要求高，需要用标准规范和严格管理来确保油罐清洗修理工程施工安全顺利有序进行，需要内容紧贴在用油罐实际、紧贴石油库现场实际，适用性好，针对性操作性强，更需要对施工过程实施严密组织，对作业现场严格控制，从而实现工程设计、方案编制、组织计划、施工管理、质量控制及评定、交工验收与安全操作等各个环节的安全高质高效。

第一节 油罐清洗修理工程施工作业的重要意义

一、油罐清洗修理的目的

为确保石油库在用油罐安全性和油品质量，延长油罐使用寿命，规范石油库正规化建设，避免出现漏油事故，提高经济效益和社会效益，提升油料供应保障能力，促进储存油料质量合格和安全管理，在用金属油罐使用达到一定年限后，必须进行腾空清洗，并根据油罐实际情况，实施修理作业，以便于"清除底部油污、修复变形、消除渗漏风险、恢复使用功能"等，从而达到"继续使用、废物利用、资源再生、能源节约、低碳环保"的目的。

为此，国家相关标准明确规定：500m^3及其以上使用罐，每月放沉淀检查，每年清洗一次；500m^3以下使用罐，每月放沉淀检查，每半年清洗一次；经常收发油品的储存罐，每半年检查一次，3年清洗一次；长期储油的储存罐，5~7年清洗一次(每次腾空必须清洗)；沉淀罐，每半年清洗一次。另外，轻质油罐清洗周期不得超过三年，重柴油罐清洗周期不得超过两年半，润滑油罐清洗周期不得超过两年。同时，要结合油罐清洗，检查罐内底板、壁板和焊缝的腐蚀、变形情况；罐内加热盘管的安装和腐蚀状况；检查各种与油罐连接的法兰密封面和垫片状况，以及与油罐相连接阀门内部密封件等状况。如难以检修则应更换。

二、油罐清洗修理的意义

科学、适时地做好油罐清洗修理工程施工作业是充分发挥油罐社会、经济和军事效益，减少水分、杂质及其对油罐的腐蚀和对油品的污染，提高油罐使用寿命的最有效最基本的方法。油罐清洗修理工程施工是由"油罐清洗、通风换气、动火用电"等多项操作组成的综合性技术作业，其特点是涉及内容多、连续性强、投资大、工期长，外来施工人员多，施工管理和质量控制难度较大，安全风险高，任何一个环节出现疏漏，都会影响施工质量，给油罐安全运行带来潜在隐患。特别是洞库、覆土式油罐施工条件恶劣，由于设计、管理等原因，极易出现清洗不彻底、修理不到位、安全管控难等问题，造成油罐使用寿命缩短，甚至出现安全事故。为此，分析总结石油库在用油罐清洗修理工程施工作业特点，从筹划、设计、安全、施工、验收等方面研究探讨油罐清洗修理工程施工作业方法，加强统筹管理，规范操作流程，实施科学施工，强化风险管控，保证施工质量和施工安全，是一项利国利民利于社会的大好事，对促进经济社会协调稳定持续和谐发展具有重要意义。

第二节 油罐清洗修理工程施工的特点及规范要求

一、在用油罐清洗修理工程施工特点

1. 在用油罐与新建油罐清洗修理工程施工特点对比

油罐是存储油料的重要容器，由于使用年限较长，外部所处环境恶劣，内部水杂沉积物较多，锈蚀现象在所难免，势必影响到油罐的正常使用。当油罐有渗漏、损坏等问题发生时，首先需要对油罐进行腾空清洗，然后，才能对油罐进行检查、局部修理（堵漏）、大修换底、除锈、涂装防腐等工作。由于罐内残存有易燃液体、有毒性易爆炸气体，在用油罐清洗修理工程施工是在有限空间内的一种非常规、高风险作业，操作涉及多项综合作业，极易发生着火爆炸、中毒窒息和人员受伤等事故。因此，保证施工安全至关重要，做好安全工作的核心就是细化操作规程、严格按章办事、全面落实安全责任制。本书中的相关内容也充分体现了这种精神。

对于石油库来讲，在用油罐清洗修理工程施工作业与新建油罐相比，有如下特点：

（1）在爆炸危险场所施工，环境恶劣，危险因素多，安全风险大，必须采取隔离危险源、切断相关电气接线、通风清除油气等技术防范措施；

（2）有非常规、高风险的复杂清洗工序，清洗后，还要涉及对旧油罐技术鉴定、技术缺陷排除及局部修理、甚至大修换底施工内容和工序衔接等问题；

（3）通过对旧油罐锈蚀特点、锈蚀部位分析，需要针对旧油罐所处环境和技术质量情况，进行锈蚀等级鉴定，从而确定除锈方式、除锈等级问题；

（4）进行局部修理以及大修换底前、后均需对旧油罐进行除锈，涉及除锈交叉施工工序问题；

（5）对于洞库、覆土式油罐，在有限空间内施工，涉及通风、排除有害气体、涂层干燥时间、质量控制等特殊问题。

上述情况都需要施工的组织者和管理者高度重视，并严格按照相关规范组织实施。

2. 清洗修理工程施工存在的主要问题及原因分析

为规避由于油罐腐蚀带来的风险，必须做好油罐的清洗修理等一系列工作。目前，在用油罐清洗修理工程施工中主要存在4个方面的问题。

（1）忽视设计要求。油罐清洗修理工程施工作业作为一项技术含量较高的工程项目，在施工前必须进行设计，才能做到施工有据可依，才能有效保证施工质量和涂装效果。在实际工作中，由于施工单位执行相关规程不严格，忽视设计要求，造成工程争议大、遗留问题多等问题频发。

（2）污物处理随意。油罐内清出的污水（含冲洗油罐的含油污水）、污物及干洗油罐用过的木屑等没有按规定进行处理，污水直接排入水体或大地，污物乱倒乱撒。这样做既污染水体和环境，又成为石油库运行的不安全因素。《军队油库油罐清洗、除锈、涂装作业安全规程》规定，含油污水，必须经过处理并达到GB 8978—1996《污水综合排放标准》的三级标准才能排入水体或大地；"罐内清出的污物和木屑等通常采用自然风化法，严禁乱倒乱撒"。

(3)油罐后天缺陷查找不准。由于油罐在长时间的交变载荷(如油面的升降造成的压力波动)的作用下,新产生的应力裂纹和疲劳裂纹往往比较细小,不容易发现,造成维修不到位。

(4)防护措施缺失。清洗修理工程施工作业是一项非常规、高危险,管理难度大的作业。近年来,由于相关规程不完善、执行不严格,在国内外,存在着防护措施缺失问题,导致发生着火爆炸、人员中毒死亡、工伤等事故(后面章节还要专门讨论)。

油罐清洗修理工程质量方面存在上述问题的原因归纳起来有以下几点。

(1)石油库人员缺乏油罐清洗修理方面的知识。如一些石油库相当数量人员不知道油罐清洗的基本步骤和方法,不知道修理后油罐焊疤的危害性;也不知道油罐常用的动火和不动火修理方法。

(2)施工单位技术力量薄弱。如在检查和验收中曾向施工单位负责技术的人员提问,储油罐换装清洗应该注意的主要问题是什么?换装清洗与日常清洗有什么不同要求等,回答:不知道。

(3)监理监督不够全面到位。在施工作业中,作业现场都有石油库人员进行监督检查。但检查监督人员既缺乏清洗修理方面的知识,又没有清洗修理施工经验,而且极少进入油罐内进行质量检查,偶尔进去也提不出具体问题,只能起到监督施工人员不违反石油库管理规定的作用,对于清洗修理工程施工质量起不到检查监督作用。

(4)合同内容不够完善规范。如建设和施工单位的职责规定不明,没有清洗修理等方面的质量要求,起不到约束双方履行职责的作用。有的单位施工季节不当,施工环境相对湿度大,钢板表面有冷凝水,造成施工质量下降。

(5)资金投入不够及时足额。由于油罐清洗修理工程投入经费少,石油库为完成任务,只能寻找要价低的施工队施工。而施工队既缺乏必要的技术人员,又不按清洗修理工程施工程序作业,出现质量问题也就不足为奇了。

3. 预防清洗修理工程施工质量问题的对策

根据油罐清洗修理工程施工存在的问题和原因,预防质量问题的对策可从以下几个方面进行:

(1)采取多种方式传授清洗修理知识和施工经验。丰富的理论知识、实践经验和安全意识是施工过程安全的重要保障之一,要采取多种有效渠道方式,夯实人员培训基础,提高人员驾驭施工管理的能力,如举办短训班、技术讲座、印发有关清洗修理施工和质量检验的资料等。

(2)规范施工合同的内容,选好施工季节。按国家规定的施工合同模式,明确建设和施工单位的职责,规定清洗修理的质量要求,严格按照合同要求进行检查验收。油罐清洗修理施工作业一定要选在比较干燥的季节进行。

（3）选配好施工现场的检查监督人员。如选用有责任心，工作认真负责的人员担任现场检查监督人员，并对其进行必要的清洗修理知识和施工经验方面的培训，或者聘请有清洗修理知识和施工经验、工作负责任的退休人员担任现场检查监督工作。

（4）适当增加清洗修理工程的投入，择优选用施工队伍。按照工程设计方案、所用原料、施工方法等进行概算或预算，根据概算或预算确定投入经费；对施工单位的技术力量和施工水平必须进行考核。在考核的基础上采取评标或者议标的方法确定施工单位。

（5）石油库和上级业务主管部门应进行严格的检查验收。在工程施工中，必须在清洗修理工序完成后，进行质量检查，并实行签证制度，凡不符合质量要求的必须返工；竣工后的检查验收，必须检测清洗修理质量和外观，并对施工技术资料和有关文件进行认真的检查和核对，凡不符合要求的不能通过验收。

二、油罐清洗修理工程施工相关规范要求

首先，对于在用油罐清洗修理工程施工作业中，目前尚无针对性强、适用性好的专业技术规范和标准，在具体施工中，只能参照相关的一系列技术标准规范和要求；实际施工中，主要参照国家新建油罐相关标准、行业标准和传统经验做法。

其次，对于新建油罐而言，国家标准和行业标准间部分技术指标要求也存在差异，给操作带来诸多不便，国家标准更有普适性，行业标准更具针对性。因此，在执行的过程中要区别对待，具体问题具体分析，结合要求找出适合本单位油罐实际情况的标准数据。

再次，针对在用油罐检修维护，相关行业出台了相应了的标准，如 SY/T 5921—2017《立式圆筒钢制焊接油罐操作维护修理规范》、QSY 165—2006《油罐人工清洗作业安全规程》和《军队油库立式钢制油罐换底大修改造技术规程》等，从一定程度上对油罐清洗修理整修提供了操作标准，对保证施工安全发挥了重要作用，受到了大家欢迎。但也存在一些问题，最大问题是未对施工质量与控制操作进行规范，重点偏重于安全管理。因此，在部队油罐的清洗修理工程施工作业过程中，对施工质量的检查验收还需要参照其他相关规范，存在不配套、不完善、不方便等诸多不便之处，给施工管理和检查验收带来了一定的难度。

总之，在用油罐的清洗修理工程施工作业没有现成的规范作为依据，只能参照国家、行业、军队相关内容的技术规范。而国家标准、行业标准和军队标准主要是针对新建油罐制定的，不完全适用于在用油罐。因此，在具体的操作过程中，必须在吃透各种标准规范的基础上，灵活把控标准的使用，本着就高不就低的原则开展工程施工作业，从而确保工程的质量。

三、油罐清洗修理工程施工的原则

（1）贯彻"质量第一，科学管控，确保安全，预防为主"的方针，从有效提高油罐使用寿命出发，从保证施工安全出发，从提高经费效益出发，处理好需要与可能的关系。

（2）总结吸纳国内外石油库在用油罐清洗修理作业经验教训，吸收采用国内外成熟的新技术和相关标准的先进内容。

（3）突出实用性和操作性，即要体现本单位油罐的特点，又要与国家、行业标准相协调。

（4）针对洞库、覆土式油罐，在用油罐清洗修理具有独特性、更大的危险性，要结合石油库现行管理体制，突出石油库安全作业。

（5）在标准的使用和把控上，当出现模棱两可的情况时，要准确理解标准的适用范围，掌握本单位油罐的实际情况，使工程建设依据的标准参数精准适用，又能满足安全要求，不出现浪费现象，更不能出现不达标、满足不了工作需要的现象。

四、油罐清洗修理工程施工的基本依据

油罐清洗修理工程施工要依据国家有关规范，比照军队、石油化工部门相关行业标准，结合石油库在用油罐清洗修理特点和多年来石油库施工管理经验而进行。

油罐清洗修理工程施工作业所依据的相关标准规范共分为"国家标准、行业标准、部队标准（隶属于行业标准）、企业标准"四个层次，具体如下：

1. 国家标准

GB 50341—2014《立式圆筒形钢制焊接油罐设计规范》

GB 50128—2014《立式圆筒型钢制焊接储罐施工及验收规范》

GB 2894—2017《安全标志及其使用导则》

GB 13348—1992《液体石油产品静电安全规程》

GB 15599—2009《石油与石油设施雷电安全规程》

GB/T 3787—2017《手持式电动工具的管理、使用、检查和维修安全技术规程》

GB 50205—2001《钢结构工程施工质量验收规范》

GB 50484—2008《石油化工建设工程施工安全技术规范》

GB 50236—2011《现场设备、工业管道焊接工程施工规范》

GBZ 2.1—2007《工作场所有害因素职业接触限值》

2. 行业标准

SY/T 5921—2017《立式圆筒钢制焊接油罐操作维护修理规范》

AQ 3009—2007《危险场所电气防爆安全规范》
MH 5008—2005《民用机场供油工程建设规范》
JJG 693—2011《可燃气体检测报警器检定规程》
SH/T 3903—2017《石油化工建设工程项目监理规范》
SY/T 6620—2014《油罐检验、修理、改建及翻建》
SY/T 6696—2014《储罐机械清洗作业规范》

3. 部队标准(属于行业标准范畴)

YLB 3001A—2006《军队油库爆炸危险场所电气安全规程》
YLB 3002A—2003《军队油库防止静电危害安全规程》
YLB 25.2—2006《军队油库设备技术鉴定规程 第2部分：油罐》
YLB 06—2001《军队油库油罐清洗、除锈、涂装作业安全规程》
YLB 37—2010《军队油库预防雷电危害安全规程》
军队油库用火安全管理规定
军队油库设备技术管理规定
立式钢制油罐换底技术规程
军队油库外来施工人员安全管理规定
军队油库安全工作评价标准
军队油库安全度评估标准
军队油库违章行为问责规定
军队油库应急情况处置规定
军队油库应急情况处置预案编制规定(试行)
军队油库安全专项整治管理规定
军队油库设备设施整修改造安全施工十条禁令
军队油库作业安全风险评估与预警规定

4. 企业标准

QSY 165—2006《油罐人工清洗作业安全规程》
Q/SH 0519—2013《成品油罐清洗安全技术规程》

第二章
油罐清洗作业及施工案例

石油库输油设备和管道经过长期的使用会产生大量的油泥及沉淀物，再加上油罐由于检修改装，使用年限较长，淤渣沉积严重，油罐底部逐渐积聚了大量的杂质和水分，罐内壁也附上许多油污垢。这些杂质和水分不但影响油罐的正常储存，还会使油品的质量降低，并影响油品的计量精确度，加速油罐腐蚀，严重时会引起底板穿孔，造成漏油事故；同时，在油品输运过程中，由于杂质和水分增多，容易产生静电并积聚，造成静电事故。为了确保油罐的正常安全使用，油罐必须定期或不定期进行清洗，通过清洗，去除罐内积存的水分、杂质，从而保证油品的质量，提高油品清洁度，减少它们对油罐（主要是罐底）的腐蚀，延长油罐使用期限，避免事故的发生。另外，油罐清洗后，还可以为油罐的检修及除锈、涂装等后续工作做好准备。因此，油罐清洗是保证油料质量、减轻油罐腐蚀、预防事故发生的重要措施，是石油库的一项经常性工作，是油罐维护管理的重要内容之一。

第一节　油罐清洗概述

一、油罐清洗的功能

油罐是储存油料的重要容器，由于使用年限较长，外部所处环境恶劣，内部水杂沉积物较多，锈蚀现象在所难免，再加上油品也常带有细微的铁锈、杂质、水分和细菌等，这些细微的铁锈、杂质日积月累黏附在储存油罐的底部及内壁上，会造成油罐的堵塞和腐蚀、泄漏；特别是储存柴油的油罐，细菌在有水的环境下不断生长，并长出油泥，油泥很容易通过输油系统进入客户车辆之引擎注油系统，最后阻塞注油管路，造成车辆故障。若这些杂质、细菌长期得不到彻底清除、阻止油菌生长，会直接影响到油品的质量和油罐的正常使用。或者当油罐有渗漏、损坏等问题时，都应对油罐进行检查、局部修理（堵漏）、除锈、涂装防腐，但首先需要对油罐进行腾空清洗。

油罐清洗主要包括对罐内所有金属结构部分的表面、焊缝、罐顶（浮顶）内外表面和油罐的附件及连接的管线进行清洗。清洗作业主要包括清扫、冲洗及擦洗罐内壁及罐底，除去杂质、油泥，废物外运，油罐通风、油气检测等。油罐清洗是表面处理、局部修理前的基础工作。所以，清洗是保证油罐储存油料质量、减轻油罐底板腐蚀、增加油罐有效容积、提高油罐检尺精度的基本要求，也是油罐局部修理、防腐施工的前期工序，为油罐局部修理、防腐施工提供安全和质量保证。

二、油罐清洗时机

油罐清洗一般分为定期清洗和非定期清洗。定期清洗是为了保证储存油料质量，延长油罐使用寿命，方便定期检查与维护罐内设施，同时，也可为复测油罐，校对或编制容积表提供条件。非定期清洗是为油罐更新、改造，进行动火修补提供必要的条件。通常在下列情况下，应对油罐进行清洗：

（1）按规定清洗周期已到期。长期储存油料的油罐应当在该罐油料发出后及时清洗；经常收发的油罐、储存舰用燃料油的油罐，5年内应当清洗一次；一般轻油3年，润滑油3年，重柴及农用柴油2.5年。

（2）新建油罐在装油之前进行清洗。

（3）换装不同品种的油料时，原储油料对新换装油料质量有影响时，应进行清洗。表2-1列出了油罐更换储油品种时的清洗要求。

表2-1 油罐更换储油品种时的清洗要求

油品名称	航空汽油	喷气燃料	汽油	溶剂油	煤油	轻柴油	重柴油	燃料油（重油）	一类润滑油	二类润滑油	三类润滑油
航空汽油	3#	3	3	3	3	3	0	0			
喷气燃料	3	3#	3	3	3	3	0	0			
汽油	1	2	1	1	2	2	0	0			
溶剂油	3##	2	3	1	2	2	0	0			
煤油	2	1	2	2	1	2	0	0			
轻柴油	2	1	2	2	1	1	0	0			
重柴油	0	0	0	0	0	0	1	1			
燃料油（重油）	0	0	0	0	0	0	1	1			
一类润滑油									2	3	3
二类润滑油									1	1	2
三类润滑油									1	1	1

注：1. 带#的表示残存油与装入油的种类、牌号相同，并认为符合要求时，可按1执行。带##的表示食用油脂、抽提用的溶剂油不包括在本项中，应专门容器储存。

2. 符号说明：

0 表示不宜装入。但遇特殊情况，可按3的要求，特别刷洗后装入。

1 表示不需要刷洗。但要求没有杂物、油泥等。罐车底残油宽度不宜超过300mm，油船、油罐残油深度不宜超过300mm（判明同号油品者不限）。

2表示普通刷洗。清除残存油，进行一般刷洗。要求不准残留明水、底油、油泥及其他杂质。

3表示特别刷洗。用适宜的洗刷剂刷净或溶剂喷刷(刷后需除净溶剂)，必要时用蒸汽吹刷，要求达到无杂质、水分、油垢和纤维，并无明显铁锈。目视或用抹布擦拭检查不呈现铁锈色或黑色。

3. 润滑油类别说明：

一类润滑油：仪表油、变压器油、汽轮机油、冷冻机油、真空泵油、电容器油、高速机械油等。

二类润滑油：机械油类(高速机械油除外)、内燃机油类、压缩机油、轧钢机油等。

三类润滑油：汽缸油、车轴油、齿轮油等。

（4）油罐损坏必须采用焊接方法进行修复时，应先腾空油料冲洗油罐排净油气，工程完工后再经过清洗才能装油。

（5）油罐运行时间较长，腾空后检查油罐不清洁，底部沉积较多杂质、污泥和砂土，影响油料质量，减少油罐有效容积，降低油罐检尺精度，加剧油罐底板腐蚀时。

（6）储存喷气燃料，达到油料质量规定的清洗时限的油罐需要清洗。

（7）需要对油罐进行涂装作业前应先进行清洗。

（8）油罐拆除或空置前。

（9）因其他情况需要清洗的。

三、油罐清洗的质量要求

由于清洗油罐的目的不同，对油罐清洗后的具体质量要求也不同。油罐清洗一般质量要求是：清洗后罐壁应无油脂、油污和尘土，无残余水分、沉积物等附着物；油罐内可燃性气体浓度应在爆炸下限的4%以下。

（1）用于储存高级润滑油和性质要求相差较大油罐的重复使用，要求达到无明显铁锈、杂质、水分、油垢，用洁布擦拭时，应不呈现显著的脏污油泥、铁钙痕迹。

（2）不换装其他油品，属于定期清洗的，应清除罐底、罐壁及其附件表面沉渣油垢，达到无明显沉渣及油垢。

（3）换装其他油品时，要彻底清洗，达到无污水、底油、泥沙、锈杂等杂物和酸、碱化学性腐蚀物质。

（4）新建或改建的油罐，只要除去罐内的浮锈和污杂即可。

（5）属于检修及内防腐需要清洗的油罐，应将油污、锈蚀积垢彻底清除干净，用洁布擦拭无脏污、油泥、铁锈痕迹且应露出金属本色，即可进行内防腐和检修。

（6）焊修油罐或进行其他加热工作时，必须预先将油罐内残存的污垢和油蒸气彻底清除。罐底严重渗漏时，必要时要将整个渗漏部分冷割下来，在焊接修补这部分壁板时，加热区内要用惰性气体保护。对于被油污染的泥土要挖除干净，用干净泥土封闭污垢坑面，然后用干净沙子充填。油罐清洗干净后，在罐面锈皮或鳞片的后面仍可能积存可燃物质，应进行清除，直至出现金属面为止。

（7）油罐涂装前必须清除表面油脂、化学品和其他残留污染物。主要原因是油罐受化工大气、海洋大气的腐蚀，在安装或使用过程中，表面会残留盐分、油脂、化学品和其他污染物，如果直接进行喷射或打磨处理，一部分污染物会随着磨料或锈蚀产物脱离钢材表面，还有一部分将会在处理过程中，被嵌入表面锚纹中，形成油膜等。嵌入表面的污染物会严重影响涂料与金属基体的附着力，降低某些涂料的干燥性，涂层的缩孔、起泡和锈蚀，往往始于油污之处。

（8）在油罐清洗作业过程中，要采取有效措施，尽量减少油品损失。

（9）验收合格后的油罐在有监督的条件下，立即封闭人孔、采光孔等处，连接好有关管线，恢复至原始状态。一般应采取谁拆谁装，谁装谁拆的做法以防止遗漏。

（10）油罐清洗作业结束后，应按规定彻底清理现场，并做好清洗作业记录，切实做到安全施工、文明施工。

总之，清洗后的油罐要求达到"无铁锈、无杂质、无水分、无油垢"；清洗作业完成后，应由双方负责人员共同对清罐工作质量进行验收，并签署验收报告；验收合格后的油罐，应立即进行人孔封闭、管线连接，恢复至原来的技术状态。

第二节　　油罐清洗作业流程

油罐清洗在长期的工作实践中，通过不断积累、总结、完善、提高，逐步形成了标准化的作业流程。地面油罐清洗作业一般按照"作业准备、排出底油、排出油气、油气检测、进罐准备、进罐清洗、验收复位"七个标准化步骤进行。这一标准化的作业流程，对提高清洗质量、降低事故发生、减少财产损失和人员伤亡至关重要。

洞库油罐和覆土油罐，由于其自身的特殊性，无法有效进行自然通风，为了减少罐底油污、水杂及沉淀物持续挥发油气，在排出底油后，应及时进行机械通风，并清理干净罐底水杂等污物，与地面油罐清洗作业"七步法"略有不同。

一、作业准备

油罐清洗作业必须做好充分的准备，准备工作越细致周密，后续工作将会越顺利，出现危险的可能性也会越小，要认真落实"预防为主"的方针，防止发生各类事故，是保证作业安全和人员身心健康的前提。石油库应根据操作规程和实际情况制定油罐清洗年度计划，与收发油作业相协调，尽量安排在初春或初秋进行。在清洗前，要对油罐进行计量，估计该油罐的残存油量、积水量和污泥量，估计油罐清洗用水总量，准备好污水处理系统；要检查油罐防雷、防静电接地装置，沿罐周长的间距不应大于30m，接地点不少于2个，接地电阻不宜大于4Ω；检查浮顶罐浮船与罐壁连接的静电导出线，其截面积不应小于50mm^2，数量不应少于2根，连接牢固可靠；要对与油罐相关的工艺管线、阀门、法兰、液位计、感温电缆、光纤光栅等采取必要的安全保护措施；要按照确定的施工方案和技术措施要求，备齐清洗所需的符合防火、防爆安全要求的动力源、设备、工具、检测仪器仪表及消防装备器材等，检查其技术状况并确保良好。在年度清洗计划的统一协调下，对于临时或单次清洗任务，准备工作主要包括"成立清罐领导小组、进行危害因素识别和安全风险评估，制定清洗作业方案和安全措施、选择合格承包商、现场交底，安全教育、仪器检查"等内容。

1. 成立油罐清洗工作领导小组

石油库应成立由主任、值班领导、业务处长、保管队长、检修所长、维修管护、警戒消防、计量检定等人员组成的油罐清洗工作领导小组（石油库要以正式文件的方式存档备案）。石油库主任为领导小组第一责任人，负责统一指挥油罐清洗的组织协调、施工管理和安全防护等工作，并召集有关部门人员，进行组织分工，把作业人员分为：组织计划组、现场施工组、安全监护组、器材保障组、通风作业组、设备检修组和应急处置组等，指定各组具体负责人，明确任务，设备到位，责任到人，安排制定清洗作业方案，及时上报上级业务主管部门批准。一个完整的清罐工作领导小组由以下人员和职能构成：

（1）清罐作业领导小组负责人，由石油库主任或值班主任担任，负责清罐工作全面领导，指定现场负责人，监督清罐作业全过程，批准作业方案、安全措施、操作规程，签发作业证等。

（2）组织计划组负责人，由业务处长或负责工程建设的高级工程师担任，主要负责油罐清洗和检定实施计划的编制和审核；组织指导编制油罐清洗作业施工方案（含罐底油品、油泥的处置方案）和安全技术方案，组织审查施工方案及油罐检修前的工艺处理方案；负责油罐检定工作的组织，并提出储罐维修的专业意见；负责审核罐底油泥的处理、处置方案及含油污水的排放、处理方案。

（3）现场施工组负责人，由业务处长或保管队长担任，必须亲临现场，主要负责清罐作业的组织协调，填写报批开工作业证，签发班（组）作业证，对重要环节进行监督检查，及时解决危及安全的问题，不得擅离职守；组织油罐清洗现场作业条件确认，为油罐清洗工作提供必要的工况条件及清洗工作中的工艺、机械、电气、仪表、自控专业设备管理；办理现场有关作业票证；组织油罐清洗现场安全措施制定、落实及监督检查；具体组织实施油罐清洗工作和罐底油品处置工作。班（组）长主要负责进罐作业证的填写和报批，做到班前、班中、班后的安全检查，清点作业人员，检查工具、器材等。

（4）安全监护组负责人，由保管队长或消防负责人担任，主要负责现场安全管理工作和作业监护，对于不符合规定和方案要求的单位和个人，有权停止其作业；负责油罐清洗过程中安全环保工作的监督管理，组织审查安全技术方案，并参与审查施工方案、安全环保措施等；落实消防安全责任制，保障消防通道、疏散通道、安全出口的畅通，配置足够的消防设施和器材，设置消防安全标志等；负责油气浓度的检测记录；安全员负责清罐作业安全检查，督促班（组）落实安全措施，发现险情及时制止，并立即向现场负责人报告。

（5）器材保障组负责人，由业务处工程师或助理员担任，主要负责为清洗油罐人员提供所需防爆工具、安全照明、安全带、安全帽、防毒面具、护目镜、工作服、防护用具、消防器材等。

（6）通风作业组负责人，由保管队长或班长担任，主要负责作业前和作业中的机械通风和自然通风，确保油气浓度在规定的范围内。

（7）设备检修组负责人，由检修所长或班长担任，主要负责设施设备的检修维护、油罐钢板的测厚等。

（8）应急处置组负责人，由检修所长、警勤队长或消防负责人担任，主要负责按照有关安全规定以及施工方案、安全技术方案的要求，监督检查清罐施工作业现场安全管理及安全措施的落实、到位情况，一旦遇有情况，迅速启动应急处置预案，投入到抢险救援工作中去。

（9）清罐作业单位负责人，由具体承担施工单位的项目经理或领导担任，主要根据拟清洗油罐竣工图、油罐类型、所储油品性质、储存区环境、事故记录和使用情况，负责制定清洗油罐施工方案、操作规程和安全环保措施并报批，协助建设单位做好施工现场安全管理和质量管控等工作。

2. 危害因素识别和安全风险评估

清罐作业主要有"缺氧窒息、有毒有害气体中毒、火灾、爆炸、高处坠落、物体打击、机械伤害、触电"等危险有害因素。要针对这些危害因素，逐一进行分析，找准消除这些危害因素的对策措施，并进行安全评估，使危害降低到最低，隐患全部排除，控制在不发生事故的范围内。

3. 制定清罐方案及安全措施

在清罐工作领导小组的领导下，由组织计划组编制油罐清洗方案，制订安全措施及应急预案，明确油罐清洗的基本要求、清洗步骤、安全目标和确保安全生产的技术组织措施和应急处置措施等。特别是在安全目标的制订上，强调执行HSE安全体系，保证无人身伤、亡事故；无人身群伤事故；无重大火灾事故；无设备重大损坏事故。执行HSE安全生产责任制，做到人人讲安全、人人讲健康、人人讲环保、人人管安全，人人有责任。制定有效的HSE安全教育培训制度、安全检查制度，并严格落实执行，做好HSE安全生产宣传工作。作业期间，应做好班前安全教育，班中安全监督检查，班后安全讲评。

4. 选择合格承包商

油罐清洗作业必须有专门的清洗作业队(或石油库自己组织的作业队)。作业队一般有司泵员、机修工、装卸工、消防员、计量员、化验员、医务人员等组成，分成现场作业组、输油输水组、设备操作组、检测联络组、安全救护组和后勤组等。油罐清洗作业虽然承包给了外来施工单位，但石油库不能放任不管，对作业队的现场施工，必须有库领导或现场负责人专门负责，指定双方作业监护人，把任务落实到各组及个人，使每人都了解油罐清洗方案。同时要对作业监护人和施工人员进行安全教育，了解防火防爆、防静电、防毒及防工伤各项规定，进行必要的考核，考核合格后方可签证录用，并签订安全协议。

5. 现场交底

现场技术交底是准备工作的最后一环，要做好安全措施及物资、工具、器材的准备工作，并对主要设备做检查，如防毒面具必须进行防毒试验，合格的方可使用。现场交底主要包括以下13项内容：

(1) 清洗油罐必须按照规程要求，严格作业程序，把油罐内清洗和作业的危害控制到最低限度；远离火源，不得有易燃易爆物在现场，罐内必须采取有效通风。

(2) 被清洗油罐，应与输油管线脱离，并在法兰处加盲板封堵，防止油气进入油罐；同时应打开人孔、采光孔及量油孔，拆下呼吸阀、安全阀、阻火器等附件，使被清洗罐得到充分的自然通风而往外排出油蒸汽，直到罐内油气浓度符合安全规定的标准为止。

(3) 进罐人员必须穿戴工作服、工作鞋、工作手套、戴防毒面具，规格尺寸应保证佩戴合适性能良好，使用时必须严格遵守产品说明中的注意事项，呼吸软管内外表面不应被油类等污染；严禁穿着化纤服装，不得使用化纤绳索及化纤抹布等，气体检测人员必须穿着防静电服及鞋。

(4) 打开人孔，分层检查罐底油料质量，确定存油排除及处理方案。

(5) 进罐前作业人员需释放自身静电；还要带上信号绳和保险带，进罐时间不宜太长，一般为15~20min为宜，轮班作业，每人每工作日最多重复4次，时间间隔不少于1h；罐外设专人负责监护。

(6) 油罐当油气浓度超过该油品爆炸下限的1%而低于4%时，允许作业人员在不佩戴呼吸器具情况下短时间进罐作业，但应佩戴防毒口罩且每次作业不应超过15min；在此浓度下，也可以使用类似过滤式的呼吸器具(如滤毒式防毒面具)，但其气体空间的含氧量不应低于18%。

(7) 由于作业影响而使罐内油气浓度超过允许值时，作业人员应迅速撤离现场，重新通风，直到油气浓度降到规定值时，方可继续作业。

(8) 清罐作业人员不得用高压水枪冲刷或用化纤拖把抹布等擦拭罐壁，以防产生静电，引起油气爆炸。清洗残油污水应用扫帚或木制工具，严禁用铁器和钢制工具，防止出现火星引发事故。

（9）在清罐作业时，有高强闪电、雷击频繁或暴雨来临，必须立即停止作业。

（10）蒸汽法清洗时开始应封闭罐内所有孔盖，待温度达到60～70℃时，再打开盖继续蒸洗，使罐内残油完全溶解为止。

（11）不得利用输油管代替洗罐用的进水管道，必须临时安装进水管道；不准使用高压水枪或使用喷射蒸汽冲洗罐壁；当罐内油气浓度超过该油品爆炸下限的10%时，不应使用压缩空气进行清罐，同时禁止进罐人员使用氧气呼吸器，以防增加助燃的危险性。

（12）清洗以后的油罐罐壁须采取有效的防锈措施，否则很快就会发生氧化反应。

（13）清罐结束后、清理现场。

二、排出底油

油罐清洗前必须排出底油，正常情况下只能采用自流排出底油、机械抽吸排出底油或垫水排出底油。底油排空后，宜采用手摇泵或真空泵将罐底存水抽吸至排污池等处，严禁直接排入下水道。排出底油的工作流程是：

（1）计量罐内油品，液位输转或发油至输油管出口以下。

（2）设置警戒区、警戒线、警戒标志（注：一般规定罐壁四周35m范围为警戒区）；标志要清晰明了，一般警戒语是：危险区域，禁止入内。

（3）断开与油罐相连的管线加盲板，并挂牌标识。

（4）断开相连导线、电动阀门、计量系统的电源等。

（5）自流排出底油，设有升降管的油罐，应将其放至最低位置，以便排除管内油品。设有排污管的油罐，打开排污阀自流排油，直至油品不再流出为止。桁架罐、浮顶罐、无力矩罐应注意检查立柱中是否存有油品。

（6）采用机械抽吸排出底油。

① 通过排污阀自流排油，直至油不再排出时为止。

② 将带静电导出线的胶管由油罐低位人孔（或管线）插入罐底，并用石棉被封盖，用手摇泵或真空泵（配套电机应为隔爆型，并置于防火堤以外）抽吸底油，放至回空罐或油水分离罐（池）或油桶等内，盛油容器距离油罐人孔应大于10m，直至抽不出为止，若确认底油排空完毕30min后，应通过量油孔、排油孔等处对罐内油气浓度进行测试并记录。

③ 采用电动机械抽吸应办理临时用电、用火作业许可证。

④ 底油抽完后，拆除抽吸底油的设备，清理现场。

⑤ 整个作业过程要做好安全防护，消防器材到位，消防安全员值守监护。

(7) 采用垫水排出底油。

① 油罐倒空后应精确计量底部的存油(水)并予以记录，以便确定垫水高度及水泵的运行时间。

② 垫水时应选择其适宜的开孔处(如量油孔)，以带静电导出线的胶管伸至油罐底部。垫水时流速不宜太大，一般初始流速应控制在1m/s左右，待油水界面形成后经过计量，使其界面处位于出油管线上沿0.5~1cm为宜。

③ 垫水结束后，从罐内抽出该进水胶管，用输油管线或临时敷设的胶管将垫起的底油放至回空罐或油水分离罐(池)或油桶内。此间应严防冒顶。同时还应通过计量检查底油是否完全排空。否则应继续垫水，直至罐内确认排空底油为止。

④ 确认排空底油30min后，应通过量油孔等处对罐内油气浓度进行测试并记录。

三、油气排除

油气排除主要有"通风、充水、蒸汽"三种方法驱除油气，实际操作中应以机械通风、自然通风为宜。

1. 通风换气要求

通风换气对保证安全作业至关重要，通风换气前，应满足下列条件：

(1) 石油库必须根据实际情况制定排气的具体方案和作业程序，经清罐工作小组审查同意后实施，并做好现场监护。

(2) 底油已按要求清除完毕。

(3) 切实断开(拆断或已加盲板)油罐的所有管路系统

(4) 切实已拆断油罐的阴极保护系统等。

(5) 电气设备满足安全防爆要求。

(6) 通风设备、管路工艺合理。

(7) 其他机械设备的技术状况良好。

(8) 设置警戒区、警戒线、警戒标志。

为了提高油气的扩散效果，作业过程中，应尽可能地使油气向高空排放，始终进行机械或良好的自然通风。机械通风排出油气时，应采取正压通风，不得采取负压吸风，通风量应大于残油的散发量，机械通风防爆风机应安装在上风口。

2. 机械通风的作业程序

(1) 打开油罐下部人孔。

(2) 打开罐顶上部采光孔、量油孔，卸下呼吸阀等(对于洞库和覆土隐蔽库油罐尚应以风筒由油罐光孔等处连接后通向洞外或覆土罐外，以防油气在洞室内或巷道内弥留漫延，其他孔则应关闭)。

(3) 油罐人孔、上罐入口处设置"危险！严禁入内"警告牌。

(4) 采取正压通风，通风量应大于残油的散发量。

(5) 先将防爆风机固定在油罐下部人孔，再连接防爆电机的电气线路。经检查无误后，启动防爆风机，进行强制机械通风(对于洞库或覆土隐蔽库原来装设的风机亦可根据需要配合工作或单独工作)。

(6) 进行间歇式通风。即每通风 4h，间隔 1h，连续通风 24h 以上，每小时通风量宜大于油罐容积的 10 倍以上，直至油气浓度达到规定数值后，方可佩戴相应的呼吸器具和采取必要的防护措施入罐进行作业。

(7) 对于空气流通良好的油罐，可采用自然通风 10 天以上，经测试，油气浓度达到规定数值后佩戴相应的呼吸器具和防护措施，方可入罐作业。但如需动火时，则必须进行机械强制通风。

3. 充水驱除油气的作业程序

(1) 设置警戒区、警戒线、警戒标志。

(2) 卸下进出油管线阀门。

(3) 靠近油罐的一端连接充水管线，其间应设置阀门以控制充水流量，另一端以盲板封住。

(4) 切断或关闭胀油管阀门。

(5) 在罐顶适宜的开孔处安装好溢水胶管接头，溢水管线的口径应大于进水管线的口径。

(6) 检查无误后，启动水泵缓慢充水(初始流速应控制在 1m/s)。待水面超过入口高度时，逐渐加大流量；当罐内水量达到 3/4 罐容时，应逐渐减小流量；待水面逐渐接近罐身上沿时，应暂停充水，浸泡 24h 并可启动风机排除油气。

(7) 然后再启动水泵继续向罐内缓慢充水直到充满，使水和油气从排水管线流至排污池等处。

(8) 经过一定时间后即可停止充水而改为由排污管线将污水排至排污池等处。严禁直接排入下水道。

(9) 当污水排放到最低液位，可卸下充水管线，把手摇泵的吸入管由此管口伸入到油罐底部，将罐底存水抽至排污池等处。

4. 蒸汽驱除油气的作业程序

(1) 设置警戒区、警戒线、警戒标志。

(2) 向罐内放入少量的水。

(3) 将蒸汽管做良好接地(蒸汽管一般做成十字形接管，管上均匀钻小孔)，用竹或木杆自人孔处将蒸汽管伸入油罐中的四分之一处。

(4) 打开采光孔等使油罐有足够大的蒸汽排放通道。

(5) 在罐外固定好蒸汽管道，然后缓慢通入蒸汽。当罐内温度升到 65~70℃ 时，维持到要求时间。

用蒸汽吹扫过的油罐,要注意防止油罐冷却时产生真空,损坏设备。蒸汽压力不宜过高,一般应控制在 0.25MPa 左右。采用低压蒸汽驱除油气的蒸汽管道的管径和蒸刷时间一般是:1000m^3 以下油罐,管径 50mm 时,为 15h 以上;1000m^3 以上油罐,管径 75mm 时,为 20h 以上;3000m^3 以上油罐,管径 75mm 时,为 24h 以上;5000m^3 以上油罐,管径 75mm 时,为 48h 以上。

四、油气检测

简单地讲,油气检测按以下三步进行:

(1) 石油库气体检测人员必须经过培训合格取证。

(2) 采用 2 台以上相同型号规格的防爆型可燃气体测试仪进行检测(带导管防爆型可燃气体测试仪)。

(3) 气体检测的范围,应包括甲、乙、丙$_A$ 类油品的储罐内、洞室或巷道等作业场所及附近 35m 范围内可能存留油品蒸气的油气浓度,主要包括水封井、罐区低洼处、高位人孔、低位人孔、罐区外低洼处等。

(4) 油罐气体测试点应至少抽取 3 个点进行检验,分别为油罐中心、人孔处、人孔内侧 1m 处。测试点距离地面应在 0.2m。

(5) 每次通风(包括间歇通风后的再通风)前以及作业人员入罐前都应认真进行油气浓度的测试,并应做好详细记录。

(6) 作业期间,应定时进行油气浓度的测试。正常作业中每 8h 内不少于 2 次,以确保油气浓度在规定范围之内。

(7) 测试仪器必须在有效检定期之内,方可使用。

油气检测完毕后,应根据检测数据确定下一步的工作内容,具体油气浓度标准要求为:

① 作业现场的油气浓度超过该油品爆炸下限的 40% 时,禁止入罐清洗作业;

② 油气浓度为该油品爆炸下限 4%~40% 时,进罐作业人员必须佩戴隔离式防毒面具;

③ 油气浓度超过该油品爆炸下限 1% 并低于 4%,氧气含量 19.5%~23.5% 时,可佩戴过滤式呼吸器具作业不应超过 15min,每天最多重复工作 4 次,时间间隔不少于 1h;

④ 油气浓度低于该油品爆炸下限 1% 时,允许在无防护措施情况下 8h 作业;

⑤ 油气浓度不大于 0.2% 时,方可动火作业。

五、进罐准备

油气检测符合进罐条件后,就要做好进罐的准备工作,准备工作一般分为五步:

(1) 核查进罐作业人员身体状态是否符合作业要求。

(2) 检查佩戴的呼吸防护装备、防护服装及使用的清罐工具、应急救护器具和灭火器材是否符合安全要求。如有必要应进一步进行器材的检查试验。

(3) 办理进入受限空间作业许可证。现场负责人在施工现场签发"进入受限空间作业许可证",同时涉及用电、用火作业的,还应办理相应许可证。

(4) 设置警戒区、警戒线、警戒标志。

(5) 照明应采用防爆手电筒作局部照明或电压不应超过12V安全行灯。

六、进罐清洗

在充分做好进罐准备的基础上,清洗人员就可以按要求进入油罐开始施工作业了,主要有9个步骤:

(1) 检测人员应在进罐作业前30min再进行一次油气浓度检测,确认油气浓度是否符合规定的允许值,并做好记录。清罐工作领导小组人员进行一次现场检查。

(2) 再次复核、确认作业许可证、安全措施等。

(3) 安全监护人员进入作业岗位后,作业人员方可进罐作业。进罐人员、监护人员及使用工具须有登记表,见表2-2。人员轮换过程也应记录在登记表中,并在油罐的进出口附近公示进罐人员登记表,以便随时作为紧急应变使用。

表2-2 进入受限空间人员、设备登记表

受限空间名称		监护人	
进入时间		出来时间	
进入人员姓名		出来人员姓名	
设备情况	名称	进入数量	出来数量

(4) 作业人员腰部应系有救生信号绳索,绳的末端留在罐外,以便随时抢救作业人员。

(5) 作业人员佩戴隔离式呼吸器和防护器具进罐作业时,每30min轮换一次。

(6) 作业期间每隔4h检测一次油气浓度。

(7) 清除污杂。在实际工作中,利用自流和抽吸是不可能将底油腾空的。对罐底出现凸凹不平,经自流和机械方法不能排净,留有较多底油的情况,应采取有效防护措施,且经领导小组审查后,可实施人工清扫底油、水和沉淀物,即人员戴空气呼吸器,进罐清扫油污水及沉淀物。如油罐需进行无损探伤或做内防腐时，应用铜刷进一步清除铁锈和积垢，再用金属洗涤剂清洗，并用棉质拖布擦拭干净。油罐污杂，在作业期间应淋水，以防自燃。通常做法是：

① 人工用特制铜（铝）铲（撮子）或者钉有硬橡胶的木耙子，清除罐底和罐壁的污杂及铁锈。

② 用特制加盖铝桶盛装污杂，并用适宜的方法人工挑运或以手推车搬运等运出罐外。

③ 以白灰或锯末撒入罐底后，用铜铲或竹扫帚进行清扫。

④ 对于罐壁严重锈蚀的油罐，当油气浓度降到爆炸下限的20%以下，可用高压水进行冲刷；如油罐需进行无损探伤或做内防腐时，应用铜刷进一步清除铁锈和积垢，再用金属洗涤剂清洗，并用棉质拖布擦拭干净。

（8）全面清洗。根据清洗方案，选取干洗、湿洗、蒸汽洗、化学洗中的一种或几种方法进行全面清洗。通常情况下，清洗作业中水冲是主要的环节，干洗法用木屑擦拭干洗；湿洗法冲水、排水、擦洗、通风除湿；蒸汽洗法用蒸汽、排水、木屑擦拭干洗；化学洗法化学清洗、排净污水、两次钝化处理。至于用何种方法，要视情况而定。

① 对于内壁涂漆较好而没有锈蚀的油罐，可以用湿洗法。

② 对于内壁锈蚀严重的油罐，要用高压水冲洗，冲洗浮锈和油垢。

③ 对于内壁已开始锈蚀而锈蚀又较快的油罐，千万不要用水冲，水冲后会使没有生锈的地方很快生锈，尤其是夏季，生锈速度更快。如用煤油冲洗更好，也可以采用多通风，用布擦拭的办法。

④ 对于黏油罐，罐壁不易锈蚀，重点是排除罐底积污。有条件的可用蒸汽蒸洗，溶解罐内的油垢，蒸洗完后要等罐壁冷却后再进行通风。必要时，用高压水再冲洗一遍。罐底若沉渣很多，常用锯末铺撒擦拭，一起带出。若罐内锈垢不能完全冲洗干净时，应用铜铲或铜丝刷等除去积污，然后用布擦拭干净。

⑤ 用干洗法清洗时，要及时清除锯末、用铜制工具除去局部锈蚀，用棉拖布彻底清除浮锈，擦拭干净；湿洗法清洗时要用铜制工具除去局部锈蚀，用棉拖布彻底清除浮锈，擦拭干净；蒸汽洗法清洗时，要清除锯末、用铜制工具除去局部锈蚀，用棉拖布彻底清除浮锈，擦拭干净；化学洗法纯化处理、用高压水冲洗。

（9）作业结束后，清点作业人员和设备工具，整理现场。

七、验收复位

验收复位有三部分内容：

（1）清罐清洗作业完毕后，清罐领导小组会同有关部门以及设备管理（维修）人员共同对清罐工作质量（包括各附件完好情况）进行验收、检查和测厚，测厚主要包括圈板测厚、顶板测厚、底板测厚等。

(2) 按照"第一节第三部分油罐清洗的质量要求"验收合格后，设备复位，恢复油罐原有的技术状态。主要包括计量孔、管线、阻火器、高低位人孔及相关接地系统、防雷防静电系统、电气自动化仪表的复位工作。

(3) 清罐资料整理归档。验收完成后，进入资料整理归档阶段，并及时将资料存于设备档案中。主要资料清单有：清罐工作领导小组组织文件、油罐清洗方案、施工方案、清罐作业油气测试记录、油罐底板及内浮顶罐附件检查记录表、油罐清洗作业记录、油罐清洗作业竣工验收报告、进入受限空间许可证、动火作业证、流动人员政审记录、安全教育记录、安全监护记录、油污水处理记录等。

第三节 油罐清洗方法及作业要点

对于在用油罐，油料腾空后罐底一般会残留底油、油泥、旧涂层、铁锈和其他固体杂物，罐壁表面可能有油脂、旧涂层、铁锈和其他残留污染物。针对这些杂物性质和油罐清洗后的使用目的，将采用不同的清洗方法。

一、油罐清洗方法

油罐清洗方法主要有干洗法（机械清洗法）、湿洗法、蒸汽洗法、化学洗法等。

经军内外石油库调研，目前清洗轻质油料油罐主要采用干洗法（机械清洗法）、湿洗法，也有个别采用蒸汽洗法、化学洗法的，其他清洗方法在成品油料油罐中应用很少；润滑油料油罐用蒸汽洗法或湿洗法较好。

1. 干洗法（机械清洗法）

干洗法（机械清洗法）是用木屑清洗，清除木屑后用铜制工具除去局部锈蚀，然后用拖布擦净。干洗法适合于各类成品油罐的清洗。

干洗法程序：作业准备→排除底油→通风换气→油气检测→进罐准备→进罐清除含油污水和沉积物→用木屑擦拭→清除木屑→用铜制工具除去局部锈蚀→用棉拖布擦拭干净→质量检测并签证→验收复位。

简单讲，干洗法安全要求和程序如下：

(1) 排除罐内存油；
(2) 通风排除罐内油气，并测定油气浓度到安全范围；
(3) 人员进罐清扫油污、水及其他沉淀物；
(4) 用锯末干洗；
(5) 清除锯末，用铜制工具除去局部锈蚀；
(6) 用拖布彻底擦净；
(7) 干洗质量检查验收。

2. 湿洗法

湿洗法是用 290~490kPa 高压水冲洗罐内油污浮锈，排尽污水，并用拖布擦净，通风除湿，用铜制工具除去局部锈蚀。湿洗法适合于储存甲、乙、丙$_A$类油料的油罐的清洗。

湿洗法程序：作业准备→排除底油→通风换气→油气检测→进罐准备→进罐清除含油污水和沉积物→安装清洗设备并进行技术检查→用高压水冲洗→排除污水→擦拭残余水→通风排湿→用铜制工具除去局部锈蚀→用棉拖布擦拭干净→质量检测并签证→验收复位。

简单讲，湿洗法安全要求和程序如下：

（1）排除罐内存油；

（2）通风排除罐内油气，并测定油气浓度到安全范围；

（3）人员进罐清扫油污、水及其他沉淀物；

（4）用 290~490kPa 高压水冲洗罐内油污和浮锈；

（5）尽快排除冲洗污水，并用拖布擦净；

（6）通干燥风除湿；

（7）用铜制工具除去局部锈蚀；

（8）湿洗质量检查验收。

3. 蒸汽洗法

蒸汽洗法是先用蒸汽清洗，然后用高压水冲洗油污，再用木屑干洗，除去锈蚀后用拖布擦净。蒸汽洗法主要适用于储存丙 B 类油料的油罐(主要用于清洗粘油罐)。

蒸汽洗法程序：作业准备→排除底油→通风换气→油气检测→进罐准备→进罐清除含油污水和沉积物→安装蒸汽清洗设备并进行技术检查→通入蒸汽蒸煮油垢→用高压水冲洗→排除污水→用锯末干洗→清除木屑并用铜制工具除去局部锈蚀→用棉拖布擦拭干净→质量检测并签证→验收复位。

简单讲，蒸汽洗法安全要求和程序如下：

（1）排尽罐内存油；

（2）通风排除罐内油气，并测定浓度到安全范围；

（3）人员进罐清扫油污、水及其他沉淀物；

（4）用蒸汽清洗，此法主要用于清洗粘油罐；

（5）用高压水冲洗油污；

（6）排尽污水；

（7）用锯末干洗；

（8）清除锯末，用铜制工具除去局部锈蚀；

（9）用拖布彻底清除脏物；

（10）检查验收洗罐质量。

4. 化学洗法

化学洗法是对于不同类型的油污和金属，采用不同的配方和工艺，借助于皂化、乳化作用，将油污除去。化学洗法是先用洗罐器喷水冲洗系统及设备进行碱洗、酸洗或溶剂清洗，然后排除洗液，清水冲洗至中性，两次钝化处理，再用290kPa压力水冲洗，排除冲洗水，用拖布擦净，通风干燥。储存丙类油料的油罐，可采用化学洗法清洗，由于工序复杂，一般不提倡使用此方法。

化学洗法程序：作业准备→排除底油→通风换气→油气检测→进罐准备→进罐清除含油污水和沉积物→安装溶剂清洗设备并进行技术检查→用溶剂清洗或浸泡→清水冲洗→（钝化处理→清水冲洗）→排除污水→擦拭残余水→质量检测并签证→验收复位。

简单讲，化学洗法安全要求和程序如下：

（1）排除罐内存油；

（2）通风排除罐内油气，并测定其浓度到安全范围；

（3）人员进罐清洗油污、水及其他沉淀物；

（4）用洗罐器喷水冲洗系统及设备；

（5）酸洗除锈 90~120min；

（6）排除酸液，清水冲洗约 20min，使冲洗液呈中性为宜；

（7）排除污水，做2次钝化处理．第一次约3min，第二次约8min；

（8）钝化后 5~10min，再次用 290kPa 压力水冲洗 8~12min；

（9）排除冲洗水，用拖布擦净；

（10）通风干燥；

（11）检查验收化学洗罐质量。

二、油罐清洗方法步骤对比分析

油罐清洗方法步骤对比分析见表2-3。

表2-3 油罐清洗方法步骤对比分析表

清洗方法	干洗	湿洗	蒸汽洗	化学洗
适用范围	各类油罐宜采用	储存甲、乙、丙$_A$类油料的油罐可采用	储存丙$_B$类油料的油罐可采用	不推荐使用此方法，储存丙类油料的油罐慎重采用
1. 作业准备	成立领导小组、进行危害识别与评估、制定清罐方案及安全措施、现场交底等	同左	同左	同左

续表

清洗方法	干洗	湿洗	蒸汽洗	化学洗
2. 排出底油	采用自流、机械抽吸或垫水法排出底油；并用手摇泵或真空泵将罐底存水抽吸至排污池等	同左	同左	同左
3. 通风换气	自然或机械通风（视油罐类型而定），排除罐内油气（黏油罐可酌情处理）	同左	同左	同左
4. 油气检测	采用2台以上相同型号规格的防爆型可燃气体测试仪检测油罐内及附近35m范围内可能存留油品蒸汽的水封井、罐区低洼处、高位人孔、低位人孔、罐区外低洼处等油气浓度，达到安全范围	同左	同左	同左
5. 进罐准备	办理许可证、检查工具、设置警戒、穿戴防护服、配备照明设备等	同左	同左	同左
6. 进罐清洗（包含清除油杂、清洗操作、清除锈蚀及擦拭干净）	人员着空气呼吸器、穿戴防护装具，进罐清扫油污、水杂及沉淀物	同左	同左	同左
	用锯末干洗	安装清洗设备，并用290~490kPa高压水冲洗罐内油污浮锈	安装蒸汽清洗设备，用高压蒸汽蒸煮油污，并用高压水冲洗	安装溶剂清洗设备，用溶剂清洗或浸泡，用洗罐器清水冲洗
		尽快排净冲洗污水，并用拖布擦干净	排净污水	酸洗除锈约90~120min；排净酸液，清水冲洗约20min，使冲洗水呈中性为宜
		通风除湿	用锯末干洗	排净污水，二次钝化处理，第一次约3min，第二次约8min
	清除锯末，用铜制工具除去局部锈蚀	用铜制工具除去局部锈蚀	清除锯末，用铜制工具除去局部锈蚀	钝化后5~8min，再次290kPa高压水冲洗8~12min
	用棉拖布彻底清除浮锈（脏物）	同左	同左	棉拖布擦净，通风干燥

续表

清洗方法	干洗	湿洗	蒸汽洗	化学洗
7. 验收复位	领导小组组织质量检查验收并签证	同左	同左	同左
	恢复油罐原有的技术状态	同左	同左	同左

三、油罐清洗主要步骤操作要点及要求

1. 排净油罐内存油

通过油罐排污管排除进出油管以下的罐底油料时应注意：

（1）打开人孔检查油罐底油料质量，确定存油排除方法及处理方案。合格油料输入储油容器，含油污水排至沉淀罐或污水处理设施中待处理。

（2）合格的油品，可利用排污管与进出油管的连通管将油品输送至其他储油罐或容器。但是航空油料一般不允许这样做，以保证进出油管的干净。

2. 人员进入油罐清扫（要特别注意安全）

（1）进入油罐人员必须穿工作服、工作鞋、工作手套，戴防毒面具。并且进入罐时间不得太长，一般控制在30min左右。

（2）清扫残油污水应用扫帚或木制工具，严禁用铁锹等钢质工具。照明必须用防爆灯具。

（3）应用有效的机械排风。

（4）油罐外要有专人监视，发生问题及时处理。

3. 通风排除油罐内油气

（1）尽量利用原有的固定通风设备，也可增设临时通风管道和设备，进行通风换气。

（2）利用原有固定通风系统和设备时，要注意关闭装油油罐通风支管上的蝶阀，并进行隔离封堵，以切断清洗油罐和储油油罐通风系统的连通。

（3）在通风排气的同时，用仪器测定罐内油气浓度，直至油气浓度降到爆炸极限的1%、1%~4%、4%~40%范围内（根据不同作业要求确定）。

4. 水冲

表2-3所列四种油罐清洗方法，除干洗法外，其他三种清洗油罐的方法都有水冲的步骤，只是水量、水压及冲洗的目的有所不同。

（1）湿洗，水冲的目的是主要是利用0.29~0.49MPa的高压水冲洗罐内油污和浮锈。

（2）蒸汽洗，水冲洗是冲刷被蒸汽溶解的油罐壁板和顶板的油污。

（3）化学洗，水冲是有几个步骤。开始水冲的目的是为了清洗罐体，检查冲

洗系统和设备。以后两次水冲的目的是为了冲去化学溶液，因而水冲的时间都需控制，太短了清洗不彻底，太长了也不好，影响罐体质量。

（4）干洗法也不是绝对不用水，它在清洗油罐壁板和顶板也是需要水冲。因此说干洗法仅适用于清洗油罐底板，若油罐壁板和顶板也需清洗时，不宜用干洗法。

5. 蒸煮

蒸汽洗的主要步骤是用蒸汽蒸煮，也是区别于其他清洗方法不同步骤。它主要用于粘油罐的清洗。通入蒸汽前应封闭油罐上的全部孔口；通入蒸汽后，温度达到60~70℃时，再打开孔口继续通入蒸汽，使罐内残油完全溶解，然后用高压水冲洗。

四、卧式油罐清洗

除立式钢质油罐清洗方法外，卧式罐一般都比较小，通常采用简易的清水浸泡方法清洗油罐，但特别要注意人员进罐操作的安全。清洗主要步骤及注意问题如下：

（1）排净罐内存油。

（2）向罐内灌满清水至人孔颈部，除去颈部水面上的油污。

（3）浸泡时间1周左右。每隔2~3天，用0.45kg手锤在油罐各部位敲击振动(敲击点距焊缝5cm以外)。

（4）排净罐内水，人员进罐清扫。

① 罐顶水面上有油污，需要收集清除，排放罐内水时，要视水质酌情处理，防止污染环境。

② 进罐人员必须穿工作服、工作鞋，戴工作手套、防毒面具，并系上安全带。人孔处需有2人守护，观察罐内人员动态，作业时间一般控制在15min左右。

③ 清扫残油污水锈碴应用纯棉制品的擦布、拖把、扫帚，严禁用铁质、钢质及化纤织物的工具。

④ 干洗时，必须采用自然或机械通风的方式排除油罐油气，并用仪器检测油罐内油气浓度，达到规定浓度后才允许戴防毒面具进入油罐作业，并严格执行罐内作业时间的规定。

第四节　油罐清洗安全措施

由于油罐内残存有易燃有毒气体，在清洗过程中还要涉及临时用电、进罐作业，环境复杂，情况多变，如果措施不当，极易发生闪爆、人员中毒等事故。据油罐火灾资料分析，40%的油罐火灾是由于雷击、电气设备火花、工艺装置使用明火而引起的，其中三分之一是因清罐、维修不当造成的。

油罐清洗作业的主要危险包括：着火、爆炸、窒息、中毒、磕、碰、撞伤、落物砸伤、滑跌、梯（架）上掉落、扭伤等。油罐清洗是在有限空间内的一种非常规、高风险、参与人员多的作业，必须重视清洗作业中的安全要求，油罐清洗作业前应核对作业方案，采取防范措施，保证安全顺利清洗干净，作业时要加强现场组织，统一指挥，防止事故的发生。应当遵守以下安全规定：

一、作业安全监护

（1）作业之前，由安全监护组进行现场的安全宣传教育，并做好班前的安全教育和确定作业过程中的安全喊话或手势方式。根据分工，清理油罐出入口杂物，确保出入口无障碍物，出入畅通无阻。油罐外施工现场应配备一定数量的防毒面具、正压式空气呼吸器、安全绳等备用急救器材。

（2）合理确定安全距离，作业场所应设置安全界标或栅栏，并有专人负责对所设置的安全界标或栅栏进行监护，禁止与清洗作业无关人员进入施工现场。凡有作业人员进罐检查或作业时，油罐人孔外均须设专职监护人员，且一名监护人员不得同时监护两个作业点。

（3）监护人员应佩戴防护用具、配备防爆对讲机，亲临现场，坚守岗位，严密监护，及时检查作业人员的进入有限空间作业票，做好作业监护记录，遇有异常情况时及时联系值班领导。要加强安全巡回检查，及时解决和处理所发现的问题，有权制止违章指挥和违章作业并及时报告有关领导；发现作业人员有反常情况或违章操作，应立即纠正。遇有紧急情况时，监护人员不准离开岗位，立即发出营救信号，设法营救，可以组织人员撤离有限空间。

（4）现场施工组负责人和监护人员应做好交接班的现场安全检查、清点人员及其工具器材等工作，任何作业人员都有权制止其他人员的违章作业、拒绝任何人的违章指挥。

（5）做好下班后的现场安全检查、清点人员及其工具器材等工作。

二、照明与通信

（1）清洗油罐作业应在白天进行，非紧急情况应该避开严冬或盛夏季节。

（2）应使用便携式（移动式）防爆型照明设备，其最低悬挂高度一般不宜小于2.5m，且固定牢靠，供电电压不应超过12V，且应配置漏电保护器，做到一灯一闸一保护。

（3）轻油罐清洗作业时的照明，一般应采用防爆手电筒作局部照明，手提行灯的电压不应超过12V。

(4)油罐清洗作业中应加强通信联系,禁止将非防爆通信设备带入作业现场,特别是对于洞库及覆土隐蔽库油罐的清洗作业,宜采用防爆型有线或无线的通信设备。同时,石油库消防泵房须安排值班人员,并使用防爆型有线或无线的通信设备与作业现场监护人员保持通信畅通。

三、作业证制度

为确保安全,必须建立落实清洗作业证制度,开工实行"一罐一证制",班(组)进罐作业实行"上班一证制"入罐作业票制度。涉及用电、动火也要办理相应作业证。未办理作业证或持无效作业证,不得进行清洗作业。

四、个人安全防护

(1)作业开始前,要判定由油罐内物质引发的健康危险,并由此确定适宜的个体防护装备,要求的呼吸保护装备包括:眼睛及面部保护、全身保护工作服、手保护、脚保护、听力保护、防火设备、合适的电气设备,以及可燃气体检测仪、有毒气体检测仪、氧含量检测仪等。

(2)所有清洗人员应根据工作性质和进入有限空间许可的要求,穿戴好合适的防护装备,如任何产品或有毒物质接触到皮肤,应立即用肥皂和水清洗皮肤;任何被油品污染的衣物应脱掉并换上干净衣物。

(3)专业的清罐人员,每年应体检一次并建立健康档案。

五、防中毒防窒息

汽油具有较大毒性,其他石油产品也能引起麻醉和失去知觉,以至使人窒息等危害。要严格落实安全措施,做好安全防护,确保不发生人员中毒窒息事故。

(1)根据不同场所,选择的防毒用具和防护用品,其规格尺寸应保证佩戴合适,性能良好,在使用中必须严格遵守"产品说明书"中的各项事项,呼吸软管内外表面不应被油类等污染。防毒用具、防护用品和清罐工具使用之前应仔细试验与检查,确保完好有效;每次使用之后,必须用水清洗干净。

(2)任何浓度条件下进入汽油罐进行清洗作业的人员,应内穿浅色衣裤,外着整体防护服(最好用聚氯乙烯或类似不渗透材料的),对整个身体进行保护,避免油泥和皮肤接触。工作服的外面一定要系上附有十字形背带和固定的信号绳的救生带。

(3)排出油罐罐底余油后,应先通风后开人孔盖,防止油气进入防火堤内。进行打开罐壁下部人孔盖的作业时,应佩戴防毒面具。

(4)清洗作业人员作业前严禁饮酒,严禁在作业场所就餐或饮水,作业人员每天饭前及下班后应在指定地点更衣洗澡,换下工作服,用肥皂洗净脸和手并刷牙漱口，然后就餐。

(5) 作业场所配备有人员抢救用急救箱，并有专人值守。由于作业影响而使罐内油气浓度上升超过允许值时，作业人员应迅速撤离现场，重新进行通风，直到油气浓度降到规定值(即爆炸下限的20%)时，方可继续作业。

(6) 对于丙B类油品油罐，一般宜进行大量的自然通风，进罐作业人员除佩戴口罩和穿戴防护工作服外，可不佩戴呼吸器具。

(7) 当油气浓度低于该油品爆炸下限的1%时，允许在无防护措施情况下8h作业。当油气浓度超过该油品爆炸下限的1%并低于4%时，允许作业人员在不佩戴呼吸器具情况下短时间进罐作业，但应佩戴防毒口罩且每次作业不应超过15min；同时，每工作日最多重复工作4次，时间间隔不少于1h；在此浓度下，也可以使用类似过滤式的呼吸器具(如滤毒式防毒面具)，但其气体空间的含氧量不应低于19%。

(8) 当油气浓度为该油品爆炸下限的4%~20%时，进入油罐的作业人员允许佩戴隔离式呼吸器(或消防空气呼吸器)，但每次作业时间不超过30min，每次休息时间不小于15min；在此浓度下，也可使用过滤式呼吸器(防毒面具)，但应保证其环境空气中的含氧量不低于19.5%。隔离式呼吸器具的供气，可根据不同条件采取自吸空气、手动供气、电动风机供气、压缩机供气、自带压缩空气型等方法。

(9) 当油气浓度为该油品爆炸下限的20%~40%时，须经现场领导批准方可佩戴隔离式呼吸器(或消防空气呼吸器)进入油罐进行探查等，但不允许进行清污作业。

(10) 当作业场所的油气浓度超过该油品爆炸下限的40%时，禁止入罐清洗作业。

(11) 隔离式呼吸器具的供气，可根据不同条件采取下述方法：
① 压缩机供气当距离较远时，可用小型空压机供气。
② 空压机出气端应设置空气呼吸过滤系统，确保作业人员呼吸的空气质量一级标准。
③ 呼吸软管必须使用"呼吸用供气管"，供气软管内径一般不小于6mm。
④ 必须对使用呼吸器具的使用者进行呼吸面罩使用适应性测试，以确保安全使用。
⑤ 自带压缩空气型，有条件的石油库，罐内作业人员可佩带消防空气呼吸器。

(12) 罐内作业人员每人的供气量一般不宜小于30L/min。

(13) 使用正压供气时，其风机、压缩机等机械的供气量必须大于罐内作业人数乘以30L/min的总量；其压力应足以克服送气管的阻力损失。

六、防人身伤害

（1）清洗作业时，应防止罐顶构架、罐内附件、工具或其分物件落到作业人员身上；在可能有受伤危险的地方作业时，工作人员应佩戴安全帽。

（2）清除罐底污杂的人员，应穿着适当形式的工作鞋，以防止落物或手动过程中砸伤脚趾或污染皮肤，应防止从脚手架、斜梯上摔下或在潮湿、油污表面上行走时滑倒碰伤。

（3）当使用供气型隔离式呼吸器具时，其软管末端应置放在新鲜空气的上风处，并应注意供气压力适宜和对空气的过滤，以防止使用者呼吸不适和空气中的砂粒等伤害其面部。

（4）当采用手动卷扬机吊运污杂时，其麻绳拉力应大于荷重的5倍，且每次作业前均应检查有无破损断股和机械损伤。

七、防火防爆

（1）清洗作业前，在作业场所的上风向处配置好适量的消防器材，现场消防值班人员应充分做好灭火的准备，清洗作业区周围35m以内严禁动火作业。清洗作业过程中不应使用轻质油品或溶剂擦洗油罐罐体和附件，清洗污油时，应使用防爆工具作业。油罐排出的油污要及时处理，不应污染罐体外部和周围的场地。

（2）在不影响生产的情况下，清洗油罐时宜暂停库内油品的收发、输转等作业，禁止在雷雨天(或严重低气压无风天气)、风力6级及以上大风天进行清罐作业。电气设备检查、试验时，必须在距作业油罐35m范围(卧式油罐可缩小50%)以外的安全地带进行。

（3）清洗甲类、乙类油品油罐作业时，除允许手动、气动、蒸汽或液动的泵或风机和本安型电器检测仪表等进入该罐防火堤内以外，原则上不允许包括隔爆型电机驱动的所有电器设备进入防火堤内。当气(或汽)动通风设备一时难以解决时，应首先在有监护的情况下打开油罐人孔、透光孔进行自然通风不少于24h后，将隔爆型风机在距通风人孔3m之外(用帆布风筒连接)，并临时设置高于防火堤的机座上安装。电机外壳应接地，配电箱应在防火堤外安装。在罐内油气没有清除至爆炸下限的20%以下时，禁止内燃机驱动的设备或车辆进入防火堤，严防铁器等相撞击；清洗油罐如使用移动式锅炉时，则应在距防火堤35m以外安装。

（4）丙$_A$类油品要求按乙类油品的防火等级对待；对无爆炸危险的丙$_B$类油品，应注意做好防火工作。

（5）油罐清洗完毕后，对于油罐的渗漏处，应尽可能采用堵漏剂或玻璃钢粘补。如需补焊时，必须确保油气浓度低于该油品爆炸下限的20%以下。并应采取安全可靠的防护措施，使其符合有关动火要求。否则，不能动火。

（6）油气浓度测试及清洗作业人员禁止使用氧气呼吸器。

（7）垫水或充水使用的进水管线，不应采用输油管线，以防油品进入罐内。

八、防静电

（1）作业人员严禁穿着化纤服装，穿戴工作鞋和安全帽等防护用品，不得使用化纤绳索及化纤抹布等，气体检测人员必须穿着防静电服及鞋。

（2）引入油罐的空气、水及蒸汽管线的喷嘴等金属部位以及用于排出油品的管线都应与油罐做电气连接，并应做好可靠的接地。引入罐内的金属管线，当法兰间电阻值大于 0.03Ω 时，应进行金属跨接。机械通风机应与油罐做电气连接并接地。风管应使用电阻率不大于 108Ω 的帆布材质，禁止使用塑料管；并应与罐底或地面接触，以使静电很快消散。

（3）当油气浓度超过该油品爆炸下限的 20% 时，清洗作业时严禁使用压缩空气，禁止使用喷射蒸汽及使用高压水枪冲刷罐壁或从油罐顶部进行喷溅式注水。

（4）丙$_B$类油品不考虑防静电要求。

此外，清洗油罐过程中产生的废水、废渣等必须经过处理，达标后方可排出。要严禁下列人员从事清罐作业：在经期、孕期、哺乳期的妇女；有聋、哑、呆傻等严重生理缺陷者；患有深度近视、癫痫、高血压、过敏性气管炎、哮喘、心脏病和其他严重慢性病以及年老体弱不适应清洗作业者；有外伤疮口尚未愈合者。

九、污物处理

（1）罐底油污要运送到指定地点，委托有资质的处理机构进行处理，防止污染农田、水系等。

（2）罐底污物在处理之前要淋水使其始终保持湿润状态，以防自燃。

（3）罐内清出的其他污物和用过的木屑等严禁乱倒乱撒，也不得直接埋入地下，要用化学法、焙烧法或自然风化法处理，通常采用自然风化法。采用自然风化法处理时，晾晒场地应远离油罐、建（构）筑物、农田、水域、排水沟渠，离开有明火或散发火花地点 35m 以外，晾晒场应设围栏和标志，禁止人、畜、车辆通行，场地平坦，防止积水。污物应尽可能地均匀摊开，厚度在 7cm 以内，并应适时翻搅，常温下（0℃以上），晾晒时间不少于 28 天；气温高时，可适当减少。含铅污物晾晒后，必须测定有机铅含量，质量比不大于 0.002%。晾晒后的污物应深埋，一般深为 0.5m 以下，或者在安全地带烧掉。

（4）含油污水如果不经处理，直接排入库区周围的河流、池塘、农田等，就会污染水源，危害人的健康，破坏土壤的物理化学性质，造成农作物减产甚至死亡，含油量较多的污水还可能引起火灾事故。为了保护自然环境，保护水体的清洁，油罐清洗作业用过的含油污水必须经过处理才能排入水系，并达到 GB 8978—1996《污水综合排放标准》的三级标准。

第五节　油罐清洗检查验收

油罐清洗完毕后，应对清洗质量进行验收，油罐清洗领导小组组织，有关技术人员按照验收标准，共同对清罐工作质量(包括附件完好情况)进行验收，撰写验收报告，验收报告应由油罐清洗现场指挥与清洗领导小组一同整理，有关人员签字后，交甲方存于设备档案中，以备后续工作继续进行。

一、油罐清洗检查验收内容

油罐清洗质量验收工作应组织专业技术和维修人员进行，主要检查以下内容：

(1) 油罐的内外壁、底板、顶板表面是否清洁，是否无铁锈、无杂质、无水分、无油垢，质量是否符合要求；

(2) 油罐附件是否清洗、检修、保养、试压、检测，质量是否合格，性能是否良好；

(3) 罐内与油罐本身无关的物品是否清除；

(4) 罐内油气浓度是否在规定值以下(在爆炸下限的4%以下)；

(5) 检测油罐钢板腐蚀程度，测量油罐底板、底圈板及顶板厚度，测算腐蚀余量是否满足继续盛装油料的需要，并确定是否进行局部维修；

(6) 清洗后经检测不需要进行维修、涂装的油罐，还要检查输油管、呼吸管、通风管的隔离封堵是否拆除，接地系统是否恢复原状，油罐的技术状态是否完全恢复；

(7) 检查油罐呼吸短管、呼吸阀、避雷针、消防管线、喷淋降温系统、盘梯、各类阀门、外浮顶罐的浮顶排水管等附件性能是否完好；

(8) 各种施工记录、作业证、技术资料是否齐全。

二、油罐清洗检查验收方法

(1) 现场观察检查，看是否有明显的油渍、污物及杂物；

(2) 用白色棉布擦拭罐壁、附件等进行检查，看白色棉布擦拭后的洁净度，以此判定清洗效果；

(3) 用可燃性气体检测仪检测罐内油气浓度；

(4) 用超声波测厚仪测量钢板厚度，了解掌握钢板腐蚀程度及腐蚀厚度；

(5) 用带测深千分卡尺检测蚀坑深度;
(6) 将检查结果填写于表 2-4 中。

表 2-4 油罐清洗质量检验表

油罐编号		结构形式		公称容量	
开工时间			检查时间		
质量检验情况					
建设单位检验员			施工单位检验员		

三、油罐清洗验收质量要求

验收合格后的油罐在有监督的条件下,立即封闭人孔、光孔等处,连接好有关管线,恢复油罐原来的系统。一般应采取谁拆谁装,谁装谁拆的做法以防止遗漏。清洗后的油罐质量一般应达到本章第一节第三部分"油罐清洗的质量要求"中所规定的标准。

四、油罐清洗验收报告结构形式

清洗验收报告是油罐清洗作业的全面总结,是竣工验收的主要文件,由建设单位负责起草,原始资料由设计、施工、监理单位和接收单位提供,其主要内容:

(1) 项目概况。主要包括作业依据、作业规模、主要内容、开工时间、完工时间等。说明立项、可行性研究、初步设计、开工报告批复等建设依据文件的名称、文号、发文日期和发文单位,简述建设项目的地理位置、总投资、建设规模及内容、开工时间、竣工时间等。

(2) 项目管理。主要包括管理模式及发包方式,进度、质量、投资和 HSE 控制主要措施,对项目管理的评价等。简述项目管理模式及发包方式,项目建设的管理机构设置、职能分工情况,进度、质量、投资、HSE 控制采取了哪些主要措施,对项目管理的评价(包括经验与教训)。

(3) 勘察设计。主要包括设计依据、设计原则、设计特点,采用的新技术,对设计的评价等。简述承担工程勘察任务的单位、勘察范围、进度和完成时间,工程勘察特点及采用的新技术,对勘察工作的评价(包括经验与教训);设计依据,设计原则,设计分工,设计特点,采用的新技术、新工艺、新设备、新材料情况、效果,引进新技术和设备情况及效果;节能降耗情况;设计完成情况评价

(包括经验与教训)，设计质量评价(包括初步设计深度、施工图变更及错、漏、碰、缺等情况经验与教训)，设计的合理性、先进性、可靠性、经济性等的评价(包括经验与教训)，对初步设计及概算编制水平的评价。

(4) 作业情况。主要包括施工组织与分工、工期总期和工程量、作业特点和先进作业技术、质量评定、对作业的评价、存在的主要问题等。说明承包方式及招标、施工单位中标情况；简述工程开工、中间交接、工程交接日期，工期水平情况(与同类装置或先进水平相比)实耗工日数及主要实物工程量；施工质量管理和施工质量水平情况；简述单位工程质量验收结果，存在的主要问题；简述单项工程、单位工程交接情况，存在的主要问题；从施工管理、工期、工程质量、HSE、文明施工、服务配合等方面进行评价(包括经验与教训)。

(5) 采购情况。主要包括关键材料及配套设备采购、设备材料质量情况、对设备材料采购工作的评价等。采购的组织机构建立情况；关键设备材料订货及配套设备采购情况，存在的主要问题；设备材料质量情况，存在的主要问题及采取的措施。

(6) 安全环保。主要包括"三废"治理、环保设施配套、职业病防护、职业卫生落实等情况。简述消防机械、消防器材及设施配置和消防预防措施，工程主要的污染源及环境保护设施的配套情况，安全设施的配套情况，职业病防护设施的配套情况。

(7) 资料情况。主要包括项目文件的形成、收集、整理、汇编、归档的概况，项目档案验收情况等。简述项目文件的形成、收集、整理、汇编和归档的概况和数量。

(8) 遗留问题。主要包括未完项目、遗留问题及处理和安排意见等。说明主要未完工程，遗留问题及处理和安排意见。

(9) 项目总评语。主要对作业进度、质量、投资、HSE控制和项目文件编制以及消防、环境保护、安全设施、职业病防护设施"三同时"情况进行简要评价。

(10) 附件，主要包括平面布置图、设计任务书、预算批复文件、工程编号、主要设备表、主要工程量完成表、已完成项目和中间验收情况、质量评定表、材料消耗表、劳动组织及任务分工表等。

(11) 验收报告相关表格。主要有油罐清洗作业竣工验收书、工程交接项目统计表(表2-5)、关键设备材料汇总表(表2-6)、单项工程质量验收汇总表(表2-7)、生产人员配备表(表2-8)、未完工程统计表(表2-9)、库存设备材料明细表等(表2-10)。

油罐清洗作业竣工验收书外封面及内封面示例如下：

×××油罐清洗作业竣工验收报告(外封面)

建设单位名称

年 月 日

×××油罐清洗作业竣工验收书(内封面)

项目名称
建设性质
建设单位
编 制 人：
审 核 人：
项目负责人：
单位负责人：

年 月 日
(建设单位盖章)

表 2-5　工程交接项目统计表

序号	单项工程编号	单项工程名称	开工日期	工程中间交接日期	工程交接日期
1					
2					
……					
n					

表 2-6　关键设备材料汇总表

序号	设备名称	材料名称	规格、型号	生产厂家	数量	备注
1						
2						
……						
n						

表 2-7　单项工程质量验收汇总表

项目名称：

序号	单项工程名称	验收结果	单位工程			分部工程			备注
			数量	合格数	合格率/%	数量	合格数	合格率/%	
1									
2									
……									
n									

表 2-8　人员配备表

序号	设备及项目名称	设计定员				实有人数			
		合计	操作	管理	其他	合计	操作	管理	其他
1									
2									
……									
n									

表 2-9　未完工程统计表

序号	未完工程内容	所属单项(单位)工程名称	预留投资/万元	责任单位	计划完成时间
1					
2					
……					
n					

表 2-10　库存设备材料明细表

序号	设备材料名称	规格型号	单位	数量	单价/元	总价/元	质量	处理意见	备注
1									
2									
……									
n									

第六节　油罐清洗施工方案举例

一、总则

（1）为做好油罐清洗工作，保障油罐清洗人员的作业安全和身体健康，不断提高油罐清洗的技术水平，防止发生各类事故，根据"预防为主"的方针，制定本方案。

（2）本方案依据"Q/SH 0519—2013 成品油罐清洗安全技术规程"和"成品汽油设备检维修规程"制定。

二、工程概况

某单位所属汽油油罐的清洗（简要介绍油罐及罐区基本情况，清洗时间要求等）。

三、施工进度计划

1. 施工进度目标

（1）符合甲方油罐清洗计划要求，按时限完成清洗任务。

（2）本次清洗油罐计划工期以甲方要求为准，初步计划15天完成。

（3）因不可抗拒的因素除外。

2. 工程进度计划

（1）设备进场（××日至××日）。

（2）抽除底油（××日至××日）。

（3）入罐作业及现场恢复（××日至××日）。

（4）污水、污物的处理（××日至××日）。

四、作业准备

1. 施工组织机构

在单位清罐领导小组的统一领导下，组建项目经理部、现场应急领导小组等机构。

（1）组建项目经理部

项目经理：×××

技术负责人：×××

施工员：×××、×××、×××

主要职责：负责油罐清洗及油罐清洗施工组织、技术指导、现场监督检查、验收等工作；负责施工现场周边环境及工作区域内的可燃气浓度的实时检测，协调处理施工作业中的出现的各种问题，确保施工质量和施工安全，按时完成油罐清洗。

(2) 组建现场应急领导小组

组长：×××

副组长：×××

组员：×××、×××

主要职责：负责危害识别，制定应急情况处置措施，做好应急情况处置准备，及时发现、控制和处置各类突发情况。

2. 现场危害识别及应急预案

(1) 油罐清洗主要有缺氧窒息、有毒有害气体中毒、火灾、爆炸、高处坠落、物体打击、机械伤害、触电等危险有害因素

(2) 现场应急预案

主要有"抽除底油应急防火计划、开启人孔盖应急防火计划、临时用电应急防火计划、清洗储罐内油污应急计划、作业安全措施、现场作业人员要求"等内容。详见本节第8部分。

(3) 指定双方作业监护人，对作业监护人和施工人员进行安全教育，考核合格持证上岗。

(4) 现场交底，做好安全措施及物资、工具、器材的准备工作。

3. 制订施工准备、劳动力需要量和清罐所需物资器材计划表

本次工程的施工准备工作除以上内容外，还主要有：技术资料准备、劳动组织准备、物资准备和现场准备，详见表2-11~表2-13。

表2-11 施工准备工作计划表

序号	准备工作项目	简要内容	负责人	起止日期	
				日/月	日/月
一	技术资料准备	1. 熟悉图纸、图纸会审； 2. 调查研究自然与经济技术条件； 3. 编制单位工程施工方案	技术员		
二	劳动组织	1. 组建劳动组织机构； 2. 组织劳动力进行安全培训； 3. 计划交底、开好会	施工员 安全员		
三	物资准备	1. 编制材料计划； 2. 进场机具计划	材料员		
四	现场准备	1. 防爆污油泵等机具； 2. 高空、受限空间作业证提前办理	施工员		

表 2-12 劳动力需要量计划表

序号	岗位职务	最高人数	日期		
			××月	××月	××月
1	施工管理人员	5	5	5	5
2	清洗施工人员	30	20	30	25

表 2-13 所需物资器材计划表

序号	设备名称	单位	数量	用途	备注
1	污水运输车辆	辆	6	注水、抽水、处理水	
2	盲板	块	40	封堵管线	
3	带静电线胶管	根	12	抽油、抽水、注水	
4	防爆抽油泵	台	6	抽油、抽水	油水分开
5	防爆鼓风机	台			
6	防爆工具	套	6	拆卸罐盖	
7	空气呼吸器	个	30	进入油罐操作	
8	可燃气体浓度测试仪	个	6	测试	
9	消防器材	套			
10	清洗专用工具	套	30		
11	油桶	个	30		

五、操作流程

1. 进场准备

(1) 按要求办理相关作业票据。

(2) 设置作业区，警戒区、警戒线、警戒标志。(注：一般规定罐壁四周35m范围为警戒区)并用警戒带进行隔离，悬挂警示标志，禁止与清罐作业无关人员入内。

(3) 计量罐内油品，液位输转或发油至输油管出口以下，此项工作由加油站专业计量人员进行操作，对罐内余下库存进行计量。

(4) 断开相连管线加盲板，并挂牌标识，断开相连导线。

(5) 选择上风口并按要求摆放好消防器材(灭火器、石棉被、灭火沙等)

(6) 清罐作业人员穿着防静电服装并做好个体防护工作。

(7) 对将要使用的各种设备(防爆抽油泵、防爆鼓风机等)进行外观检查和上电测试，测试其运行状态，测试工作应在距作业中心区35m外进行。

(8) 对抽油的油罐车辆做好防火和静电接地连接。

(9) 经检测合格的各种设备按照现场需求有序平稳摆放到工作现场。

2. 打开人孔

(1) 计量人员计量完成后经过确认油罐内底油数量并记录完成后,施工人员可以开启人孔盖。

(2) 人孔盖拆卸时,施工工具应轻拿轻放,避免磕碰撞击;使用工具时不得用力过猛,防止工具滑脱。

(3) 拆卸完毕后,采用专用吊装工具或人工将人孔盖吊出,不得产生碰撞。

(4) 本环节主要危险因素:火灾、物体打击。

(5) 安全专项方案:

① 拆除光孔、人孔盖时必须使用防爆工具而且工具要轻拿轻放防止工具滑落产生火花。

② 人孔盖拆卸完成后必须采用专用工具移除,不要与其他部位产生碰撞、摩擦而产生火花。

3. 排出底油

(1) 采用机械抽吸排出底油法。

(2) 将带静电导出线的胶管由油罐低位人孔(或管线)插入罐底,用真空泵(配套电机应为隔爆型,并置于防火堤以外)抽吸底油,抽到油罐车或油桶内。

(3) 采用电动机械抽吸应办理临时用电、用火作业许可证。

(4) 施工过程中所使用的各类设备、设施,应摆放在远离储罐的安全位置。

(5) 本环节主要危害因素:火灾、触电、机械伤害等。

(6) 安全专项方案:

① 设备、设施、应具有相应的防爆性能,并配备静电接地装置做好相应的接地。

② 输油管线必须有静电导线并与接地设备导通良好。

③ 所有设备应运行状态良好,各部件紧固牢靠,无杂音和传动部分松动现象,机械传动部位加装防护罩。

4. 排除油气

(1) 排除油气前应认真检查:

① 是否已按要求排出底油(水)。

② 是否切实断开(拆断或已加盲板)油罐的所有管路系统。

③ 是否切实拆断油罐的阴极保护系统等。

④ 为了提高油气的扩散效果、应尽可能地使油气向高空排放。

⑤ 作业过程中,应始终进行机械或良好的自然通风。

⑥ 机械通风排出油气时,通风量应大于残油的散发量。机械通风应采取正压通风,不得采取负压吸风。防爆风机应安装在上风口。

(2) 机械通风的一般作业程序：
① 断开相关管线并打开罐顶上部人孔盖。
② 以风筒连接风机与油罐人孔。经检查无误后，启动风机，进行强制机械通风。
③ 防爆风机架设在检查井外，并放置在上风口，风机做有效接地。
④ 风机动力配电箱安装在远离油罐的安全地带。
⑤ 现场监护人员要对现场各环节做认真检查，防止有明火发生。
⑥ 消防监护人员认真落实现场的监护工作。
⑦ 本环节主要危害因素：火灾、爆炸、中毒窒息。
⑧ 安全专项方案：
a. 确保现场设备的防爆性能良好；
b. 防爆鼓风机要做良好的接地以免因摩擦产生静电；
c. 现场监护人员必须对各环节进行确认无误后方可进行通风；
d. 消防器材到位有效并在上风口方向，消防人员随时做好应急准备；
e. 对油罐进行强制通风时，作业人员撤离到上风口的安全位置，现场检测人员佩戴防毒面具对作业现场的油气浓度情况进行测试。

5. 气体浓度检测
(1) 气体检测的范围，应包括甲类、乙类、丙$_A$类油品的储罐内等作业场所及附近35m范围内可能存留油品蒸气的油气浓度。
(2) 必须采用两台以上相同型号规格的防爆型可燃气体测试仪，并应由经过训练的专门人员进行操作，若两台仪器数据相差较大时，应重新调整测试。
(3) 气体检测应沿油罐圆周方向进行，并应注意选择易于聚集油气的低洼部位和死角。
(4) 每次通风(包括间隙通风后的再通风)前以及作业人员入罐前都应认真进行油气浓度的测试，并应做好详细记录。
(5) 作业期间，应定时进行油气浓度的测试。正常作业中每8h内不少于2次，以确保油气浓度在规定范围之内。
(6) 测试仪器必须在有效检定期之内，方可使用。

6. 入罐作业
(1) 检测人员应在进罐作业前30min再进行一次油气浓度检测，确认油气浓度符合规定的允许值，并做好记录。清罐作业指挥人员会同安全检查人员进行一次现场检查。
(2) 安全(监护)人员，进入作业岗位后，作业人员即可进罐作业。
(3) 作业人员在佩戴隔离式呼吸器具进罐作业时，一般以30min左右轮换一次。

(4) 作业人员腰部宜系有救生信号绳索，绳的末端留在罐外，以便随时抢救作业人员。

(5) 进入罐内清洗、擦拭等作业，应在检测之后，并经安全人员检查确认罐内含氧及可燃气含量达到规定标准方可进入(可燃气含量必须达到：当可燃介质(包括爆炸性粉尘)爆炸极限下限小于4%(体积)时，指标为小于或等于0.2%(体积)；有毒有害物质含量不超过国家规定的车间空气中有害物质最高容许浓度指标。氧气浓度在19.5%～23.5%(体积)之间。

(6) 进罐作业人员严禁携带通信器材。

(7) 本环节主要危害因素：火灾、爆炸、中毒、窒息、物体打击。

(8) 安全专项方案：

① 作业人员应按规定着装不得穿戴化纤服装等，戴好防毒面具。呼吸器具在使用前应做详细检查、试验、清洗和消毒。器具的规格，应达到佩戴合适，并保证性能良好。

② 进罐作业时必须戴好安全帽，防止罐内附件坠落以及人员进罐时受伤。

③ 作业人员进罐前必须对罐内气体浓度再次进行测试确认，测试确认合格后戴上呼吸器具、救生绳索方可进罐作业。

④ 现场监护人员必须对本人监护的作业人员进行实时监护，并不时地进行通话沟通掌握作业人员的工作状态及身体状况。

7. 清除污杂的通常做法：

(1) 人工用特制铜(铝)铲(撮子)或者钉有硬橡胶的木耙子，清除罐底和罐壁的污杂及铁锈。

(2) 用特制加盖铝(铜)桶盛装污杂，并用适宜的方法人工挑运或以手推车搬运等运出罐外。

(3) 以白灰或锯末撒入罐底后，用铜铲或竹扫帚进行清扫。

(4) 对于罐壁严重锈蚀的油罐，当油气浓度降到爆炸下限的20%以下，可用高压水进行冲刷。

(5) 油罐污杂，在作业期间应淋水，以防自燃。

8. 照明和通信

(1) 必须采用防爆型照明设备。其最低悬挂高度一般不宜小于2.5m，且固定牢靠。供电电压不应超过12V，且应配置漏电保护器，做到一灯一闸一保护。

(2) 轻油罐清洗作业时的照明，一般应采用防爆手电筒作局部照明。手提行灯的电压不应超过12V。

(3) 油罐清洗作业中应加强联系，宜采用防爆型的通信设备。

9. 验收复位

(1) 油罐清洗完毕后及时将阻火器、计量孔、管线、人孔等恢复安装。

（2）人孔盖法兰及各管路连接处的密封垫应重新制作并涂抹密封胶。

（3）应保证各连接处的紧固件扭力均衡，防止泄漏事故发生。

（4）应确保各静电接地线及跨接线连接正确，不得有遗漏。

（5）油罐清洗及恢复完成后，由甲方清罐领导小组组织有关技术人员按照验收标准，共同对清罐工作质量(包括附件完好情况进行验收)。

（6）验收报告由油罐清洗现场指挥和清洗小组一同整理，有关人员签字后交甲方存档。

（7）油罐清洗验收标准：无铁锈、无杂质、无水分、无污物，达到油罐使用要求。

（8）对作业现场进行清扫，清除清罐产生的污物、油污、污水，对产生的废物进行统一处置，做到不乱扔、乱排。

六、环保专项方案

1. 设置抽油工作区域

根据现场情况设置专门的抽油区，并将抽油设备、抽油车辆、附属设备等按要求有序摆放。

2. 油罐附属配件的拆除

油罐检查井盖及管线拆除时，必须用收油工具将残油收好，不得出现乱喷、流、滴现象，对罐内的卸油管线、抽油管线拆除并取出到油罐外面时，必须用防静电纯棉布擦拭干净，油管放到油罐外的其他地方时油管保持干燥不允许有油滴，不许对放置地造成二次污染。

3. 底油抽出

底油抽出时现场安全监护人员处于上风口位置，使用专用导静电胶管、防爆真空泵抽油，要求抽油胶管密封良好无渗漏，胶管与真空泵进、出口接头部位安装牢固，无跑、冒、滴、漏现象。抽油完毕后，拆除抽油胶管时应采用收油工具将管内、泵内残油收好，不得遗撒。

4. 油罐清洗人员

入罐作业人员进入工作区域，需穿戴好规定的劳动保护用具，穿戴好工作服、工作帽、工作鞋、防毒面具等，每次工作完毕后防毒用具、防护用品及清罐工具必须定点、按要求存放，并按要求将以上用具清洗干净，清罐人员不得穿罐内工作服装在工作区域以外随便活动。

入罐作业人员严禁在作业现场用膳或饮水。作业人员每天饭前且下班后应在指定地点更衣洗澡，换下工作服，用肥皂洗净脸和手并刷牙漱口，将所用的废水统一回收以备最后统一处理。

5. 罐内污水抽出及处置

将罐内污水按要求统一抽到污水运输车辆内，车辆阀门等各部位应密封良好，不能有渗漏现象，抽水的泵、管、接头等部位应保持良好没有渗漏现象，将污水抽净后，车辆运到专业的污水处理部门进行处理，做到达标排放，并取得处理部门接收证明，所清出的污水不得私排、偷排。

6. 现场清理

油罐清洗作业完成后对作业现场部分油污进行擦拭、清扫，并将清扫出的污物统一回收好，按照有关要求统一无害化处理。

七、特殊情况处置

1. 当作业区或库区发生人员中毒、火灾时，除按"应急方案"处置外，还应注意以下几点：

（1）保持镇静，停止一切作业。

（2）立即将中毒人员送医救治。

（3）关闭阀门，切断电源，通知值班领导，值班领导视情通知相关人员。

（4）发生小的火灾时，用灭火器或石棉毯扑救。

（5）尽可能准确地估计事故形势。

2. 在下列条件下，由清罐指挥人员下达取消或中止清罐作业的指令：

（1）有雷击。

（2）输油管线泄漏。

（3）石油库周围 100m 以内火警。

（4）库区供电网断电。

（5）其他指挥人员现场确认对清罐安全有影响的事件。

八、油罐清洗作业应急预案

1. 抽除底油应急防火计划

（1）应急事件

抽取库存介质至油罐车，使用防爆电动抽油泵时，挥发出了大量的介质气体，介质浓度增加，导致管道口或油罐车辆油口着火。

（2）预防措施

抽取库存介质时应尽量减少介质蒸发，降低介质气体浓度，减少静电产生，加速静电流散。

（3）应急对策

① 驾驶员迅速将油罐车驶离现场，开到安全区域进行灭火扑救。

② 施工现场工作人员应拨打 119 火警电话，请求支援，并向主管部门报告。

③ 如果油罐车罐口着火，可使用石棉被或其他覆盖物（如湿棉衣等）将罐口盖住，堵严罐口窒息火源。当火势较猛时，应使用手推式及手提式干粉灭火器对

准罐口进行扑救。

④ 当专业消防人员尚未到场,且火势无法控制时,应立即将作业人员撤离到安全区域,同时做好周边交通疏散和人群隔离工作。

2. 开启人孔盖应急防火计划

(1) 应急事件

因未使用规定的防爆器材,而导致火星,发生火灾或爆炸。

(2) 预防措施

① 作业前必须对作业人员实施安全教育。

② 作业人员必须使用规定的防爆器材。

③ 应急对策:如发生火灾,应立即切断电源,组织有关人员利用现场灭火器进行扑救,如火势蔓延,应立即报告上级部门,并撤离现场内的易燃、易爆物品、疏散人群。储罐口失火,应用石棉布捂盖,用干粉灭火器扑救,力争尽快控制火势并将火险消灭在初起状态(切忌用水喷洒造成助燃)。

3. 临时用电应急防火计划

(1) 应急事件

因临时用电不当造成火灾。

(2) 预防措施

① 用电前必须填写临时用电申请、用电负荷、用电时间等项目;

② 临时用电申请批准后,经甲方有关人员确认并指定临时电源后方可接线;

③ 临时用电电源箱,应选择在安全区域并有防潮措施;

④ 现场临时用电电源箱,应配置漏电保护器,保证一台设备配备一个负荷开关,严禁多台设备共用一个开关;

⑤ 现场临时照明采用防爆照明灯具;

⑥ 临时电源线易采用架空或埋地,过道时应采用保护管敷设;

⑦ 临时电源箱旁边应摆放干粉灭火器和灭火毯;

⑧ 作业完毕后应及时切断电源。

(3) 应急对策

如在上述操作中发生火情,应立即切断现场临时电源并利用现场灭火器材进行灭火,如果火势蔓延应立即报告上级指挥部门。

4. 清洗储罐内油污应急计划

(1) 应急事件

作业人员防护措施不当,吸入过量介质气体中毒。

(2) 预防措施

① 配备完好的防毒面具和介质气体浓度检测仪;

② 作业前工作人员必须消除所带静电，佩戴绳索或保险带，并两人轮流进罐作业；

③ 罐外人员要不断与罐内作业人员联系，随时了解作业情况；

④ 作业单位要具有"有限空间作业资质"，对作业人员进行全面安全教育。

(3) 应急对策

当发现与作业人员问话无回答时，应及时将作业人员从储罐中救出，将中毒伤员抬到空气流通较好的地方进行抢救。

① 在保持伤员气道通畅的同时，先连续大口吹气两次，每次 1~1.5s。如两次吹气试测颈动脉仍无搏动，可判断心跳已经停止，应立即进行胸外按压。

② 吹气和放松时要注意伤员胸部应有起伏的呼吸动作。吹气时如有较大阻力，可能是头部后仰不够，应及时调整。

③ 如果伤员牙关紧闭，可口对鼻人工呼吸。口对鼻人工呼吸吹气时，要将伤员嘴唇紧闭，防止漏气。

④ 操作频率：每5s吹气一次(即每分钟12次)。

(4) 胸外按压操作程序

① 确定正确按压位置：右手的食指和中指沿伤员的右侧肋弓下缘向上，找到肋骨和胸骨结合处的中点，两手指并齐，中指放在切迹中点(剑突底部)，食指平放在胸骨下部，另一只手的掌根紧挨食指上缘，置于胸骨上，即为正确按压位置。

② 正确的按压姿势：使中毒伤员仰面躺在平硬的地方，救护人员站立或跪在伤员一侧肩旁，救护人员的两肩位于伤员胸骨正上方，两臂伸直，肘关节固定不屈，两手掌根相叠，手指翘起，不接触伤员胸壁，按压必须有效，有效的标志是按压过程中可以触及颈动脉搏动。

③ 操作频率：胸外按压要以均匀速度进行，每分钟80次左右，每次按压和放松的时间相等，在医务人员未接替抢救前，现场抢救人员不得放弃抢救。

④ 伤员好转后的处理：如果伤员的心跳和呼吸经抢救后均已恢复，可暂停心肺复苏法操作，但心跳呼吸恢复的早期有可能再次骤停，应严密监护，不能麻痹，要随时准备再次抢救。初期恢复后，神志不清或精神恍惚、躁动，应设法使伤员安静。

5. 作业安全措施

(1) 机械设备安全管理

① 进入作业区的所有设备、工具应保持完好，进场后还应进行安全检查，合格后方可使用。操作工必须建立岗位责任制，并按劳动部门规定持证上岗。

② 各种施工设备必须专人管理，严格按该设备的安全操作规程进行操作，并定期维护检修，保持施工机械处于良好状态。

③ 各种施工机械及其转动部分，必须安装防护罩。

④ 施工设备启动前应检查地面基础是否稳固，转动部分的部件是否充分润滑，制动器、离合器是否动作灵活，必须经检查确认后方可启动。

（2）预防触电安全措施

① 现场暂设电源线路，必须使用绝缘软电缆，并按规定架设，不准超负荷使用；

② 手持电动工具的电源线必须使用固定插座，严禁乱插乱挂，并安装漏电保护器；

③ 现场临时停电时，应立即切断电源，锁好开关箱；

④ 用电设备必须接地接零；

⑤ 任何人不准带电作业，非专业人员严禁作业；

⑥ 现场各种电气设备应由专人使用。

6. 现场作业人员要求

（1）作业前必须进行安全教育，并做好记录；

（2）作业人员接到"进场通知"后，方可进入施工现场；

（3）作业方和建设单位须设专职现场安全管理人员；

（4）作业现场负责人必须做好作业记录；

（5）作业人员在没有建设单位人员的陪同下，不得在非作业区活动；

（6）作业现场按规定设置醒目的安全标识；

（7）严禁作业人员的"三违"行为；

（8）现场作业人员必须对此防火预案进行学习和演练。

九、油罐清洗合同样本

石油库如若委托外单位人员进行油罐清洗，要签订油罐清洗承包合同，合同格式和内容如下：

根据《中华人民共和国合同法》及其他法律、法规，遵循平等、自愿、公平和诚信的原则，经双方协商，就油罐清洗工程承包，签订本合同。

第一条 项目概况

1. 项目名称：××座×××m³储油罐清洗。

2. 项目地点：××××。

3. 承包范围：招标文件、施工设计（图纸）和补充说明所明确的工程范围。

第二条 项目履行期限

1. 根据本项目清洗保洁任务量，双方商定项目总工期为×天，开工时间：×年×月×日，竣工时间：×年×月×日。

2. 如遇不可抗力而无法在规定期限内履行合同，经双方确认后，工期可以相应缩短或延长。

第三条 工程造价及付款方式

1. 承包方式：包工包料。

2. 工程总造价为×××××万元，包含乙方在提供油罐拆卸过程中更换配件所发生的一切费用。

3. 合同签订后甲方付总价款30%的预付款，×××座×××m³油罐清洗完成后再付总价款的30%，余款待工程全部完工、经验收合格后由甲方向乙方一次性支付。如验收不合格乙方无条件返工直至合格后支付。

4. 在约定时间内，甲方支付乙方款项，乙方必须提供符合甲方要求的合法足额的有效发票。

第四条 甲方权利义务

1. 甲方指定1~2名员工协助乙方进行施工，发现乙方有违反安全的行为，有权制止。

2. 甲方协助乙方对清理出来的油泥进行填埋。

3. 甲方需提供给乙方清洗所需的水、电及消防器材。

4. 甲方按照合同的约定，在工程结束后向乙方支付费用。

5. 甲方派驻的现场代表，姓名：×××；职务：××××××。

第五条 乙方的权利义务

1. 在规定时间内，按照要求保质的完成清洁任务。

2. 乙方的施工人员必须遵守加油站的安全制度。

3. 负责配合甲方验收的一切工作。

4. 负责对清理出来的油泥进行填埋。

5. 乙方派驻的现场代表：项目经理：姓名：×××；技术负责人：××××××。

第六条 违约责任

1. 任何一方违约，应承担违约责任，并向对方支付违约金。

2. 甲方应在乙方保洁作业完成时进行验收，若由于甲方原因未能及时验收造成作业范围内重新污染、清洁效果被破坏的，责任由甲方承担。

3. 由于甲方原因造成无法作业，由此造成乙方作业延期完工的，责任由甲方承担。

4. 乙方在作业期间应设立明显警示标志，如有必要，须在该处范围设置安全围栏，如因乙方原因造成任何人员伤亡或财物损失的，责任由乙方承担。

第七条 工程质量标准

一次性通过竣工验收并达到"合格"标准。

第八条 合同争议解决途径

甲乙双方在履行合同的过程中如发生争议，应协商解决，协商不成的，可按下列第×种方式解决。

1. 提交裁委员会仲裁。
2. 依法向人民法院提起诉讼。

第九条　合同时效

本合同自双方签字盖章之日起生效。乙方将工程交付甲方后，在完成清洁任务结算，甲方支付完毕乙方全部工程款，其他条款即告终止。

第十条　附则

1. 本合同如因不可抗力的原因无法继续履行时，当事人可以依法主张解除合同，并及时书面通知对方，本合同自书面通知到达对方时解除。
2. 本合同如有未尽事宜，双方可通过协商签订补充合同，补充合同与本合同具同等法律效力。
3. 本合同一式叁份，甲乙双方各执一份。

第十一条　附件

1. 油罐清洗安全施工协议
2. 廉政建设协议书

甲方(盖章或签字)：　　　　　　　　乙方(盖章或签字)：

负责人签名：　　　　　　　　　　　负责人签名：

××××年××月××日　　　　　　　××××年××月××日

油罐清洗安全施工协议

甲方：
乙方：

为贯彻落实"安全第一、预防为主、综合治理"的安全生产方针，确保油罐清洗安全、优质、高效、文明，杜绝各类事故的发生，明确双方在安全生产、文明施工、环境保护管理方面的责任和义务，双方协商一致签订本协议，作为施工合同的附件，并与施工合同具有同等的法律效力。

一、甲方的责任和义务

1. 有权对乙方施工资质审查，经验审合格，签订安全施工协议后方可施工。
2. 负责组织，安排乙方参加进入施工现场的安全培训，并向乙方交代清楚。

3. 安全管理人员有权对施工现场进行检查，并监督安全规程及现场施工安全措施的实施。

4. 对乙方在施工中出现的违章违纪作业，有权制止、处罚，直至停止其工作，并根据有关规定，对违章单位人员进行经济赴罚。

5. 对竣工工程进行检查验收，发现质量问题及不安全隐患，有权要求乙方限期改进。造成工程延期，责任及经济损失由乙方承担。

6. 工程结算前应确认双方无遗留劳动安全纠纷，方可进行财务结算。

二、乙方的责任和义务

1. 乙方应具备相应施工资质证明，工程负责人是安全施工的第一责任者，应指定专职或兼职安全质量员并将名单报甲方备案。

2. 乙方应严格遵守国家有关安全生产的法律法规及甲方各项管理制度，对进入施工现场的所有施工人员要做好安全质量、文明施工、环境保护教育，安全技术交底，保存书面教育记录。劳保用品必须穿戴齐全；特种作业必需持证上岗；施工用电必须规范配置；氧气、乙炔必须间隔7m并有减震圈；高空作此必须有防坠措施；现场动火必须办证监护；现场物料摆放整齐；施工垃圾及时清理；施工机具规范摆放，机容机貌保持整洁。

3. 未经甲方许可不得擅自改变现场安全技术设施，施工人员不得超越指定的施工范图。

4. 向甲方提供焊工、登高作业人员证件，经甲方审查合格后，方可施工。

5. 乙方在现场违章作业造成人员伤亡事故，一切责任自负，给甲方造成损失的，应赔偿甲方经济损失。

6. 对施工人员负有监督和监护的安全责任，负责为所有参与施工人员进行人身保险。

7. 明火作业执行甲方的管理制度，申请办理动火证明。

8. 应根据工程施工需要，制定安全施工组织设计，并报甲方审查，合格后作为承包合同的附件。

9. 须承担因为乙方的原因造成的安全事故的经济责任和法律责任。

10. 对施工作业中施工人员的伤亡事故负全责；保护好现场，应积极做好事故的善后处理工作。

三、违约责任

1. 甲方不履行或履行职责不力造成损失甲方承担相应的责任。

2. 因乙方未履行上述责任、义务或违反国家、省市、甲方单位安全生产、文明施工、环境保护法律法规和管理规定的，按相关规定给予处罚。造成工程财产损失和人爱伤害的，承担责任指标和全部责任以及发生的一切费用，甲方并对乙方处以罚款。

3. 乙方不服从管理，问题整改不力或重复违反造成不良影响，导致上级有关部门处罚和批评的，甲方有权视情节给予 500~1000 元的罚款处理，直至解除施工合同。

4. 乙方每发生一起轻伤事故，罚款 500 元。

5. 甲方对乙方缴纳的风险抵押金专款专用，施工过程中发生违章、违纪、违规等行为，由甲方按相关管理规定出具罚款通知单，从乙方风险抵押金中扣除，乙方应及时补足风险抵押金。

四、责任期限

双方的责任期限自工程开工之日开始，至工程竣工通过甲方验收之日为止。

五、其他

本协议一式四份，甲乙双方备执两份，具同等效力。自双方签字或盖章之日起生效。

甲方： 乙方：

代表人： 代表人：

日期： 日期：

廉政建设协议书

为加强油罐清洗施工作业中的廉政建设，预防违规违纪问题发生，根据国家有关廉政建设规定，经甲乙双方协商，签订如下廉政协议：

一、严格执行财经纪律。双方财务往来中，严格按照财经制度办事，不隐瞒、截留、挤占、挪用工程款项；不提前拨付工程款；不对没有立项、论证、批准的项目擅自进行投资；不建立账外账，私设"小金库"，暗中给对方单位或个人回扣；不弄虚作假、瞒报漏报工程进度；不随意变更、毁坏财务账目凭证。

二、严格执行廉政规定。双方在公务活动中，自觉执行廉政建设的各项规定，做到不在家中接待对方单位人员和洽谈有关工程事宜；不介绍或强行安排亲戚、朋友到工程队中做工或谋求其他好处；不接受任何礼品、礼金和宴请，不行贿、受贿、索要钱物；不安排和接受外出旅游和娱乐活动；不以任何形式借用、试用或占用对方交通、通信工具等物品；不向对方借款和请对方代购物品或办理其他个人私事；不在对方报销不合理或属个人开支的发票；双方人员不得进行任何形式的赌博。

三、严格工程质量监督。在工程建设中，树立质量第一的思想，争创优质工程。做到采购材料时不索要、收受礼金、回扣、中介费；不使用不合格材料或配件、设备和未经验收、检验的材料；不提与合同、法规不一致的要求和建议；按照图纸和施工技术标准施工，不偷工减料或擅自更改工程设计。

四、本协议书生效。此协议经双方签章后生效，互相监督，共同遵守，如有违反，对方有权举报和终止执行《油罐清洗承包合同》。

甲方： 乙方：

代表人： 代表人：

年 月 日 年 月 日

第七节 油罐清洗机器人系统介绍

利用储油罐存储是战略石油储备的主要方式。在成品油储油罐长时间的储运中，成品油中的少量沙粒、泥土、重金属盐类等杂质因密度差，会和水一起沉降积累在储油罐底部，形成又黑又稠的胶状物质，即储油罐底泥。杂质和水分会降低成品油的品质，影响油品计算的精确度；加速储油罐腐蚀，严重时会引起底板穿孔，造成漏油事故；产生静电并积聚，造成静电事故。此外，油品升级以及换装不同油品时，罐内残存油品和新装入油品不能相混，储油罐发生渗漏或其他损坏，需要进行检查或动火修理时，都需要对储油罐进行清洗，同时根据国家规定储油罐也必须定期进行清洗检修。储油罐清洗技术先后经历了人工清洗和机械清洗阶段，随着人们对储油罐清洗作业安全、效率、成本、环保要求的不断提高，储罐清洗机器人技术作为一种无需人员进罐的清洗技术得到了国内外越来越多的关注。由于机器人作业，需要通过罐壁人孔进出储油罐，考虑到罐壁人孔尺寸的大小和变形式机器人的复杂性以及作业环境的恶劣和危险，如何保证机器人在罐内作业的安全可靠，对储油罐科学合理有效清洗是需要解决的问题。

目前，储油罐的清洗方式主要有人工入罐清洗和机械设备清洗两种。人工清洗储油罐的整个过程包括空罐、蒸罐、通风、气检、进入、清出油泥、油泥处理等步骤。这种清洗方法具有设备少、操作简单和施工成本低等优点。同时也存在以下几个问题：首先，清洗时，油罐油气浓度很难达到2%以下(非爆浓度)，极易因金属的敲击和静电引起爆炸及油气浓度过高引起油气中毒和伤亡等事故；其次，人工清洗对罐底油没有合适的方法进行回收再利用，造成油料浪费和环境污染，给经济和环境带来直接的损失；再者，人工清洗周期较长，准备工作工序复杂繁多、危险性较大、甚至污染环境，容易对油罐造成不可避免的损坏，清洗后不得不对油罐进行防腐处理。机械清洗则是以加热软化、化学助溶、水力击碎等方法的辅助流化理念，在电子自控技术的基础上，开发出的系统化自动清洗技术。

随着计算机技术、控制理论、人工智能理论、光机电一体化以及传感器等技术的不断成熟和发展，机器人技术得到了广泛应用，极大地提高了劳动生产率，降低了产品成本、减小了人的劳动强度，改善了工作条件，扩大了人类的认知范围。作为智能服务机器人的一种，清洗机器人现已广泛应用于储油罐清洗、管道清洗、公共场所地板清洗、大型建筑物的玻璃清洗和飞机、船舶表面清洗等方面，其作业对象一般是附着或者黏附在物体表面的污垢、污泥等有害、较难清洗的物质。

清洗机器人属于服务机器人，一般指专门用于清洗行业的半自主或全自主工作的机器人。它不但可以实现人工劳力进行的清洗作业，而且在人力无法作业的非结构环境中进行极限作业，极大地提高了劳动效率、改善了劳动环境，在现实生活中得到了广泛应用。随着科学技术的发展及社会的需要，清洗机器人正在朝着小型化、便捷化、自动化和智能化的方向发展，其应用范围将会愈加广泛，甚至遍及人类的日常生活当中。

一、国外清洗机器人研究现状

日本是世界上最早进行清洗机器人研究和制作的国家。1966年，大阪府立大学的西亮利用电风扇的负压吸附原理制作了世界上第一台壁面移动机器人的样机，1975年西亮对其进行改进，利用单吸盘吸附原理，制作了轮式垂直壁面移动机器人的二号样机。

化工机械技术服务株式会社利用真空泵产生负压的技术，采用单吸盘吸附模式，制造了一种清洗核电站内壁的Walker机器人，但无法在有裂缝的壁面上行走。BE公司设计了一种轨道移动式智能擦窗机器人，虽然清洗效率很高，但要求建筑物在建造时就需预先铺设固定轨道，造价过于昂贵。

欧美国家对清洗机器人设计开发和制造技术也较为先进。德国弗朗霍夫研究所开发出可用于清洗玻璃幕墙的SIRIUSc系列机器人，利用楼顶提升机构进行本体的移动，而且可在两个长条式的框架机构作用下实现越障和本体的位姿调整。弗朗霍夫生产技术与自动化研究所(IPA)为清洗莱比锡商业大厦玻璃幕墙而研发设计的智能清洗机器人。美国的卡内基梅隆大学开发的用于核电站等危险场所的壁面清洗、核废料清除的远程作业机器人(RWV)。

随着科技的发展和社会的需要，清洗机器人已广泛应用于社会生活当中，而不仅仅是用于清洗建筑物的壁面、玻璃幕墙，从油烟管道到家庭居室的角落，从水下舰船表面到空中飞机壁面，清洗机器人都得到了广泛的应用。目前，用于家庭室内地板清扫、吸尘的机器人技术已经极为成熟，基本上可以实现自我避障的智能路径规划，如瑞典的三叶虫清扫机器人、美国麻省理工学院研制的 Scooba 智能吸尘机器人、日本 Smarbo 家用清洁机器人等。国外用于风管清洗的机器人技术也比较成熟，国际上针对风管清洗的机器人生产厂家不下20家，如瑞典的 Wintcleang 机器人、丹麦 Danduct 机器人、易格尔风管清洗机器人等。美国 Stoneage 公司开发了一种履带驱动式的管道水射流清洗机器人，但对管径的适应能力仍需进一步加强。

机器人清罐方式比较有代表性的研究是英国 NESL 公司的 Moverjet Vehicle，美国 Petroleum Ferment 公司开发用于流化和喷击底泥的水力车，英国 Surface control 公司开发的真空槽车，拉格比 Hydrovac 工业和石油服务有限公司开发的水力推土机罐内作业工具。同种油喷射方式的代表就是日本的 Cow 清罐系统和丹麦奥瑞克公司的 BLABO 系统。

二、国内清洗机器人研究现状

我国的清洗机器人研究起步较晚，但是发展速度很快，上海大学率先进行清洗机器人的研发工作，上海交通大学、哈尔滨工业大学、西北工业大学、哈尔滨工程大学、北京航空航天大学等也都在该研究领域取得了许多突破性成果。代表性的机器人有哈尔滨工业大学开发的用于清洗玻璃幕墙 CLR-II 型机器人等。

在美国卡内基梅隆大学的 Wolfe 研发的 ANDI 机器人的十字构型基础上，北京航空航天大学研发出了一系列的清洗机器人，如 Cleanbot-I 型清洗机器人、灵巧擦窗机器人、蓝天洁宝系列玻璃幕墙清洗机器人等。哈尔滨工程大学研制的水下船体表面清洗机器人，它主要采用永磁吸附式双履带吸附在船体表面，能够不影响船体的正常行驶对船体表面的附着物进行清洗。

上海交通大学与甘肃电力公司联合开发出一种用于清除发电厂高压绝缘子的超高压带电清洗机器人（HVCR）。在飞机表面的清洗机器人研发上，我国在借鉴美国、日本等国的研究经验，开发出了用于飞机表面清洗的"清洗巨人"，不但可以清除飞机表面的附着物和污染物，保证飞机安全起降和表面整洁美观，还可以节省大量劳动力，经济效益较高。

由于我国石化行业起步晚，直到1933年，才开始有人关心原油罐底泥的清除和利用，油罐清洗技术与世界先进水平还存在着一定的差距，许多炼油厂尚停留在人工清泥洗罐的现实生产阶段。1995年高光军等通过对几种原油罐罐底油泥清洗方法的比较后，认为整体加热法清理罐底油泥是一种经济、有效的清理方法。同年 Wang C 和 Chen C 等开发了油罐清洗的喷头，具有喷击压力高、能 360℃旋转和使用安全等特点。石油天然气管道技术公司在 1998 年首次进行了油罐清洗工艺在我国的现场应用。近年来，油罐清洗机器人的相关专利和报道在国内呈逐年递增的趋势。

三、油罐清洗机器人功能概述

油罐清洗机器人是特种机器人的一种，用于代替人工对油罐进行清洗维护工作。为实现安全清洗作业，油罐清洗机器人必须具备六个基本功能：移动和驱动功能、清洗功能、吸附功能、感知功能、安全检测功能、控制功能等。因此，一个完善的清罐机器人系统通常包括以下 6 个子系统：

（1）移动机构和驱动系统。两者构成机器人的本体。移动方式有车轮式、履带式和步行式（分两足和多足）等。车轮式移动速度快、控制灵活，但维持一定的吸附力较困难；履带式对壁面的适应性强，着地面积大，但不易转弯；步行式移动速度慢，但承受能力大，适应场地能力强。根据不同的移动方式可以组成多种不同形式的移动机器人，油罐清洗机器人采用车轮式移动方式，主要是看重车轮式的移动速度和控制灵活性。清罐机器人的驱动系统通常采用液压驱动。由于清罐机器人需要适应不同清洗环境，一般需要对机器人本体采取模块化设计，从而使其具有可重构、可变形的特性，以满足不同的应用需求，同时防火、防爆、防腐也是要考虑的重要条件。

（2）清洗（罐）装置。一般由送液装置、清洗或吸取装置组成。工作时，首先通过送液装置把清洗液送到要清洗处，然后用清洗装置进行清洗，并由传感装置检测清洗的效果。考虑到油渣的清理难度比较大，清洗装置可以按照环境需要设计成铲板机构或者高压喷射机构等多种形式。采用的主要清洗方式有：高压水射流清洗、声化除油清洗和化学除油清洗等。高压水射流清洗与传统的高压水冲洗、化学、机械、人工等清洗方法相比，具有不腐蚀被清洗的物体，不污染环境，不会损坏被清洗物，清洗效率高、质量好、成本低、节能和操作简单，易于实现机械化及自动化控制，能够在有毒、有放射性、易燃、易爆条件下安全清洗。超声波清洗也被称作"无刷擦洗"，其利用超声波空化产生的局部高温形成蒸汽型空化，对污层直接反复冲击，一方面破坏污物与清洗件表面的吸附；另一方面也会引起污物的疲劳破坏与工件表面脱离。超声波不仅本身有很强的清洗作用，还能明显促进化学清洗的进行。化学清洗主要是利用化学药剂进行油水分离，其操作简单，但效果不如其他清洗方式。

（3）吸附装置。清罐机器人需要具备爬壁功能，其爬壁功能的实现可以借鉴爬壁机器人。爬壁机器人主要有真空负压吸附和磁吸附两种吸附方式。真空吸法又分为单吸盘和多吸盘两种结构形式，它具有不受壁面材料限制的优点，但当壁面凹凸不平时，容易使吸盘漏气，从而使吸附力下降，承载能力降低。磁吸附法可分为永磁铁和电磁铁两种，要求壁面必须是导磁材料。其结构简单，吸附力远大于真空吸附方式，且对壁面的凹凸适应性强，不存在真空吸附漏气的问题。由于一般储油罐均为钢制，因而清罐机器人优先选用磁吸附。

（4）传感（通讯）装置。用来检测获取被清洗物体的形状信息及周围环境的信息并将所得信息传输回远程控制中心。一般用到的传感装置有CCD摄像头、压力传感器等。采用摄像头时，可用防爆云台控制摄像头在一定范围内旋转，以监控罐内的清理状况。同时还要装备照明装置，与摄像头同步旋转，以获得最佳摄像效果。考虑到油罐可能完全屏蔽，传输信号采用有线通讯方式，通过射频技术将多路视频、音频和数字信号通过一根电缆双向传输。

（5）安全检测装置。油罐油气浓度过高，易发生爆炸，清洗机器人必须配备浓度检测装置和惰性气体发生器，利用惰性气体稀释油罐内油气，确保清洗过程安全。

（6）控制系统。控制系统无疑是清罐机器人的核心部分，正是在它的指挥、控制和协调下，机器人的各个部分才能有条不紊地完成清罐工作。一般情况下，清罐机器人中都装有微控制器，通过车载微处理器完成传感器到视觉融合的环境检测与识别。运动控制一般采取局部未知环境下自主运动与全局遥控相结合的总体控制策略。对于驱动装置的控制，一般采用数字位置伺服和高鲁棒性的运动定位，同时对于保险绳要有随动控制，从而控制机器人安全顺利地完成工作。

四、油罐清洗机器人工作一般步骤

从国内文献介绍的一款储油罐机器人情况看，储油罐机器人清洗系统，首先要能保证机器人在罐内作业的安全可靠，实现对储油罐科学合理有效清洗，一般由7部分构成：清洗机器人、卷放器、动力装置、污水回收装置、气体置换装置、给水装置和监控装置。

（1）清洗机器人，采用液压驱动装置驱动，设有自旋转喷头、摄像照明设备和摄像装置，以及连接液压驱动装置、摄像照明设备和摄像装置的脐带缆。

（2）卷放器，其卷筒内设置清洗机器人的脐带缆，脐带缆的接头与卷放器的内接口连接，卷放器设有连接外部装置的外接口，该外接口与内接口之间设有连接通道。

（3）动力装置，与卷放器的外接口连接，经脐带缆与清洗机器人的液压驱动装置连接。

（4）污水回收装置，由真空抽吸泵、过滤器和污水回收罐顺次连接而成，真空抽吸泵设回收管，该回收管的抽水口连接至清洗机器人清洗的储油罐内。

（5）气体置换装置，由氮气发生器和空气压缩机顺次连接而成，空气压缩机设有换气管，该换气管的换气口连接至清洗机器人清洗的储油罐内。

（6）给水装置，由水箱和水泵顺次连接而成，水泵的供水管与清洗机器人的自旋转喷头连接。

（7）监控装置，由控制台装置和分别与该控制台装置通信连接的气体检测传感器和监视器组成，其中，控制台装置分别与卷放器、动力装置、污水回收装置的真空抽吸泵和给水装置的水泵电气连接；气体检测传感器设在清洗机器人清洗的储油罐内。

以上结构构成，决定了该类型机器人清洗方法，主要包括以下 10 个步骤：

① 打开人孔盖：打开所清洗的储油罐的人孔盖。

② 移送油品：从储油罐中移出油品。

③ 氮气置换：使用清洗系统的气体置换装置向所述储油罐内强制注入氮气，使油气浓度降低到爆炸下限的 20%以下。

④ 机器人进罐：使清洗系统的清洗机器人经打开的人孔进入储油罐内。

⑤ 储油罐清洗：清洗机器人在储油罐内按照直线折返路径和定点清洗的方式，采用 180°清洗模式进行清洗作业。

⑥ 机器人出罐：将清洗作业完成后的清洗机器人，运出储油罐外。

⑦ 污水回收：采用清洗系统的污水回收装置的真空抽吸泵和回收管将储油罐内清洗后的污水和杂质抽出，经过滤器过滤后注入污水回收罐。

⑧ 通风换气：使用清洗系统的气体置换装置向储油罐内注入空气，使罐内气体成分浓度达到人员进罐的安全标准。

⑨ 人工检查：检查人员进入储油罐内对清洗效果按设定的标准进行检查。

⑩ 装人孔盖，人工检查符合要求后，将人孔盖重新安装在储油罐人孔的法兰上。

通过将"清洗机器人、卷放器、动力装置、污水回收装置、气体置换装置、给水装置和监控装置"有机连接成清洗系统，从而可以实现对储油罐采取直线折返路径和定点清洗的方式进行清洗，并在每个清洗点采用 180°清洗模式清洗，定点清洗方案结合了 180°清洗模式的优势，大大缩短了清洗周期，同时也降低了操作人员的工作强度；直线折返路径方案，保证了机器人在罐内运动时不会出现机器人脐带缆缠绕罐内附件，机器人碾压脐带缆的现象，此外还可以使罐内污水向人孔处的聚集，便于污水排出。

五、油罐清洗机器人的技术难点分析

清罐机器人的研发涉及机器人、人工智能、传感、控制、环境识别及现代设计方法等诸多学科以及构成各类机器人自身服务功能的各项专有技术，各项关键技术的发展突破对清罐机器人的发展影响甚大。由于工作环境及任务的特殊性，油罐清洗机器人的总体设计要求比较高。缩小尺寸、降低造价和安全高效地工作是机器人市场化的首要目标，同时还需解决以下技术难点。

（1）安全技术：油罐底部环境复杂，油气浓度较高，要求机器人能自动检测油气浓度，并注入惰性气体，准确测量油气浓度，防止意外事故的发生。

（2）移动技术：移动机构需小型和高效，使机器人具有便捷移动功能，可灵活调节行走速度和方向。

（3）控制技术：控制机器人的整体工作，各部分的协调配合、故障诊断和综合管理，要求控制灵活、可靠。

（4）遥控技术：要保证信号远距离通信的实时性和可靠性，实现机器人的灵活控制。

（5）清洗技术：设计安全有效的清洗机构，达到令人满意的清洗效果。

随着国家对大型石油库建设、能源紧张和环保问题的日益重视，人工清理油罐已经不符合社会发展的客观要求，必须研究封闭式、无需人工进出油罐的全自动的清洗设备，提高油料的回收率和清洗效率，提高油罐的清洁度，减少油污、污水和废气对环境的污染，实现安全、健康、环保式清洗，自动化、智能化、小型化清洗成为发展的大趋势。油罐清洗机器人的研究符合发展的要求，具有广阔的应用前景及应用价值。随着我国大型石油储罐的大量建设和对环境保护问题的日益重视，人工清罐已不符合环境和发展的客观要求，淘汰人工清罐是历史的必然。清罐机器人安全、高效、经济的特点，决定了它逐渐进入市场并最终被广泛使用是必然趋势，相信在不久的将来，伴随着科技水平的提高以及诸多关键技术的突破，清罐机器人将越来越完善，取代人力、成为清罐行业的主力军。

六、原油储罐清洗系统简介

国际上原油储罐清洗系统 COW（crude oil washer）开发于 20 年前。该技术是国际上开发研制的陆上石油储罐清洗系统，并获得了有关专利。在东南亚、欧洲、中远东等地区的石油储罐清洗方面得到广泛应用。经过 20 多年的发展和完善，在陆地上储油罐清洗应用方面，COW 原油清洗系统居世界领先水平。

COW 系统，是基于多年来大型油罐的清洗经验，专为大型浮顶油罐清洗独自开发的装置，该装置从清洗油罐中回收油类，采用抽吸系统，将清洗所用主要机器实现组件化，不仅减少了临时设置作业，还使主要机器设备集中管理作业。COW 系统由抽吸系统、热交换系统和多组清洗机构成，采用全防爆型部件，优化了单元设备的选型，整体设备体积小，运输方便，性价比好等优点。

石油储罐COW原油清洗工艺是利用喷射清洗机将清洗介质在一定的温度、压力和流量下喷射到待清洗表面，除去表面凝结物和淤渣，并对其进行处理和回收的一种工艺方法，其清洗介质是原油或同种介质。根据施工要求和现场状况，热水和柴油也作为清洗介质在原油清洗后使用，因原油中含有轻质组分即溶剂成分，加速了沉积物油分中的凝结物和淤渣的解体，经破碎后的淤渣与清洗油混合、溶解、扩散，最终被抽吸回收。原油清洗工艺须借助较纯净的原油，通常需有一个与被清洗罐相邻的储油罐，该罐通常也作为原油回收罐。原油清洗设备与清洗罐和回收罐是用工艺管线连接到一起的，组成一个清洗系统。COW原油储罐机械清洗系统的主要优点如下：

（1）原油回收率高。COW方法可以最大限度地回收沉积物中的油分，回收率占总沉积物的98%以上，仅剩2%以下基本不含油的铁锈和泥砂等杂物，而人工清罐是把所有沉积物都当成渣油进行人工清理，且造成污染和浪费。以清洗一个100000 m^3 油罐为例，如果采用传统人工清罐需处理的沉积物约1600t，而用COW设备机械清洗，需要人工处理喷射死角的残留物（铁锈、沙子、杂物等）只有1t左右。

（2）清罐周期短，停罐时间短。COW工艺方法主要使用机械清洗，它不受储罐沉积物量、油罐大小和天气的影响，因此效率高，施工周期短，而人工清洗受以上几个方面影响很大，随着淤渣量的增加，清洗时间也较大幅度地随之增加。以 $10×10^4 m^3$ 油罐为例，一般情况下，用COW方法清洗，停罐时间仅15天，而人工方法约2个月。

（3）不直接用蒸汽或热水加热，不影响原油的质量。传统的人工清罐法是用大量蒸汽"蒸罐"，让凝油直接与蒸汽接触，使凝油融化，使轻质组分流失，从而破坏了原油的质量。而COW方法是靠清洗油冲击沉积物，由于稀释、溶解和扩散作用，回收的原油不会在短期内形成沉积物。回收的原油中，不增加含水量，含蜡量降低，不含砂或杂物。

（4）投入人力少，安全有保障。COW工艺方法使用惰性气体控制罐内氧气和可燃气体浓度，避免了因喷嘴高速喷射产生静电可能带来的隐患。清洗结束后，检查维修人员即可进罐进行动火维修作业。而人工清罐，需投入大量的人员在高浓度油气的罐内清除沉积物，容易造成人员伤亡。有许多拉渣油的车辆出入石油库，给石油库增加了不安全因素，给库区环境造成污染和事故隐患。

（5）无环境污染。COW工艺方法不向外排放污油，是将污油经油水分离槽分离后，把水作为清洗介质再循环利用，把分离出的油回收。传统方法因对原油加热，造成油气大量挥发，对无人购买的油泥进行堆放、废弃，造成环境污染。

(6)清洗效果好。COW 工艺方法使用原油作为清洗介质，由于原油中富含轻质组分，相当于一种溶剂清洗。在一定温度、压力和流量的条件下，COW 工艺方法能保证清除死角外，油罐内表面均露出金属本底。

(7)综合经济效益明显。采用传统的人工清罐方法，虽然施工费用低，但约占油罐容量 3%~4%的罐底淤渣难以处理，需折价按渣油销售。而 COW 工艺方法虽然施工费用较高，但可将罐底淤渣中的油分基本全部回收，按正常的油价销售。以 $10\times10^4 m^3$ 油罐为例：人工清洗需折价处理的原油约 1600t，平均每吨折价按 500 元计算，实际损失达 80 万元，如在加上难以处理的油泥和浪费的部分，实际损失还要增大。另外 COW 工艺方法可减少油罐停用期，提高油罐的利用率，有利于增产增效。

第三章 油罐修理设计

第一节 油罐换底改造设计

当油罐使用达到或超出设计寿命,保养维护不到位年久失修出现严重锈蚀渗漏、焊缝裂纹,强度降低变形,工作压力明显下降等情况后,都要按规定进行更新改造,特别是油罐底板上部直接和储存介质油料中的水分、杂质等接触,容易产生腐蚀,油罐底板下部直接和油罐基础接触,尽管基础经过石油沥青砂垫层防护处理,但也难免出现潮湿腐蚀性影响,产生严重腐蚀。总之,油罐底板上下两面大气腐蚀环境差,腐蚀介质复杂,特别是20世纪之前建设的油罐,底板下部极少采用牺牲阳极保护处理,多采用加强防腐保护方式,多年运行实践证明,往往油罐底板是最容易影响油罐使用寿命的部位。油罐底板腐蚀加速减薄、强度降低,底板、焊缝大面积锈蚀甚至局部穿孔导致的事故案例很多,教训极为深刻。据此,相关行业明确要求,对超过设计使用年限(比如20年)的,大面积严重锈蚀渗漏、焊缝多处裂纹,厚度明显减薄变形,强度降低的油罐底板必须进行换底改造。

油罐换底改造设计的一般程序同前节:
① 腾空油罐油料,根据工作计划安排,腾空油罐油料;
② 清洗油罐;
③ 技术鉴定;
④ 改造设计。

一、油罐换底方法

立式钢制油罐换底方法通常采用复合罐底法、顶升换底法、中幅板拆除换底法、边板边拆边换底法、弃底增基换底法等。钢板贴壁油罐换底可参照复合罐底法、中幅板拆除换底法的要求进行设计施工。

1. 复合罐底法

复合罐底法是在原有旧罐底不拆除，使其作为第二道罐底防渗层的基础上，增设一层新罐底的一种改造方法。见图 3-1。

复合罐底法优点是不受场地限制、不需拆除旧罐底，施工比较安全；较适合于曾漏过油的洞库油罐、覆土油罐换底改造；改造费用相对较低。缺点是损失少量容量(6%~8%)；不适合于罐底凹凸度较大和罐壁垂直度需要进行调整的油罐。

复合罐底法适用范围是罐底发生过渗(泄)漏油的，或可能存在渗漏油的；底板空鼓较小，并以不大于15‰的锥面坡度坡向罐壁根部拉线检测，能够覆盖所有原有罐底凹凸点的；改造后允许损失少量容量的；罐壁垂直度不需要进行调整的。

2. 顶升换底法

顶升换底法是采用一定数量的千斤顶或其他支吊装置，使罐体顶升至能够满足施工操作要求的高度，而进行改造的方法之一。见图 3-2。

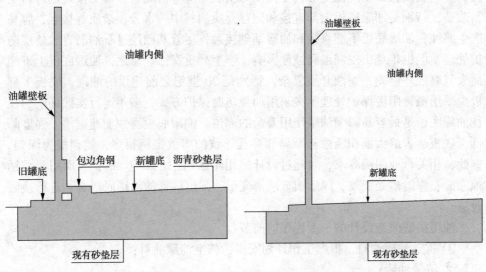

图 3-1 复合罐底法示意图　　图 3-2 顶升换底法示意图

顶升换底法优点是不损失容量；可以调整罐壁垂直度或加固处理罐壁下部局部基础；可以直观探测罐底下部是否有油，并采取措施；改造费用相对较低。缺点是需要拆除旧罐底；地上油罐施工时怕风。

顶升换底法适用范围是罐底未发现过渗(泄)漏油或动火时经采取措施能够保证安全的；中幅板空鼓较大，凹凸变形严重的；罐壁垂直度需要进行调整或罐壁下局部基础需要加固处理的；地上油罐施工时，环境风压不会导致罐体倾倒或出现其他不安全事故的。

3. 中幅板拆除换底法

中幅板拆除换底法是采用拆除罐底旧中幅板，保留一圈部分边缘板的一种换底改造方法。见图 3-3。

中幅板拆除换底法优点是不需切割罐壁，改造方法相对比较简单；基本不损失容量；改造费用较低。缺点是不适用于需要调整罐壁垂直度和罐底漏过油的油罐换底改造。

中幅板拆除换底法适用范围是旧罐底边缘板为对接弓形板的；罐底未发现过渗（泄）漏油的或动火时经采取措施能够保证安全的；中幅板空鼓较大，凹凸变形严重的；罐壁垂直度不需要进行调整的。

4. 边板边拆边换底法

边板边拆边换底法是采取拆除一块旧边板，铺上一块新边板，依次顺序边拆边换（即：拆一块换一块），最后拆除中幅板，铺设新幅板的一种换底改造方法。见图 3-4。

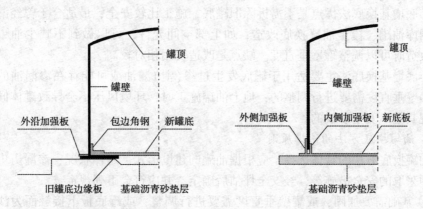

图 3-3 中幅板拆除换底示意图　　图 3-4 边板边拆边换底法示意图

边板边拆边换底法优点是改造方法相对比较简单；基本不损失容量；改造费用相对较低。

缺点是不适用于需要调整罐壁垂直度的和罐底已经发现漏过油的油罐换底改造。边板边拆边换底法适用对象是罐底未发现过渗（泄）漏油或动火时经采取措施能够保证安全的油罐；中幅板空鼓较大，凹凸变形严重的；罐壁下局部基础需要处理的；罐壁垂直度不需要进行调整的。

5. 弃底增基换底法

弃底增基换底法是通过在旧罐底上表面和罐外基础表面先做 100~120mm 厚的基础垫层，使旧罐底（被废弃）完全被埋设并封闭在新的基础垫层之内，然后再实施换底改造的一种方法。见图 3-5。

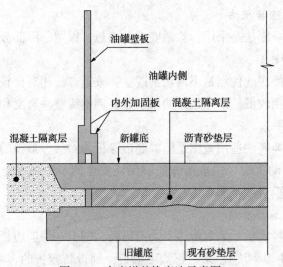

图 3-5 弃底增基换底法示意图

弃底增基换底法优点是不需拆除旧罐底，施工比较安全；最适合于曾经漏过油的洞库油罐、覆土油罐换底改造；如上部空间允许，可以做到不减少油罐容量；改造时可以调整罐壁垂直度。缺点是改造费用相对较高。

弃底增基换底法主要适用于罐底发生过渗（泄）漏油或可能存在渗漏油的油罐；罐壁垂直度需要进行调整的；地上油罐施工时，环境风压不会导致罐体倾倒或出现其他不安全事故的。

6. 油罐换底方法的选择原则

油罐换底方法的具体选择，应根据油罐的建设形式、罐体状况、渗漏历史和施工预采取的安全措施等，经安全评估后确定，并应符合下列规定：

① 基础需要加固，或罐壁垂直度需要进行调整，或罐底板下接触面为沙垫层的，应采用顶升换底法。

② 储存甲类、乙$_A$类油品，曾发生过渗漏事故的油罐，若其基础状况良好、罐壁垂直度不需进行调整，且罐底空鼓面积不超过罐底总面积的5%时（罐底空鼓面积，按空鼓高度超过底板厚度的面积计算），可采用复合换底法或弃底增基换底法。

③ 除①、②情况之外的，宜采用中幅板拆除换底法、边板边拆边换底法。旧罐底边缘板为搭接焊缝的油罐，不宜采用中幅板拆除换底法。

④ 容量不超过 500m³ 的地上立式油罐，当具备场地和吊移条件时，也可采取罐体移位法进行换底。

二、油罐更换新底板基本要求

1. 排板

罐底组装前要按规定要求进行排板设计，如图 3-6 所示，是一般采用的环形边缘板的结构形式，一般要求底板的排板直径，宜按设计直径放大 0.1%~1.15%，底板环形边缘板沿罐底半径方向的最小尺寸不小于 700mm，边缘板最小直角边尺寸不小于 700mm，底板任意相邻焊缝之间的距离不小于 300mm。

罐底边缘板和中幅板的最小公称厚度应符合表 3-1 的规定。边缘板与边缘板之间的焊缝要采用对接焊缝，中幅板可采用搭接焊缝。中幅板

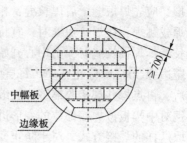

图 3-6　环形边缘板结构

的搭接宽度不应小于 5 倍的板厚，与边缘板的搭接宽度不应小于 60mm。所有对接焊缝下都要垫 50mm 宽、4~6mm 厚的钢垫板，以保证焊接强度要求。

除此之外，还要执行"GB 50341—2014 立式圆筒形钢制焊接油罐设计规范"和"GB 50128—2015 立式圆筒形钢制焊接储罐施工规范"的有关规定。

表 3-1　罐底边缘板和中幅板的最小公称厚度　　　　　　　　　　　　　　mm

油罐公称容量或底圈壁板公称厚度	罐底边缘板厚度	罐底中幅板厚度
容量不大于 1000m³，或罐壁底圈板厚度小于等于 6mm	7	6
容量 2000m³，或罐壁底圈板厚度 7~9mm	8	7
容量 3000~5000m³，或罐壁底圈板厚度 10~14mm	9	7
容量 10000m³，或罐壁底圈板厚度大于或等于 15mm	10	8

2. 铺板

铺板时，先铺设边缘板，待边缘板组装后，再铺设中幅板。边缘板搭接在支撑角钢上，其边缘与罐壁之间要留出约 10mm 的焊缝间隙。中幅板要搭在边缘板上。中幅板应从储罐中心向四周进行铺设。并使所有 T 形焊缝之间的距离不应小于 300mm（包括与支撑角钢的对接焊缝）。排板方位要统筹考虑罐底排污槽等附件的安装位置，使其与焊缝之间的距离不应小于 300mm。为防止中幅板移动，铺设过程中，一般情况下都要采取定位焊固定。

3. 边缘板焊接

按照有关规范要求，边缘板的组对应采用不等间隙，外侧先焊的部分，应为 6~7mm，内侧应为 8~12mm，以保证焊后边缘板的平整度，防止出现局部凸起。由于边缘板对接焊缝横向收缩沿板厚分布不均匀，则会引起角变形。虽然在垂直于焊缝方向点焊几块筋板可以阻止角变形产生，但这样不仅浪费材料，而且会在边缘板上留下很多焊疤。为此，经现场实验，采用反变形效果比较好，即在组对边缘板对接焊缝时有意将焊件对接处用临时垫件垫高一定尺寸，焊后将垫板抽出，边缘板不仅平整，且与基础面紧贴。

4. 中幅板焊接

罐底中幅板采用搭接接头，焊接时，为尽可能减少中幅板产生的应力及变

形,应先焊短缝,后焊长缝,相邻焊缝应隔一道焊一道。初层焊道应采用分段退焊或跳焊;在焊接短缝时,宜将两侧长缝的定位焊铲开,用定位板固定中幅板的长缝;焊接长缝时,由中心开始向两侧分段退焊,每段以1.5~2.0m为宜,焊至距边缘300mm停止施焊。每层焊道的接头应错开50~100mm,待其他焊缝完成后,再点焊并焊接收缩缝。长缝焊接时,可视情采取门形卡加1.0m长的12号槽钢对中幅板拟焊接部位的变形进行矫正,待固定焊接完毕后拆除。实践证明,采取这样的焊接方式,对于防止变形、减轻组对困难非常有效。为避免下步焊接包边角钢时产生的应力收缩而可能引起的底板变形,中幅板与边缘板的焊接以及预留的各伸缩缝,应在包边角钢焊接完后进行。

三、油罐顶升换底法主要构造及施工要求

1. 主要构造

顶升换底法可采取罐壁与新罐底直接连接的方式,见图3-7。当罐体垂直度需要进行调整时,罐壁与新罐底的连接应采用内、外侧加强板过渡的连接方式,见图3-8。

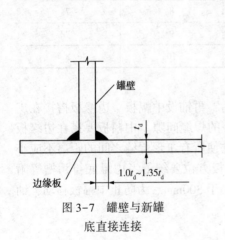

图3-7 罐壁与新罐底直接连接

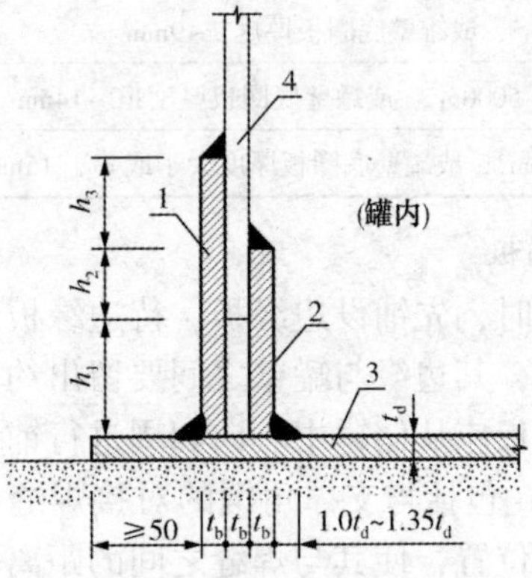

图3-8 罐壁与新罐底采用内外侧加强板过渡的连接方式

1—外侧加强板;2—内侧加强板;3—新罐底边缘板;
4—罐壁;h_1—罐壁底圈板下沿与新罐底的高度;
h_2—内侧加强板与罐壁的搭接宽度;
h_3—外侧加强板高于内侧加强板的高度;
t_b—罐壁底圈板厚度;t_d—新罐底边缘板厚度

2. 施工工序

顶升换底法的一般施工工序为"布设支撑装置、提升罐体,对旧罐底悬起部分下面的空间进行安全检测,拆除旧底板、局部基础加固、修补或铺设沥青砂垫层,组装新罐底,安装油罐附件及进出油管,检验、防腐"。

3. 施工要求

第一步：布设支撑装置提升罐体。在罐外均匀布设若干升吊装置（地上油罐宜用千斤顶）。并操作升吊装置，使罐体均匀提升至一定的高度，并同时采取防变形、防偏移等技术措施。见图3-9。

第二步：对旧罐底悬起部分下面的空间进行安全检测。如有油迹，应采取水冲、覆盖等安全防火措施，使其具备动火条件。

第三步：拆除旧底板。拆除前，应先沿高出罐壁底沿100mm以下画一条水平切割线，然后沿水平切割线拆除旧罐底。

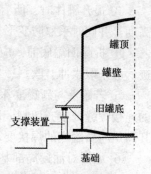

图3-9 顶升换底法提升装置示意图

第四步：局部基础加固和修补沥青砂垫层。局部基础加固按设计要求进行，并及时修补沥青砂垫层。

第五步：铺设、组装新罐底等。新罐底铺好后，将罐体均匀缓慢地降至满足容量要求的高度，并调整好罐壁垂直度，直至完成全部罐底组装、焊接，以及油罐及管道附件安装等改造工作。见图3-10。

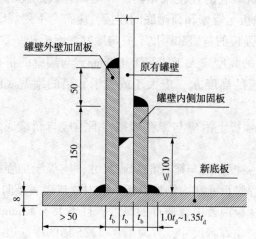

图3-10 顶升换底法安装新罐底与罐壁示意图

第六步：安装油罐附件及进出油管，检验，防腐。

4. 技术要求

（1）支撑装置的布设和罐体提升，应符合下列规定：

① 支撑装置可采用千斤顶或其他吊升装置，其数量和顶升力应能满足罐体升起的要求，且安全系数不得小于1.2；

② 支撑装置应沿油罐外壁周边均匀布设，支（吊）架应固定在罐壁上，罐底组装完成后应拆除；

③ 提升罐体时，所有支撑装置应同步均匀操作，使罐体提升至满足施工的高度，并同时采取防变形、防偏移等技术措施；

④ 拆除旧罐底前，应对旧罐底悬起部分的下面空间进行安全检测，如有油迹，应采取水冲、吹扫、覆盖等安全防火措施，使其具备动火条件；

⑤ 若罐壁与新罐底采用直接连接方式，拆除旧罐底时，应先沿罐壁与罐底的连接焊缝处整齐切割，使旧罐底与罐壁分离，并将罐壁底沿切茬打磨平整，使其满足与新罐底的焊接要求，然后再按有关规定拆除旧罐底；

⑥ 如需对油罐局部基础进行加固，应按设计要求进行。

（2）新罐底的组装应符合下列规定：

① 下落罐壁时，应同步均匀调整支撑装置，使罐体准确的就位到新罐底上或预定的高度。

② 罐壁与新罐底的连接采用直接连接方式时，见图3-7，其T形接头应采用连续焊接。罐壁外侧焊脚尺寸及罐壁内侧竖向焊脚尺寸，应等于罐壁底圈板和罐底边缘板两者中较薄件的厚度，且不大于13mm；罐壁内侧径向焊脚尺寸，宜为1.0~1.35倍的罐底边缘板厚度。

（3）若罐壁与新罐底的连接采用内、外侧加强板过渡的连接方式时，见图3-8，内、外侧加强板与罐壁和新罐底的连接，应符合下列规定：

① 内、外侧加强板的材质和厚度t_b应与罐壁底圈板相一致；

② 内侧加强板的高度应大于或等于110mm，与罐壁的搭接宽度h_2和外侧加强板高于内侧加强板的高度h_3，应大于或等于6倍的罐壁底圈板厚度，且不小于50mm；

③ 内、外侧加强板上沿应与罐壁焊接，下沿应与新罐底焊接，并均应采用连续焊；

④ 内、外侧加强板上沿与罐壁的焊脚尺寸，应等于加强板的厚度；加强板下沿外侧与罐底的焊脚尺寸和内侧加强板下沿内侧与罐底竖向的焊脚尺寸，应等于加强板和罐底边缘板两者中较薄件的厚度，且不大于13mm；内加强板下沿内侧与罐底边缘板的竖向焊脚尺寸，宜为1.0~1.35倍的罐底边缘板厚度；

⑤ 罐底板组装应符合设计要求。

四、油罐复合换底法主要构造和施工要求

1. 主要构造

复合换底法的主要构造见图3-11，应由旧罐底、环形支撑角钢、新旧罐底夹层沥青砂垫层、新罐底、环形包边角钢及检漏管等组成。

2. 施工工序

复合换底法的一般施工工序为安装检漏管，安装环形支撑角钢，填充旧罐底

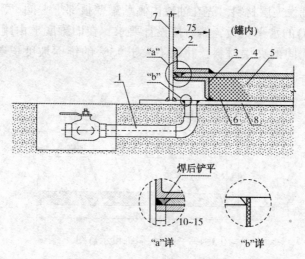

图 3-11 复合换底法的主要构造
1—检漏管；2—环形包边角钢；3—环形支撑角钢；4—新罐底；5—夹层沥青砂垫层；
6—卵石带；7—罐壁；8—旧罐底

下的空鼓(及旧罐底补漏)，铺设新旧罐底夹层间的沥青砂垫层，组装新罐底，安装油罐附件及进出油管，检验，防腐。

3. 施工要求

第一步：安装检漏管，安装环形支撑角钢。

第二步：填充空鼓。按弃底增基换底法要求填充罐底空鼓，见图 3-12，并封堵注浆口。

第三步：旧罐底补漏。注浆口和腐蚀严重的部位采用真空法检验，补漏可采用专用补漏剂。

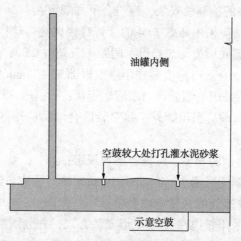

图 3-12 填充空鼓示意图

第四步：铺设夹层材料。先在油罐内侧贴罐壁根部焊一圈（宽不小于60mm，厚不小于10mm）的水平垫板，然后按设计要求，在旧罐底上由罐壁根部向中心铺设新旧底板之间的夹层材料，并以不大于15‰的锥面坡度覆盖所有凹凸点，见图3-13。

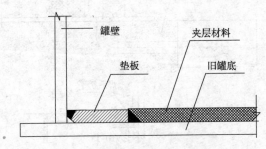

图3-13 夹层材料铺设示意图

第五步：铺设、组装、焊接新罐底等，见图3-14。罐底组装、焊接，直至完成全部改造工作。

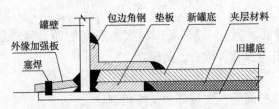

图3-14 新罐底的铺设、组装、焊接示意图

第六步：安装油罐附件及进出油管，检验，防腐。

4. 技术要求

（1）复合换底法的检漏管安装，应符合下列规定：

① 检漏管的规格应采用 $\phi33.5 \times 4$ 的镀锌焊接钢管，丝接管件连接；

② 检漏管应沿罐底周边均匀布设，间距不宜超过25m，且每罐至少2组；

③ 检漏管（以管中心计）应安装在距罐壁根部30~35mm处的旧罐底上，管口应与罐底表面齐平，采用单侧坡口与旧罐底焊接；

④ 检漏管的出口端应引出罐外，并安装适合油品应用的 $DN25$ 不锈钢（或铜质）闸阀或球阀。

（2）环形支撑角钢的安装，应符合下列规定：

① 环形支撑角钢应采用 $75mm \times 50mm \times 6mm$ 的不等边角钢；安装前，应将支撑角钢处的污物及焊接处的铁锈清理干净；

② 支撑角钢应采用长边在上的 ㄱ 形安装方式，并分别与罐壁和旧罐底焊接，与罐壁的焊接应采用连续角焊，与罐底旧的焊接应每隔约250mm焊50mm；

③ 支撑角钢的对接焊缝应避开罐壁和新旧罐底焊缝 150mm 以上，对接处的角钢内侧应衬 ┐ 形垫件(图 3-15)；

④ 支撑角钢的上表面应保证在同一水平面上，各点允许偏差 2mm。与旧罐底接触的不吻合处，可采取局部消磨、焊金属件支撑等办法进行焊接；

⑤ 支撑角钢安装应采取合理的焊接顺序，避免应力集中引起结构变形和加大旧罐底空鼓。

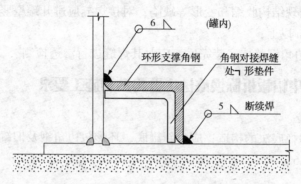

图 3-15 支撑角钢对接焊缝接头处垫件

(3) 旧罐底下的空鼓充填，应符合下列规定：

① 填充旧罐底空鼓可采取电钻等开孔注浆(热沥青或快凝混凝土砂浆)的方式进行，开孔时应有防止产生火花的安全技术措施，并应避免扩大空鼓范围；

② 填充后的空鼓应以脚踏无明显的颤动和各点空鼓高度不超过底板厚度为合格；

③ 空鼓填充完后，应采用 4~6mm 厚的钢板焊接封盖注浆口。

④ 注浆口与注浆口之间的封盖焊缝不宜小于 300mm，与旧罐底的原有焊缝不宜小于 200mm。

(4) 新旧罐底夹层沥青砂垫层的铺设，应符合下列规定：

① 沥青砂垫层铺设应符合规范和设计要求；

② 铺设前，应由环形支撑角钢的上沿向罐底中心拉线测量，以覆盖旧罐底最高凸点 30mm 和罐底中心不小于 60mm 确定铺沥青砂的厚度及用量；

③ 沥青砂垫层与环形支撑角钢之间，应铺设 50~120mm 宽，经过水洗的卵石隔离带，其粒径不宜大于 30mm，并应保证卵石不进入支撑角钢内；

④ 铺好后的沥青砂上表面的坡度(罐底中心坡向环形支撑角钢上表面)宜控制在 8‰~15‰ 范围之内。最外缘沥青砂的上表面宜高于支撑角钢面 3~5mm；

⑤ 新底板与罐壁连接处的环向焊缝应焊满，焊后应铲平，并应在安装包边角钢之前进行渗透检测。

(5) 环形包边角钢安装，应符合下列规定：

① 环形包边角钢的规格：罐壁底圈板厚度小于或等于 6mm 的油罐，应采用 75mm×50mm×6mm 的不等边角钢，或 75mm×6mm 的等边角钢；罐壁底圈板厚度大于 7mm 的油罐，应采用 75mm×50mm×8mm 的不等边角钢，或 75mm×8mm 的等边角钢；

② 环形包边角钢应采用 L 形分别与罐壁和罐底连续角焊，见图 3-12；

③ 环形包边角钢与罐壁和罐底的间隙应满足焊接要求，并应采取合理的焊接顺序，避免出现结构收缩和变形等缺陷；对接焊缝应避开罐壁竖向焊缝和罐底径向焊缝 150mm 以上；

④ 环形包边角钢整体安装完后，应对其焊缝进行渗透检测。

五、油罐中幅板拆除换底法主要构造和施工要求

1. 主要构造

中幅板拆除换底法的构造，应由新罐底、环形包边角钢及旧罐底剩余边缘板组成，见图 3-16。

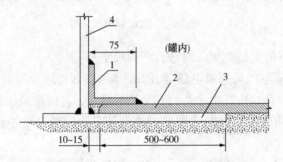

图 3-16 中幅板拆除换底法的构造
1—包边角钢；2—新罐底边缘板；3—旧罐底保留部分的边缘板；4—罐壁

2. 施工工序

中幅板拆除换底法的一般工序为"拆除旧罐底中幅板，修补或铺设中幅板下的沥青砂，组装新罐底，安装油罐附件及进出油管，检验、防腐"。

3. 施工要求

第一步：拆除旧罐底中幅板。由旧罐底中幅板与边缘板搭接部位的外缘切割，拆除中幅板。并同时采取防止旧边缘板起翘的技术措施。

第二步：修补中幅板下的沥青砂垫层。先将旧边缘板下的空鼓填实，然后按规定修补中幅板下的沥青砂垫层。

第三步：铺设、组装新罐底等。在保留的旧边缘板上和修补好的沥青砂垫层上，铺设新底板，直至完成全部罐底组装、焊接。

第四步：安装油罐附件及进出油管，检验，防腐。

4. 技术要求

旧罐底中幅板的拆除,应先由罐壁以里让出约 500~600mm 的旧边缘板上切割,然后再拆除中幅板。保留部分的边缘板可作为罐底新边缘板径向对接焊缝垫板的一部分。切割时应有防止剩余边缘板起翘、变形的技术措施。

修补中幅板下的沥青砂,应按设计和规定实施。旧罐底保留部分的边缘板空鼓应填实。

新罐底的组装,应在旧罐底保留部分的边缘板上和修补好的沥青砂垫层上进行,并应按规定执行。

六、油罐边板边拆边换法主要构造和施工要求

1. 主要构造

边板边拆边换法罐壁与新罐底的连接,应采用罐壁内、外侧加强板过渡的连接方式(图 3-11)。

2. 施工工序

边板边拆边换法的一般工序为"拆除一块旧边缘板,修补边缘板下的沥青砂垫层,铺设新边缘板,拆除罐底旧中幅板,修补中幅板下的沥青砂垫层,铺设新中幅板,安装油罐附件及进出油管,检验、防腐"等。

3. 施工要求

第一步:拆除一块旧边缘板。按满足一块新边缘板铺设要求,切除连同罐壁高度小于等于 100mm 以下的旧边缘板,见图 3-17;切割前应在拟切割处的罐外采用千斤顶支撑,并同时采取防变形等措施。

第二步:修补边缘板下的沥青砂垫层。修补应符合设计规定。

第三步:铺设新边缘板。边缘板就位后,按图 3-18 组装点焊一段外壁或内壁加强板(点焊前,应有防止边缘板起翘的措施),此时可撤掉千斤顶,使该段罐壁荷载落在新边缘板上。

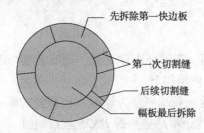
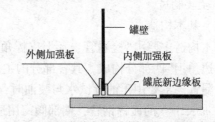

图 3-17 旧边缘板拆除示意图   图 3-18 组装点焊内、外壁加强板示意图

第四步:拆除罐底旧中幅板。按以上第一步~第三步的程序和要求依次完成全部边缘板铺设后,拆除罐底旧中幅板。

第五步:修补中幅板下的沥青砂垫层。修补应符合设计相关规定。

第六步：铺设新中幅板等。直至完成全部罐底组装、焊接。

第七步：安装油罐附件及进出油管，检验，防腐。

4. 技术要求

边板边拆边换法的罐底新边缘板铺设，应按每拆除一块旧边缘板铺设一块新边缘板的方式进行，并应符合下列规定：

① 新旧边缘板的拆装顺序，宜按对称方式[图3-19(a)]或每隔一块施工一块的方式进行[图3-19(b)]。旧边缘板切割前，应沿高于罐底边缘板约100mm的罐壁上画一条水平切割线，作为拆除旧边缘板罐壁上的切割线。

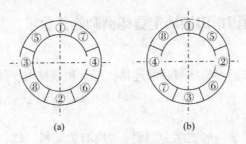

图3-19 新旧边缘板的拆装顺序

② 每块旧边缘板拆除前，宜在该范围罐壁外采用千斤顶等临时构件支撑，新边缘板就位后，可点焊安装部分罐根加强板替换临时支撑构件，并在整个拆装过程中，应有防止罐壁变形和边缘板起翘等技术措施。

③ 每块新边缘板就位前，应修补边缘板下的沥青砂垫层，使其满足铺设新边缘板和安装罐根加强板的要求。

④ 旧中幅板的拆除应在所有新边缘板就位后进行，并按规定修补中幅板下的沥青砂垫层。

七、弃底增基换底法主要构造和施工要求

1. 主要构造

（1）基本构造

基本构造主要由"检漏管、环形支撑角钢、新铺沥青砂垫层、罐底新底板和环形包边角钢"四部分构成。其各部分的主要作用如下：

检漏管。主要用于油罐试水与装油时，检查新罐底是否渗漏。检漏管的规格宜采用$\phi 33.5 \times 4$的镀锌钢管，端部阀门用适合于油品应用的$DN25$丝口闸门。

环形支撑角钢。主要作为新罐底发生泄漏时的导流空腔，并兼作支撑新底板和控制新铺沥青砂垫层的厚度尺度。建议公称容量小于等于$1000m^3$的油罐，采用$75mm \times 50mm \times 6mm$的不等边角钢；公称容量大于$1000m^3$的油罐，采用$75mm \times 50mm \times (6\sim 8)mm$的不等边角钢。

新铺沥青砂垫层。一是为减少底板之间的磨损；二是用作新旧罐底之间的隔离层，减少新旧罐底的腐蚀；三是作为新底板的基础找平层，保证新底板的焊接质量。沥青砂垫层的平均铺设厚度不宜小于50mm，否则，在新底板施工时会发生碎裂等问题，难以形成整体。

罐底新底板。钢板采用Q235-B普通碳素钢。罐底钢板厚度应符合设计要求，宽度要满足油罐进料要求。

环形包边角钢。用于加强新底板与罐壁的连接焊缝，其规格要根据油罐的容量等因素综合考虑确定。公称容量小于等于1000m^3的油罐，采用75mm×6mm的等边角钢或75mm×50mm×6mm的不等边角钢；公称容量大于1000m^3的油罐，采用75mm×(6~8)mm的等边角钢或75mm×50mm×(6~8)mm的不等边角钢。

（2）增加检漏系统的必要性

所说的检漏系统是指由检漏管、环形支撑角钢及其周边铺设的卵石带组成的系统。由于复合罐底法具有充分利用旧罐底作为第二道防渗屏障的特点，能使新旧底板形成双保险作用，会使油罐从罐底发生渗漏的概率大大降低。但如果没有检漏系统，不管是罐底改造完成后装水试验，还是在平时装油，均不能判别新底板是否渗漏。如新底板真的有渗漏，而原有旧罐底不渗漏，改造工作不仅失去了意义，浪费了大量人力、物力和资金，而且在装油时渗漏油品还会停留在新旧底板的夹层中浸泡沥青砂层，影响新罐基础，形成"夹心炸弹"，旧罐底仍会存在渗漏的安全隐患。因此，复合罐底法增设检漏系统是非常必要的。

2. 施工工序及要求

弃底增基换底法一般施工工序为填充旧罐底空鼓，浇注混凝土基础覆盖层，布设支撑装置，动火切割罐壁，提升罐体，铺设沥青砂垫层，铺设、组装、焊接新罐底等，安装油罐及管道附件安装，检测及防腐。

第一步：填充旧罐底空鼓。在罐底空鼓部位，用电钻（边喷水）开出一个满足注浆要求的注浆口；由注浆口向空鼓部位填注热沥青或快凝混凝土砂浆，并边灌边用橡胶榔头敲击，使其扩散摊开；填充后的空鼓高度，应控制在不超过6mm。注浆口不需封闭。

第二步：浇注混凝土基础覆盖层。先在罐内旧底板表面上，由罐壁根部向罐中心找坡浇注钢筋或钢丝网混凝土，擀实压平。罐壁根部混凝土应为50~60mm厚；罐内混凝土浇筑完后，再在罐外基础表面上浇注与罐内根部同样厚度的混凝土，见图3-20。

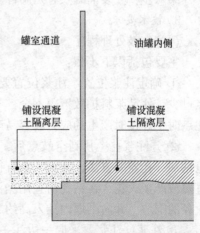

图3-20 浇注混凝土基础覆盖层示意图

第三步：布设支撑装置。在罐外均匀布设多个千斤顶或其他吊升装置，使罐底以上的罐体重量全部均匀地落在支撑装置上，并同时采取防变形、防偏移等技术措施。

第四步：动火切割罐壁。沿罐壁高出混凝土表面 10~20mm 画一条水平线，沿水平线切割罐壁，使罐壁与旧罐底断开。

第五步：提升罐体。操作支撑装置，将罐体提升至满足容量和罐壁垂直度要求的安装高度，见图 3-21。

第六步：铺设沥青砂垫层。铺设前应先在混凝土面上浇注一层热沥青，然后在油罐内、外铺设 50~60mm 厚沥青砂垫层，见图 3-22，并使其达到设计的要求。

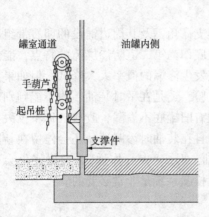

图 3-21 罐体提升装置操作示意图

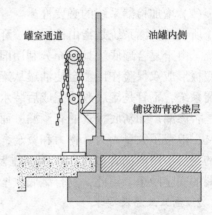

图 3-22 沥青砂垫层铺设示意图

第七步：铺设、组装、焊接新罐底等。组装、焊接新罐，罐壁与罐底连接。

第八步：安装油罐及管道附件安装，检测及防腐。

3. 技术要求

（1）空鼓处理程序

主要包括以下步骤：

① 确定注浆位置。注浆位置要选在空鼓明显较大的部位，数量要恰当。定点过少，使灌浆料扩散覆盖不全，不能完全消除空鼓；定点过多，在焊接修补开孔点时，焊接时产生的应力会容易产生新的空鼓。

② 开注浆孔。找到空鼓点后，在其中心位置采用防爆型的磁力电钻或双臂电钻加开孔器的方法，开出一个直径为 20~30mm 的注浆口。为防止钻孔时底板过热或产生火花，在钻孔前宜用塘泥或防爆胶泥将钻孔区域围成一个 40~50mm 直径的围堰，并向围堰内注入高约 30mm 水，然后再对空鼓点进行钻孔。

③ 注浆。注浆要采取一边注一边用橡胶榔头敲击的方式，以使灌浆料快速均匀地扩散到底板下空鼓范围。注浆料宜采用无收缩水泥灌浆料，一般采用 HL-

40、HL-50的灌浆料。灌浆料与水的配比要适当，太稠则流动性差，不易扩散覆盖空鼓，太稀则不容易凝固。注浆时还要特别注意要避免使原来未空鼓的部位出现空鼓，或使原来空鼓小的部位增大空鼓。

④ 封口。封口应在所有灌浆层经养护基本凝固后进行，宜采用4~6mm厚、直径或边长大于注浆口50mm的钢板焊接封闭注浆口。

(2) 封口焊接前应注意的安全问题

一要对罐内空间和注浆口、渗漏点进行油气浓度检测，并采用加强通风等措施，使油气浓度达到动火标准(爆炸下限的4%)后，方能焊接。如某石油库油罐处理空鼓时，罐底板曾经因腐蚀渗漏过燃料油，以渗漏点为中心的多处灌浆孔经防爆检测仪探测均有油气浓度超标问题。二要对超标的注浆口及原有的渗漏点进行干粉喷注，并用防爆胶泥或堵漏剂对注浆口等孔洞的间隙进行填塞密封。所有安全措施到位后方可动火焊接。三要对罐底上原有的渗漏点和可能出现的渗漏点进行全面查找与测试，并按上述要求进行封闭。

(3) 支撑角钢安装要求

① 支撑角钢的上表面应保证在同一水平面上，各点允许偏差直为2mm。

② 支撑角钢的上沿与罐壁接触要吻合，与储罐壁的间隙不应超过2mm。焊接时要用龙门卡板将角钢与罐壁贴紧固定。支撑角钢的下沿与旧底板要采取断续焊(宜每隔300mm焊50~100mm)，使其作为新罐底发生泄漏时从此间隙流入支撑角钢下空腔的通道。接触不吻合处，可采取局部削磨、焊金属件支撑等办法。

③ 焊接支撑角钢时，应采用多名焊工分段、对称进行退焊，以防应力集中引起结构变形和旧罐底出现二次空鼓。

④ 角钢与角钢的对接焊口处，要衬4~5mm厚的Γ形垫板，以确保角钢之间的焊缝连接强度，防止因焊接收缩应力引起角钢变形或拉裂焊缝。

(4) 沥青砂垫层铺设

① 沥青砂垫层铺设前，先由环形支撑角钢的上表面向罐底中心拉线测量，以覆盖旧罐底最高凸点20~30mm和罐底中心不小于50mm确定铺沥青砂的厚度及坡度。最外缘沥青砂的上表面宜高于支撑角钢面3~5mm。沥青砂的铺设和合格标准，应符合设计要求。

② 在沥青砂铺设之前和各层铺设过程中，要沿支撑角钢下沿均匀洒粒径为20mm左右的河卵石，以阻止沥青砂垫层下的空腔，并作为新罐底发生渗漏时，使渗漏液体能进入支撑角钢下空腔的导入通道，而由检漏管被管理人员发现。

(5) 包边角钢安装

① 包边角钢焊接时，先焊角钢与边缘板搭接的下沿角焊缝，用楔子与边缘板固定，初道焊层采取跳焊或退焊法。在焊接角钢不沿焊缝时，要用楔子将中幅板紧压边缘板，以防边缘板发生变形。

② 与罐壁紧贴的角钢上沿暂不施焊，留取自由伸缩，待底部角焊缝焊完后，利用机械矫正法，用铁锤锤击包边角钢的上沿，让焊缝金属产生反方向机械变形，用变形抵消变形。处理之后，采用跳焊法焊接角钢与罐壁连接的上沿角焊缝。

③ 包边角钢组装时，其对接焊缝要与罐壁竖向焊缝、罐底边缘板对接焊缝和支撑角钢对接焊缝错开 300mm 以上，以防应力集中拉裂焊缝。包边角钢整体安装完后，应对其全部焊缝进行渗透检测。

（6）油罐附件及进出油管

① 罐底排水槽应安装在靠近边缘板的中幅板上，排水管口伸入槽内距槽底的深度宜为 40~50mm。排水槽宜采用浅型排水槽，见图 3-23，槽口直径应大于 500mm，压制所用的钢板公称厚度 t_{dr} 应大于或等于新罐底边缘板，槽深 E_d 宜为 80~100mm，外沿宽度应为 120~140mm，与罐底板的搭接宽度应大于 100mm。

② 油罐进出油管、排水（污）管需要进行更换或调整的，接管与罐壁的连接应符合设计规定，见图 3-24，且罐壁开孔接管及补强板尺寸宜符合表 3-2 的规定。

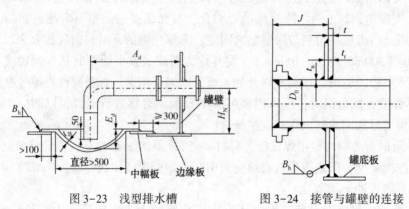

图 3-23　浅型排水槽　　　　图 3-24　接管与罐壁的连接

表 3-2　罐壁开孔接管及补强板尺寸　　　　　　　　　　mm

接管		补强板		罐外壁到法兰面最小尺寸 J	开孔中心到罐底最小尺寸
外径 D_0	壁厚 t_n	内径	外径		
89	7.5	接管外径加 3~4	265	180	133
108	8.5		305	180	153
159	11		400	200	200
219	12		408	200	240
273	12		585	230	293

注：补强板厚度 t_r 与补强处的罐壁厚度 t 相同。

③ 油罐进出油管、排水（污）管应各设一道钢质罐根阀门和钢质操作阀门。

罐根阀门的公称压力应大于或等于1.6MPa。操作阀门的公称压力应大于管道最高设计压力，且不小于1.6MPa。

④ 一罐一室的洞库和覆土油罐，其罐根阀门应设在罐室内，并与油罐接管法兰直接安装。操作阀门应设在操作间内。

⑤ 罐根阀门与操作阀门之间应装设金属软管，其公称压力不得小于1.6MPa，直径与接管直径应一致，最小长度应符合表3-3的规定。

⑥ 掩体内油罐（洞库和覆土油罐）的金属软管应安装在罐室内，并宜与罐根阀门直接安装。金属软管安装时不得强行拉、压或出现扭曲现象。

表3-3 金属软管的最小长度　　　　　　　　　　　　　　mm

公称直径	长　度	公称直径	长　度
80	900	200	1400
100	1100	250	1600
150	1300		

注：掩体内油罐安装有困难的，金属软管长度可适当减少，但不得小于表中长度的1/2。

八、沥青砂垫层铺设技术要求

（1）沥青砂垫层宜采用商品热沥青砂，也可现场伴制。沥青砂热拌时，应将砂加热至100~150℃，沥青加热至160~200℃，并将两者在热态下拌和均匀。

（2）沥青砂所用的砂子、沥青及配合比，应符合下列要求：

① 用砂应为干燥、干净的中、粗砂，砂中含泥量不得大于5%；

② 沥青宜采用60号甲道路沥青；罐内设有油品加热装置的油罐宜采用30号甲建筑沥青；

③ 沥青砂的配合比（体积比），宜为8%~10%的沥青与92%~90%的中、粗砂。

中砂指粒径大于0.25mm的颗粒含量应超过全重的50%，其他最大粒径不超过1.0mm；粗砂指粒径大于0.5mm的颗粒含量超过全重的50%，其他最大粒径应小于2.0mm。

（3）沥青砂垫层应分层铺设，每层虚铺厚度不应大于60mm，面层宜采用中砂沥青砂。同层可按扇形[扇形最大弧长不宜大于12m，见图3-25(a)]或环形分格[环带每带宽宜为6m，见图3-25(b)]。上、下层接缝应错开，错缝距离不应小于500mm。

（4）沥青砂的铺设温度不应低于140℃，宜用平板振动器振实，也可用火滚滚压；然后用加热的烙铁烙平。振实或滚压不应少于3遍，每遍应压半进行。

（5）沥青砂施工间歇后继续铺设前，应将已压实的面层边缘加热，并浇一层热沥青，接缝处应碾压平整，无明显接缝痕迹。

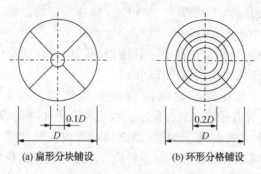

(a) 扁形分块铺设　　(b) 环形分格铺设

图 3-25　沥青砂垫层同层铺设

（6）对原有沥青砂垫层修补时，应先对新旧沥青砂的接合面和接茬部位进行凿毛，清除松动的沥青砂以及碎渣、碎末等表面污物，然后用温度较高的火烙铁加热，再在上面浇上一层热沥青后，用新沥青砂找平、压实。

（7）新铺或修补后的沥青砂垫层基础锥面坡度，应达到8‰~15‰。沥青砂垫层表面应平整密实、无裂纹、无分层。

（8）采用复合换底法时，应先在旧底板接触面上涂一层热沥青，然后再铺设。

（9）沥青砂垫层表面平整度检测，应符合下列规定：

① 径向检测：从基础中心向基础周边拉线测量，表面凹凸点高差不应大于25mm。拉线条数应按每100m 25 条和4的倍数取值，且每罐不得少于8条；

② 环向检测：沿罐部（或罐内沥青砂垫层外缘）周边测量沥青砂垫层表面凹凸度，其任意两点高差不应大于12mm，相邻点高差不应大于6mm，测量点数应与径向拉线检测条数相对应。

（10）满铺沥青砂时，沥青砂压实后的密实度按不小于2200kg/m³进行抽测，每罐抽检不应少于3处。

九、检验与检测

1. 焊缝外观检查

检查前，应将熔渣、飞溅清理干净。焊缝的表面及热影响区，不得有裂纹、气孔、夹渣、弧坑、未焊满等缺陷。对接焊缝的咬边深度，不得大于0.5mm；咬边的连续长度，不应大于100mm；焊缝两侧咬边的总长度，不得超过该焊缝长度的10%。

2. 焊缝无损检测及严密性试验

按 GB 50128—2014《立式圆筒型钢制焊接储罐施工及验收规范》中的有关规定进行焊缝无损检测、严密性试验及油罐充水试验。罐底真空箱法严密性检测和油罐充水试验时，检漏管上的阀门应处于开启状态。

第二节 油罐局部修理设计

由于油罐使用达到或超出设计寿命，保养维护不到位年久失修出现严重锈蚀渗漏、焊缝裂纹，强度降低变形，工作压力明显下降等，都要按规定进行更新改造，通常由于油罐严重锈蚀导致的油罐钢板减薄、局部锈蚀穿孔、焊缝裂纹情况居多，对于类似情况从经济安全角度考虑，油罐局部修理成了油罐维修的主要项目。

一、油罐修理方法的确定

油罐局部修理按照作业方式有动火修理法和不动火修理法。采取哪种局部修理方法，主要是依据油罐缺陷情况。考虑到在用油罐清洗后，场所内仍有潜在危险源存在，动火作业风险较大，防护成本较高，应优先采用不动火修理的方法。

不动火修理法主要适用于在用油罐发生的局部变形、局部微小裂纹，或出现的局部大面积蚀坑、穿孔等缺陷局部修理。不动火修理大多是两种或几种方法的综合应用。如轻微裂缝采用挤压修理后，涂刷补漏胶剂处理；较小孔洞采用软金属填充修理后，涂刷弹性聚氨酯或者环氧树脂玻璃布处理；较大面积点蚀采用粘贴钢板后，涂刷弹性聚氨酯或者环氧树脂玻璃布处理；有裂纹时，在裂纹两头钻止裂孔（钻止裂孔属于动火范围，应按动火要求进行），用软金属填充，粘贴钢板后，涂刷弹性聚氨酯或者环氧树脂玻璃布处理等。

动火修补的方法，安全防护要求高，准备工作复杂，主要适用于油罐出现大裂纹或大面积麻点腐蚀致使钢板厚度已不符合要求、非动火很难修复的情况，在钢质油罐腐蚀出现个别穿孔，且周围钢板厚度符合安全要求时，不提倡使用此方法。

二、油罐不动火修理设计

不动火修理方法主要分为环氧树脂玻璃丝布修补法、螺栓环氧树脂玻璃丝布修补法、快速堵漏胶修理法、软金属填堵修理法、软金属填堵与加强级防腐合用的修补方法。

1. 环氧树脂玻璃丝布修补法

用软金属填堵孔眼，环氧腻子刮平腐蚀部位，最后利用环氧树脂补漏剂和玻璃丝布进行补漏。

主要问题：由于环氧树脂漆膜坚硬，柔韧性差，修补后随时间推移，软金属与孔洞的结合易松动，遇收发油料引起的罐体振动，容易发生防护层破裂。

操作要领：采用环氧树脂玻璃布修理法时，应将被修理表面用二甲苯或醋酸乙酯擦拭干净，玻璃布应烘干；涂刷环氧树脂与粘贴玻璃布应交叉进行，各层玻璃布布纹间应成一定角度；边缘应平滑过渡，即后一道环氧树脂和玻璃布应比前一道大10~20mm；粘贴玻璃布时不应出现气泡、折皱，表层不允许有裂纹。

2. 螺栓环氧树脂玻璃丝布修补法

用手摇钻钻一长方形孔洞，将特制靶钉螺母放至底板下固定，利用螺杆将橡胶石棉垫片、压板紧固在孔口上，用补漏剂和玻璃丝布进行补漏。

主要问题：比起软金属填堵，由于修补部位向上凸起且形状不规则，玻璃丝布粘贴要求高，容易留有孔洞或气泡，防护效果差。

3. 快速堵漏胶修理法

主要适用于油罐、油桶、油箱砂眼或小裂缝的应急堵漏。

主要问题：对渗漏点较大、出现孔洞的油罐腐蚀而言，在是否继续渗漏的判定标准上不易把握。另外，胶浆固化后硬度高，韧性较差，容易因振动而断裂或脱落，长期防护效果差。

4. 软金属填堵修理法

可有效修复钢质油罐的底板腐蚀穿孔，而加强级防腐的应用在钢质油罐内部形成整体胶囊，对软金属与孔洞的结合起到进一步的防护作用，提升了软金属填堵的致密性。

主要特点：软金属填堵与加强级防腐合用的修补方法，安全可靠、经济实用、操作简便，在修复底板腐蚀穿孔的同时，实现了对油罐内部的整体防腐，延长了钢质油罐的使用寿命，收到了良好的经济效益。

注意事项：采用软金属填充法修理时，应填满、压实。

5. 软金属填堵与加强级防腐合用的修补方法。

综合以上几种常用的修补方法，不难发现，对罐顶出现砂眼的情况，采用原子灰膏填堵与两底三面防腐相结合的方法比较有效，而对尺寸在25mm以下的底板孔洞而言，采用软金属填堵的方法比较适用。多年检修油罐实践发现，采用软金属填堵与加强级防腐合用的修补方法修复的底板孔洞，历经十余年后清罐检查，仍保持完好无损，无渗漏。该方法具体应用步骤如下：

(1) 软金属填堵穿孔。首先，用铜质合金刀、铜质合金刷彻底清除孔洞附近钢板上的旧漆、铁锈，擦净表面油污，显出金属光泽。然后用二甲苯或醋酸乙酯等清洗剂擦拭清洗孔洞周围，其清洗范围比腐蚀面积周边大100mm左右。用固化剂和原子灰按1:5的比例调制成原子灰膏，适量涂于孔洞处。根据孔洞的形状、大小，制作合适的铝铆钉或铅块，用防爆铜锤将其铆入孔洞，与油罐底板保持平齐，再用调好的原子灰膏将穿孔处完全刮平，使之与金属紧密结合，待其固化。

(2) 防腐材料的选用。玻璃丝布规格宜选用经纬度8×8根/m²、厚度0.1mm、幅宽500mm，干燥使用。涂敷时现用现配，将底漆甲、乙组分按 1∶1.5 的质量比配制，面漆甲、乙组分按 10∶3 的质量比配制。配制的涂料必须搅拌均匀，静置 10min，待其充分反应，消除气泡后方可使用，常温下配置涂料的有效使用时间一般为 1.5h。

（3）油罐底板的加强级防腐。按比例调好底漆，刷一道底漆粘贴一层玻璃丝布，经24h实干后，用同样方法粘贴第二层、第三层，直至六层玻璃丝布。涂料可采用刷涂、滚涂，应做到厚度均匀，无气泡、凝块、流痕、空白等缺陷。粘贴玻璃丝布时，层与层之间按照经纬方向粘贴，将干燥的玻璃丝布自然摊开、均匀铺平，用毛刷或刮板将玻璃丝布压紧、刮平、排除气泡，禁止用力拉扯。在此基础上，用调好的面漆，涂刷三道，每层面漆用量控制在 $0.13kg/m^2$ 左右，保证三层面漆干膜厚度不小于 $250\mu m$ 即可。

总之，软金属填堵的方法可有效修复钢质油罐的底板腐蚀穿孔，而加强级防腐的应用在钢质油罐内部形成整体胶囊，对软金属与孔洞的结合起到进一步的防护作用，提升了软金属填堵的致密性效果。软金属填堵与加强级防腐合用的修补方法，安全可靠、经济实用、操作简便，在修复底板腐蚀穿孔的同时，实现了对油罐内部的整体防腐，可延长钢质油罐的使用寿命，达到良好的效果。

三、油罐动火修理方法基本要求

1. 工作程序

依据油罐技术鉴定规程委托专业机构或组织专业技术人员对油罐进行技术鉴定，根据油罐检测与鉴定报告，在现场调研及理论分析的基础上，确定罐体修理方案。

根据罐体修理方案进行施工图设计。

根据罐体修理方案以及施工图，制定施工方法与技术措施，最后组织实施施工技术措施。

2. 材料

选择钢材必须考虑油罐原来所用的材料，以及材料的焊接性能、使用条件、制造工艺和经济合理性；

当对钢材有特殊要求时，设计单位应在图样或相应技术文件中注明；

所有原始罐壁板、底板、顶板所使用的材料如不清楚则应进行鉴别；

对于所使用的材料有疑问时，应对其性能进行复验，合格后，方可使用。

3. 拆除

底板拆除：全部或大面积更换中幅板、拆除龟甲缝时，不得损伤边缘板或非拆除部位的钢板；全部或局部拆除边缘板，应用电弧气刨刨除大角焊缝的焊肉，不得咬伤壁板根部；在全部或局部更换边缘板时，要采取措施防止壁板和边缘板的位移。

壁板拆除：整圈更换第一圈壁板：环缝为对接结构时，切割线应在环缝以上不小于 10mm；环缝为搭接结构时，清除搭接焊肉不得咬伤上层罐壁板。

局部更换壁板：更换整块壁板，环缝切割线宜不高于原环焊缝中线；立缝切割线距罐壁任一条非切除纵焊缝距离应不小于 500mm，距切除环焊缝应不小于 30mm。更换小块壁板的最小尺寸取 300mm 或 12 倍更换壁板厚度两者中的较大值。更换板的形式可以是圆形、椭圆形、带圆角的正方形、长方形，尺寸及位置应符合图 3-26 的要求。

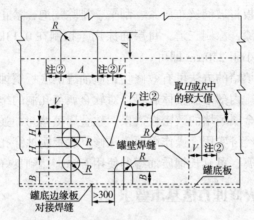

尺寸名称	局部更换罐壁板(厚度t)边缘焊缝与罐壁所有新旧焊缝的最小距离/mm	
t	$t \leq 12mm$	$t > 12mm$
R	150	取150与6t中较大值
B	150	取250与8t中较大值
H	100	取250与8t中较大值
V	150	取250与8t中较大值
A	300	取300与12t中较大值

注：1. 所有焊缝交点应近似为 90°；
2. 焊接新垂直焊缝以前，切除现有水平焊缝至少要离开垂直焊缝 300mm 以上，最后焊接水平焊缝。

图 3-26 局部更换小块壁板典型图

4. 预制

所有构件预制应符合 GB 50128—2014《立式圆筒形钢制焊接油罐施工规范》中第 4 章第 6 节的有关要求。

（1）壁板预制

整块更换壁板预制应符合 GB 50128—2014《立式圆筒形钢制焊接油罐施工规范》中第 4 章第 2 节的规定。

局部更换壁板。按照设计图纸的要求，结合实际切割部位情况，认真确定更换壁板的几何尺寸，然后进行板材的预制加工；焊接接头的坡口形式和尺寸应按设计图纸要求进行加工。对于板厚大于12mm且屈服强度大于390MPa有开孔接管的壁板，在开孔接管及补强板与相应的罐壁板组装焊接并验收合格后，应进行整体消除应力热处理。

（2）底板预制

整块更换中幅板或边缘板应符合GB 50128—2014《立式圆筒形钢制焊接油罐施工规范》中第4章第3节的规定。局部更换底板按照设计图纸的要求，认真确定更换底板的几何尺寸，然后进行板材的预制加工；边缘板及采用对接接头的中幅板的坡口型式和尺寸，应按设计图纸要求进行加工。

（3）浮顶预制

整体更换浮顶应符合GB 50128—2014《立式圆筒形钢制焊接油罐施工规范》中第4章第4节的规定。局部修理浮顶按照设计图纸的要求，认真确定更换部分的几何尺寸，然后进行板材的预制加工；船舱底板及顶板预制后，其平面度用1m长直线样板检查，间隙不得大于4mm。

（4）固定顶预制

整块更换固定顶顶板预制应符合GB 50128—2014《立式圆筒形钢制焊接油罐施工规范》中第4章第5节的规定。

5．组装

（1）罐底组装

罐基础修理验收合格后，方可铺设罐底板。全部更换中幅板时，中幅板的铺设应符合GB 50128—2014《立式圆筒形钢制焊接油罐施工规范》中第5章第3节的有关规定。

（2）局部更换中幅板或补板

确定更换中幅板或补板部位时，应尽量避开原有焊缝200mm以上；如果更换中幅板面积较大，应注意先把新换的钢板连成大片，最后施焊新板与原底板间的焊缝；在焊接过程中，应采取有效的防变形措施，以保证原有中幅板和新更换中幅板施工完成后符合GB 50128—2014《立式圆筒形钢制焊接油罐施工规范》的要求。

（3）更换边缘板或补板

认真确定更换部位的几何尺寸，边缘板下料时应考虑对接焊缝收缩量；更换边缘板施焊前，应采取有效的防变形措施，边缘板如采用搭接结构，要处理好压马腿部位，以保证两板间错边量不大于1mm；全部更换边缘板时，应采用全对接结构；边缘板上新的对接焊缝或补板边缘焊缝，距罐壁板纵焊缝和边缘板原有焊缝不小于200mm；距离大角焊缝30mm范围内不得有补板焊接，但允许进行点蚀的补焊。

(4) 罐壁组装

整圈或局部更换罐壁板应符合 GB 50128—2014《立式圆筒形钢制焊接油罐施工规范》中第 5 章第 4 节的有关规定。严格按设计要求确定更换部位，局部更换壁板应采取防变形措施，确保更换部分几何尺寸与原罐体一致。

(5) 固定顶组装

整体组装固定顶应符合 GB 50128—2014《立式圆筒形钢制焊接油罐施工规范》中第 5 章第 5 节的有关规定。局部更换固定顶板应采取防变形技术措施，确保更换部分几何尺寸与原固定顶一致。

(6) 浮顶组装

浮顶整体组装应符合 GB 50128—2014《立式圆筒形钢制焊接油罐施工规范》中第 5 章第 6 节的有关规定。浮顶局部整修应确保修理部位与原浮顶的一致性；单盘整修应采取防变形技术措施，尽可能减少变形。

(7) 附件安装

宜采用结构合理、技术先进的新型附件。安装应符合 GB 50128—2014《立式圆筒形钢制焊接油罐施工规范》中第 5 章第 7 节的有关规定。

6. 焊接

焊接工艺评定、焊工考核、焊前准备以及焊接施工，应符合 GB 50128—2014《立式圆筒形钢制焊接油罐施工规范》第 6 章第 1~4 节的规定。焊缝缺陷的修补应符合 GB 50128—2014《立式圆筒形钢制焊接油罐施工规范》中第 6 章第 6 节的规定。

(1) 罐底板的焊接

罐底板的焊接应采取收缩变形最小的焊接工艺和焊接顺序。

① 中幅板焊接时应符合下列规定：先焊短焊缝，后焊长焊缝；初层焊道应采用分段退焊或跳焊法；对于局部换板或补板，应采用使应力集中最小的方法。

② 边缘板的焊接应符合下列规定：首先施焊靠外缘 300mm 部位的焊缝；在罐底与罐壁连接的角焊缝（即大角焊缝）焊完后，边缘板与中幅板之间的收缩缝施焊前，应完成剩余的边缘板对接焊缝的焊接；边缘板对接焊缝的初层焊，应采用焊工均匀分布、对称施焊方法；收缩缝的初层焊接应采用分段退焊或跳焊法。

③ 罐底与罐壁连接的大角焊缝的焊接，应在底圈壁板纵焊缝焊完后施焊，并由数对焊工从罐内、外沿同一方向进行分段焊接。初层焊道，应采用分段退焊或跳焊法。

(2) 壁板的焊接

罐壁的焊接工艺程序为先施焊纵向焊缝，然后施焊环向焊缝；当纵向焊缝数量大于或等于 3 时，应留一道纵向焊缝最后组对焊接。

（3）固定顶顶板的焊接

固定顶顶板的焊接宜按下列顺序为先焊内侧焊缝，后焊外侧焊缝。径向的长焊缝宜采用隔缝对称施焊方法，并由中心向外分段退焊；顶板与包边角钢焊接时，焊工应对称均匀分布，并沿同一方向分段退焊。

（4）局部更换浮顶顶板或补板

局部更换浮顶顶板或补板时，浮顶焊接应注意采用收缩变形最小的焊接工艺和焊接顺序。

四、油罐修理质量要求

质量应达到 GB 50128—2014《立式圆筒形钢制焊接油罐施工规范》、SY/T 5921—2017《立式圆筒钢制焊接油罐操作维护修理规范》及设计、施工组织设计文件要求。

不动火修理项目所用材料及配比必须符合设计或施工组织设计文件要求。修补强度、严密性达到规定要求，表层不允许有裂纹、气泡、折皱。主控项目：修补强度、严密性达标；一般项目：观感达标。

动火修理必须符合设计或施工组织设计文件要求。修补强度、严密性达到规定要求。焊缝表面和焊接热影响区不允许有裂纹、气孔、夹渣、弧坑、未焊满等缺陷。焊缝尺寸及加强高度符合要求，焊缝表面应平滑，对接焊缝的咬边深度，不得大于 0.5mm；咬边的连续长度，不应大于 100mm；焊缝两侧咬边的总长度，不得超过该焊缝长度的 10%。不允许有气孔、夹渣、弧坑和熔合性飞溅物。主控项目：补焊强度、严密性、焊缝无损检测达标；一般项目：观感达标。

焊缝外观检查。检查前，应将熔渣、飞溅清理干净。

焊缝无损检测及严密性试验。焊缝无损检测、严密性试验及油罐充水试验，按设计及 GB 50128—2014《立式圆筒形钢制焊接油罐施工规范》中的有关规定执行。罐底真空箱法严密性检测和油罐充水试验时，检漏管上的阀门应处于开启状态。

第四章
油罐局部修理施工

局部修理是为适应油罐安全运行，保持或修复油罐技术性能，及时消除油罐缺陷，而对油罐技术状态进行的维修或修复处理。油罐技术状态应按 YLB 25.2—2006《军队油库设备技术鉴定规程 第 2 部分：油罐》进行鉴定，确定修理内容，选择修理方法（不动火修理或动火修理），实施局部修理。

第一节　在用油罐常见缺陷分析

一、油罐缺陷部位特点

在用油罐出现的缺陷主要体现在几何尺寸变形、钢板锈蚀变薄、焊缝开裂、涂料大面积脱落、密闭性能减弱等，多以渗漏形式表现出来，通常情况下，油罐底板发生腐蚀穿孔，底板穿孔最大尺寸可达 25mm 以上，壁板及顶部出现砂眼的现象居多。在用油罐缺陷主要部位特点如下：

（1）罐壁。20 世纪五六十年代，军队和地方建设了大量成品油库和原油库。由于当年防腐工艺落后，很容易造成立式钢质油罐在长期使用过程中的漆膜断裂脱落，致使钢板裸露，容易锈蚀穿孔。总体说来，立式钢质油罐罐壁腐蚀相对较轻，多为均匀点蚀，主要发生在油水界面、油与空气界面处。

（2）罐底。由于储存和输转过程中水分积存在油罐底板上，形成矿化度较高的含油污水层。通常含油污水中含有 Cl^- 和硫酸盐还原菌，同时溶有 SO_2、CO_2、H_2S 等有害气体，腐蚀性较强。罐底板上表面除了存在均匀腐蚀外，局部腐蚀（特别是点腐蚀、坑腐蚀）严重，点蚀速率可达 1~2mm/a，多为溃疡状的坑点腐蚀，严重部位出现底板穿孔。总之，罐底腐蚀情况最为严重，大多为溃疡状的坑点腐蚀，严重的出现穿孔。

（3）顶部。油罐顶部不直接接触油品，属气相腐蚀。因罐内油气空间在温差作用下存在结露现象，在罐顶内表面容易形成冷凝水膜，油品中的有害气体蒸发溶解于水膜，加上氧气的作用，形成腐蚀原电池，腐蚀一般呈连片的麻点，防腐质量差的油罐可能导致罐顶砂眼或穿孔。总之，罐顶腐蚀程度介于罐底和罐壁之间，为伴有孔蚀的不均匀全面腐蚀，穿孔现象相对较少。

二、油罐渗漏缺陷特点

立式钢质油罐发生渗漏现象通常有裂纹、砂眼和腐蚀穿孔三种情况。

（1）裂纹。裂纹通常多发生在罐底四周的边板上；罐壁与罐底结合部位；下部体圈的对接竖缝上，有时中部和上部体圈的对接交叉缝上也可能出现裂纹。裂纹的危害在于不仅破坏了油罐的严密性，而且在严寒条件下有使裂纹扩张，引起强度破坏的危险。

（2）砂眼（气孔）。砂眼通常由于钢板质量未经严格检查，焊接时用潮湿焊条，以致在焊缝里产生成群的气泡而形成。

（3）腐蚀穿孔。由于水分、杂质及油蒸气对油罐的腐蚀作用，常在罐底和罐顶出现腐蚀穿孔，其中以罐底部出现的机会最多。

三、油罐常见缺陷分析

1. 油罐变形

油罐在制造和运行使用过程中，特别是使用年限较长的油罐，容易使某个部位发生变形，影响安全运行。变形的原因除施工单位的资质不合要求外，主要是由四个方面的原因造成的。

① 安装施工质量低劣。组装及施工质量低劣，钢板规格及厚度使用不当，钢板之间相互位置不对、组装时预留的焊缝的变形余量不足或在运输中出现了残余变形，组装时又没有校对。

② 焊接工艺不合要求。焊接电流、焊接速度和焊接顺序没有严格按照正确的焊接工艺进行，焊接后油罐出现鼓泡或凹陷。

③ 充水试验操作不当。充水试验过程中油罐罐体上出现的变形，多是由于钢板材质搞错或刚度不够、充水过急或超高、排水速度过快、油罐基础局部下沉等原因造成。

④ 操作失误。在运行中，由于操作失误、进出油温差太大、收发油速度过快、油罐进出油管线变形、基础沉降不一致、油罐附件（如呼吸阀、呼吸气管路等）失灵或堵塞、气温急剧下降等原因造成事故性油罐体变形。

2. 油罐渗漏

油罐渗漏主要由油罐内外腐蚀特别是罐底板和顶板出现腐蚀穿孔、罐体出现裂纹、砂眼及施工质量造成的。渗漏是在用油罐多年使用后最常发生的问题，多发生在油罐底部、顶部和对接焊缝上，渗漏的油品进入大地后可造成环境污染，也可能发生聚集导致火灾。油罐腐蚀主要是由电化学腐蚀和氧化腐蚀造成的。

① 电化学腐蚀。钢材一般除铁成分外，还含有碳及微量锰、硅、磷、硫等多种成分，致使钢铁中往往存在着几个不同的相间及成分的不均匀分布等，各相间存在电位差，尤其是石墨，其正电位较高，在水膜存在时，易与其他相间构成电位差较大的微电池，导致电化学腐蚀。

② 化学腐蚀。化学腐蚀是指化学介质与罐壁直接发生化学反应造成的腐蚀，如油品或罐底水中的酸性物质可与铁反应，生成铁离子和氢气，导致油罐腐蚀。

③ 氧化腐蚀。金属与空气中的氧发生氧化反应，在金属表面产生氧化膜，也是化学腐蚀的一种。如果氧化膜致密度高，如铝的氧化膜会对金属起到保护作用，阻挡氧对金属的进一步氧化；但如果形成的氧化膜很疏松，氧化膜不但起不到对金属的保护作用，而且容易吸收潮气和盐分，进一步加速金属的腐蚀。

3. 油罐吸瘪

立式金属油罐发生吸瘪为油罐常见事故，多发生在油罐顶部或上部圈板。立式金属油罐的工作压力，正压为 1.961~3.923kPa 之间，多数为 1.961kPa（200mmH$_2$O），负压为 245~490Pa 之间，通常为 490Pa（50mmH$_2$O）。在储油过程中，罐内的正负压由呼吸阀进行调节。油罐吸瘪是由于罐内真空度过大所致。通常在向外发油且速度过快时发生，偶尔也有在夏季雷阵雨过后发生。油罐在发油过程中，如果单位时间内发出的油品体积大于经呼吸阀补充的进罐空气，罐内真空度就会增大。差值越大，罐内真空度也越大。当真空度超过油罐工作负压时，很容易造成油罐失稳，引起油罐吸瘪。夏季地面油罐经太阳曝晒，罐内气相空间气体膨胀、温度较高，如遇雷雨，使罐内气体急剧降温而收缩，造成罐内负压，呼吸阀来不及补充空气，使油罐吸瘪，多发生在下午 4 时左右。油罐吸瘪归根结底原因是在呼吸阀上。呼吸阀阀盘卡盘、寒冷冬天被冻结或被雪封死，呼吸阀出入口阻塞、阻火器阻塞或气体流通阻力过大；另外油罐出油流量变化幅度过大，与呼吸阀的呼吸量不匹配；进出量不能满足要求也是造成油罐吸瘪的原因之一。

4. 油罐翘底

通常情况下，在收油作业和管理中可能出现罐底板边缘翘底，罐壁与罐底连接焊缝开裂而与底板分离，罐壁和底板接缝严重变形；罐壁与罐底连接焊缝裂开而未与底板分离，罐壁和底板接缝有轻微变形。油罐翘底主要是罐内正压超限而发生罐底板边缘翘起，导致正压超限的原因：呼吸阀未打开或冻结，阻火器堵塞；呼吸管线与油罐进出油量不匹配；透气管冷凝水（油）较多，附件严重锈蚀，堵塞透气管路。

5. 内浮顶沉盘

内浮顶油罐在成品油罐应用十分广泛，沉盘是该类油罐的主要事故。沉盘主要有 3 个方面的原因：

① 浮盘变形。浮盘在长期频繁运行过程中，要受到油品腐蚀、油品温度变

化、罐体的变形、浮盘附件是否完好等因素的影响，使浮盘逐渐变形，出现表面凹凸不平。变形后浮盘在运行中，由于各处受到的浮力不同，以致出现浮盘倾斜，浮盘量油导向管滑轮卡住，浮盘运行倾斜增大。当浮盘所受浮力不能克服其上升阻力时，最后导致油品从密封圈及自动呼吸阀孔跑漏到浮盘上而沉盘。当浮盘密封圈局部脱落或压破后，在上述情况下，油品进入浮盘上的可能性增大，更易造成沉盘。

② 浮盘支柱松落。内浮顶油罐浮盘上支柱均匀分布在浮盘底部。当浮盘在上下运动过程中，如支柱销轴安装不当，或销轴因销没有反脚而滑落，将导致浮盘支柱掉入罐底。当浮盘处于低位工作时，由于失去支柱支承，使浮盘受力不均匀，浮盘变形，严重时浮盘部分或全部倒塌，造成沉盘。同时，浮盘施工质量差也是沉盘的主要原因之一，如罐体直径、垂直度、表面凹凸度不合要求、浮盘变形与歪斜、导向柱有间隙、罐周密封不好等，易使油气、油液上升，形成"泛液"，使浮盘沉没。

③ 维护管理不当。内浮盘导向轮要定期加润滑油、浮盘自动呼吸阀、浮盘表面、浮盘密封圈、油罐内表面腐蚀情况要及时了解掌握，发现问题及时解决，否则因操作不当很可能造成沉盘事故。另外进油速度过快，油品中含气量较多会导致浮盘受力不均匀，处于摇晃状态；浮盘、罐体建造质量有缺陷也将导致沉盘事故。

6. 油罐破裂

油罐破裂是石油库最严重的安全事故之一。油罐储油后，下部罐壁受到较大压力，特别是大型油罐环向应力在第 1 道焊缝附近最大，油罐破裂事故多发生在罐壁下部。若高液位罐体突发性破裂，势必会冲垮防火堤，造成油品外泄。当失控油品遇火源被点燃后，将形成大面积流火。引起油罐破裂的主要原因有：油罐基础选址不当，或是基础设计失误，或是基础处理不好，油罐储油后发生不均匀沉降或地基局部塌陷，造成罐壁撕裂或罐底板断裂；油罐板材质量差或焊缝质量差，如因气孔、夹渣、未熔和一些小裂纹等缺陷出现的应力集中，使边缘硬化、变脆、开裂；储油后在外界条件影响下，如环境气温远低于油罐最低设计使用壁温，导致应力局部集中而使油罐脆性破裂。

第二节　油罐局部修理要求

一、油罐局部修理范围的界定

考虑到更换底板，或更换较大面积壁板、顶板，基础大面积整修的修理项目，涉及技术要求复杂，专业性强，SY/T 5921—2017《立式圆筒钢制焊接油罐操作维护修理规范》已做专门规范，军队成品油料仓库也有油罐换底的专业规范。本章节探讨的局部修理的重点是对油罐出现的局部裂纹、局部严重锈蚀、局部锈蚀孔洞等较小的缺陷或渗漏点进行局部整形、修补或更换，使其恢复技术状态。

修理的主要范围包括材料的选用、修理设计（罐底、罐壁、罐顶及附件）、部件拆除、部件预制、组对安装、焊接、工程验收等，具体内容是：拆除和更换材料（如罐顶、罐壁或罐底材料，包括焊接金属），油罐罐壁、罐底或罐顶的重新找平或用千斤顶顶起，在现有罐壁穿孔处增加补强板，用打磨和先凿后焊对缺陷（如撕裂或孔洞）进行修理，更换油罐附件等。

二、油罐修理周期

油罐的修理周期一般为 5~7 年，新建油罐第一次修理周期不宜超过 10 年；经过可靠检测分析手段评价油罐，根据评价结果，经主管部门批准，油罐修理周期可适当延长或缩短。油罐的检测评价一般在修理周期到达前一年内进行；对于延长修理周期的油罐宜每年进行一次检测评价。在事故等异常情况下，做到"修理按需"。

三、油罐局部修理条件

利用油罐腾空油料的有利时机，应依照 YLB 25.2—2006《军队油库设备技术鉴定规程 第 2 部分 油罐》和地方行业石油库依据相关标准，由有资质的检测单位或立足自身对油罐内壁进行罐底、罐壁、顶部钢板厚度和缺陷检测，可先用漏磁检测仪对钢板进行扫描，得到缺陷分布图，在此基础上，用超声波测厚仪测量缺陷处的深度，定位缺陷位置，同时划定缺陷的类型，做出规范的检测评定报告。根据检测结果，对油罐进行技术检定，形成检定报告，为油罐局部修理、表面除锈提供依据。

1. 底板修理条件

油罐底板有下列缺陷之一者，应进行修理。

① 底板出现面积 $2m^2$ 以上，高度超过 150mm 的凸出或隆起；

② 底板中幅板厚度腐蚀减少 50%，存在腐蚀深度超过原板厚 30% 以上的坑蚀；

③ 板焊缝或钢板上出现裂纹、剥层、结疤、折皱、大面积腐蚀损伤、穿孔；

④ 底板存在一处以上的检测结果超过表 4-1 允许值；

⑤ 底板三分之一面积以上出现麻点（点腐蚀），腐蚀深度超过表 4-2 规定值；

⑥ 底板保温层或漆层起皮脱落达四分之一以上。

表 4-1　罐底余厚允许最小值　　　　　　　　　　　　　　　　　　　mm

底板原厚度	4	>4	边缘板厚度 t
允许余厚	2.5	3	0.7t

表 4-2　腐蚀麻点深度允许最大值　　　　　　　　　　　　　　　　　mm

钢板厚度	3	4	5	6	7	8	9	10	12
麻点深度	1.2	1.5	1.8	2.2	2.5	2.8	3.2	3.5	3.8

2. 壁板修理条件

油罐壁板有下列缺陷之一者，应进行修理。

① 壁板焊缝、壁板与底板连接的角焊缝有连续针孔或裂纹，或钢板表面存在深度大于 1mm 的伤痕；

② 壁板出现裂缝、剥层、结疤、三分之一面积以上腐蚀损伤；

③ 壁板罐体三分之一面积以上存在腐蚀，且腐蚀麻点深度超过表 4-2 规定值；

④ 壁板出现凹陷、鼓包、折皱，超过表 4-3 和表 4-4 规定值；

⑤ 壁板表面保温层或漆层起皮脱落达四分之一以上。

表 4-3　顶板和壁板凹凸变形允许最大值　　　　　　　　　　　　　mm

测量距离	1500	3000	5000
偏差值	20	35	40

表 4-4　折皱高度允许最大值　　　　　　　　　　　　　　　　　　mm

圈板厚度	4	5	6	7	8
折皱高度	30	40	50	60	80

3. 顶板修理条件

油罐顶板有下列缺陷之一者，应进行修理。

① 顶板局部锈蚀穿孔，顶板与包边角钢焊缝开裂；

② 桁架油罐内部构件扭曲、构架间或支撑构架与罐顶间焊缝开裂，构件腐蚀减薄 30%者；

③ 顶板厚度腐蚀减少 50%者应更新，如顶板减薄 50%的钢板超过表面积的 30%时，顶板应全部更新；

④ 顶板三分之一面积以上的钢板存在腐蚀，且腐蚀深度不超过表 4-2 规定值的点腐蚀；

⑤ 顶板凹陷、鼓包偏差或折皱高度超过表 4-3、表 4-4 规定值；

⑥ 保温层或漆层起皮脱落达四分之一以上，或表面存在深度大于 1mm 的伤痕。

4. 附件修理

油罐附件有下列缺陷之一者，应进行修理。

① 所有附件连接处垫圈老化；

② 两处以上紧固螺栓无效；

③ 人孔、进出油接合管、排污管等附件及其连接焊缝存在裂纹或其他伤痕。

5. 基础修理

油罐基础有下列缺陷之一者，应进行修理。

① 罐体倾斜度超过1%；

② 罐体沿周边每9m的沉降量差值大于50mm。

四、油罐局部修理质量要求

（1）局部修理质量应达到GB 50128—2014《立式圆筒型钢制焊接储罐施工及验收规范》、SY/T 5921—2017《立式圆筒钢制焊接油罐操作维护修理规范》及设计或施工组织设计文件要求。

（2）不动火修理质量应达到下列要求：

主控项目：修补强度、严密性达标；一般项目：观感达标。

所用材料及配比必须符合设计或施工组织设计文件要求。修补强度、严密性达到规定要求。表层不允许有裂纹、气泡、折皱。

（3）动火修理质量应达到下列要求：

主控项目：补焊强度、严密性、焊缝无损检测达标；一般项目：观感达标。

动火修理必须符合设计或施工组织设计文件要求。修补强度、严密性达到规定要求。焊缝表面和焊接热影响区不允许有裂纹。焊缝表面应平滑，焊缝尺寸及加强高度、咬边深度应满足GB 50128—2014《立式圆筒型钢制焊接储罐施工及验收规范》有关要求，不允许有气孔、夹渣、弧坑和熔合性飞溅物。

第三节　油罐局部修理方法

一、油罐局部修理原则

油罐发生故障后的修复，情况难以预见，环境条件复杂，处置要求严，安全管控难，技术性高，时效性强。通常应遵循以下原则：

1. 快速反应原则

快速反应是石油库设备恢复的根本要求。快速，能够为控制事态的发展，延阻事故的扩大，取得最有利的修理时机。快速反应要求发现情况快、报告迅速，同时对油罐的故障部位、储油品种、损坏规模等应判断准确。为了快速扼制事故，恢复储存及保障功能，修理应在尽可能短的时间内完成。

2. 防止事态扩大原则

油罐损坏或发生故障时，应迅速划定隔离区域，部署消防和警戒力量，采取有效措施，防止污染环境，防止着火爆炸和其他事故的发生。进行修理作业时，应做好安全管理和消防值班，严格按章作业，确保设备和人员的安全。

3. 不动火原则

油罐修理作业现场通常都有大量的油料及油气存在，危险性大，加之修理作业紧急，对安全要求高。因此，应科学确定油罐修理方法，尽可能采取封堵、粘接等不动火修理方法，尽量不采用焊接堵漏工艺，避免在修理过程中使用的器材产生高温和火花，防止发生次生事故，确保修理全过程的安全。

4. 积极回收油料和抢救物资原则

发生油料跑冒流失或其他设备受到威胁时，在做好安全工作的同时，应采取措施制止继续跑油，积极回收油料、抢救转移物资，尽量减少损失，搞好环境保护。

5. 经济合理原则

油罐局部修理时，要采用技术先进、经济合理的施工方法和技术组织措施，认真制定具体施工方案和保证质量的措施，特别是更换底板、顶板，基础大面积修理，底板、壁板、顶板较大面积更换时，委托具备设计资质单位进行设计，严格选材备料。

二、油罐局部修理特点

油罐储存油品固有的危险性，以及石油库人员的技术素质差异，致使油罐修理具有技术、复杂、危险等特点。

1. 紧迫性

油罐故障或事故是由于某些不稳定因素在一定条件的刺激下而爆发的。由于激发条件的类型、出现的时空特性具有偶然性，致使故障或事故发生虽然有征兆和预警的可能，但实际发生的时间、部位具有不可完全预测性，具有明显的突发性，往往令人猝不及防，给修理作业准备提供的有利时间极其短暂。因此，油罐修理时效性要求高，时限要求短。

2. 危险性

由于油罐油品泄漏造成作业现场的油气积聚，易造成抢修作业人员油气中毒，发生火灾、爆炸、中毒等事故，给修理带来困难。尤其在密闭空间作业时，发生油气中毒或着火爆炸的可能性增大，风险性更高，危险性更大，对作业人员构成严重威胁。此外，在修理过程中，因人的不安全因素、处置方法不当等，容易使得事态扩大、跑油或火灾现场蔓延，导致事故进一步升级。

3. 技术性

正确合理地运用修理技术，充分发挥修理器材的作用是油罐修理取得良好效果的重要环节。油罐修理的技术性很强，尤其是带油、带压、带温、不动火状态下的作业，恶劣的环境常常会给修理造成很大困扰，如毒性、高空造成作业人员难以靠近；又如有些泄漏点位置隐蔽或油罐变形严重，难以安装堵漏夹具或使用堵漏器材，要求有科学的修理方案、先进的修理器材和精湛的修理技术。

4. 复杂性

油罐工艺和设备虽简单，但参与修理部门多，涉及多种应用科学、工程技术知识和修理工、保管员、消防员、警卫员等多工种人员，技术素质要求高，作业环境复杂，意外因素多，油罐内外修理作业交错，作业复杂困难，组织指挥协调难。

三、油罐局部修理分类

（1）油罐局部修理按危险程度，分为动火修理和不动火修理。

动火修理主要是采用焊接的方法，消除油罐缺陷，恢复技术状态。根据油罐缺陷部位和技术要求分为搭接、对接、角接方法。

不动火修理方法是在用油罐常用的修理方法，不动火修理方法有多种，如用软金属填充修理法、挤压修理法、粘贴钢板修理法、补漏胶剂修理法、弹性聚氨酯修理法、环氧树脂玻璃布修理法、螺栓修理法等。

（2）油罐局部修理按修理部位，分为油罐底板修理、油罐壁板修理、油罐顶板修理、油罐浮顶修理、油罐基础修理、油罐附件修理。

（3）油罐局部修理按修理材料，分为金属材料修理和非金属材料修理。

四、油罐局部修理程序

（1）对于油罐运行中突发的局部微渗，附件局部不够密封，钢板出现的微小砂眼等，危险程度不高，分析后果不严重的情况，可根据现场实际，确定可行方案实施修补处理、局部修理工作。对于突发可能产生严重后果的缺陷，应根据事态情况立即组织腾空油罐、封围处理，防止油料漫延或火灾扩散，经腾空清洗处理后再考虑技术检定、局部修理问题。

局部修理工作的程序是：根据油罐检测与评定报告，在现场调研及理论分析的基础上，找出需修理部位，确定罐体修理方案，并报设备主管部门批准；根据罐体修理方案，委托有相应油罐设计资质和经验的单位进行施工图设计；按照罐体修理方案和施工方案制定施工方法和安全技术措施；严格落实修理安全技术措施，保证安全作业；严密组织修理验收；按要求对油罐进行容积标定。

（2）找出需修理部位。

① 对于麻点腐蚀，除应找出腐蚀的面积和部位外，还应量出麻点的深度，

其深度应用带测深尺的游标卡尺进行测量。测量时,将卡尺跨在腐蚀麻点上,把测深尺插入麻点直接测量即可。

② 对腐蚀穿孔,应把孔数的多少及所在部位标记清楚。

③ 如腐蚀面积很大,可把面积量下来,并准备新板,以便调换。

④ 检查焊缝部位时,要清除焊缝周围的脏物,刷肥皂水,用真空盒一段一段检查;当真空盒内出现气泡时,就在出现气泡的地方标出记号,并标记在图上。

⑤ 检查涂漆的罐底焊缝渗漏时,应先用气焊火炬轻轻燎一下(以钢板不红为准),开大风门再吹一下,使焊缝处的油漆、杂物等烧掉,将渗漏点充分暴露出来,然后再扣真空盒。

⑥ 对于裂纹,除了要量出长度外,还要找出裂纹的原因。

⑦ 对于锈蚀极为严重的罐底板,即整个罐底的腐蚀深度已接近穿孔,而有的已经穿孔的情况下,要更换整个罐底。

⑧ 按渗漏油罐的罐底,绘制出排版图,将找出渗漏的位置标记在图上。

五、油罐局部修理技术要求

1. 不动火修理技术要求

① 采用软金属填充法修理时,应填满、压实。

② 采用挤压法修理,必须轻敲轻击。

③ 采用粘贴钢板法修理时,应当将蚀坑、孔洞先用软金属或腻子填充平整,焊缝、凸凹不平部位处理平整;对钢板和被修理面用二甲苯或醋酸乙酯擦拭干净;钢板应比修理面边长大20mm,钢板厚度2~3mm。

④ 采用环氧化树脂玻璃布修理法时,应将被修理面用二甲苯或醋酸乙酯擦拭干净,玻璃布应烘干;涂刷环氧树脂与粘贴玻璃布应交叉进行,各层玻璃布布纹间应成一定角度;边缘应平滑过渡,即后一道环氧树脂和玻璃布应比前一道大10~20mm;粘贴玻璃布时不应出现气泡、折皱,表层不允许有裂纹。

⑤ 各种不动火修理方法必须严格按照施工程序和工艺要求进行。

⑥ 不动火修理必须有翔实的施工记录,每道程序完成后应由建设单位现场人员签字后方可进行下道工序。

2. 动火(焊接)修理技术要求

① 焊接前准备、焊接施工、焊接顺序、焊缝修补均应按照 GB 50128—2014《立式圆筒型钢制焊接储罐施工及验收规范》中的有关要求进行。

② 裂纹长度小于100mm时,应先在裂纹两端钻 $\phi 6$~8mm 的止裂孔,然后烧焊两道;裂纹长度大于100mm时,钻止裂孔、烧焊两道后,还应在其上面补焊盖板。盖板各边应当超过裂纹250mm以上。

③ 裂纹较大难以用上述方法处理时,应当割掉宽度不小于300mm,长度比

裂纹大 250mm 的钢板，焊上同质量的钢板修理。

④ 同一部位的返焊次数，不宜超过 2 次，超过 2 次时，必须经施工单位技术总负责人批准。

⑤ 动火修理时，必须严格执行石油库用火安全管理相关规定。

第四节　油罐不动火修理

不动火修理方法有多种，如用软金属填充修理法、挤压修理法、粘贴钢板修理法、补漏胶剂修理法、弹性聚氨酯修理法、环氧树脂玻璃布修理法、螺栓修理法、软金属填堵与加强级防腐合用等。

一、法兰堵漏法

此法适用于修补罐底局部区段腐蚀严重的情况，如图 4-1 所示，修补的具体方法是：

① 腾空清洗。按要求清洗油罐，使其符合进罐作业的安全卫生要求。

② 检查定位。检查罐底腐蚀情况，标出可用法兰堵漏法修补的部位，并选定法兰尺寸。

③ 加工零件。按选定的法兰尺寸，加工或购置堵漏部件。

④ 切除腐蚀穿孔部分。当罐底厚度小于 4mm 时，应切除腐蚀穿孔部分。其方法是：用手摇钻，沿法兰内缘连续钻直径 $\phi 6\sim 8$mm 的孔。

⑤ 钻法兰连接孔。按法兰盖板螺孔相应尺寸在罐底上用手摇钻钻孔。去除被腐蚀板，挖掉被油浸的沥青砂，其空间以能安设半圆垫板方便为宜。

⑥ 安装法兰短管。安装法兰短管时，短管长度以能安装上螺栓为准，一般不超过 100mm。

⑦ 回填堵口。用沥青砂向短管内回填夯实。

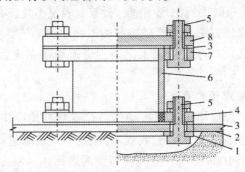

图 4-1　法兰堵漏示意图

1—半圆形法兰垫板；2—油罐底板；3—橡胶石棉；4—堵漏下法兰；
5—螺栓；6—短管；7—堵漏上法兰；8—法兰盖板

二、环氧树脂玻璃布修补法

1. 钢板表面处理

① 清洗油罐，使其达到进入油罐的安全卫生要求。

② 采用真空或检漏剂进行检查，确定渗漏部位，并做好标记。

③ 清除钢板上的旧漆、铁锈，擦净表面上的油污，并用粗砂布将氧化皮打磨掉，显出金属光泽。

④ 用软金属将孔眼填堵，略低于罐底板；如有裂纹，应在其两端钻直径 $\phi 6\sim 8mm$ 的止裂孔，并将孔用软金属填堵。

2. 涂刷补漏

① 按配方配制环氧树脂补漏剂。

② 对补漏所用的玻璃布料进行烘干处理，如置于200℃恒温箱中保持30min。

③ 涂刷厚 $1\sim 3mm$ 的环氧树脂补漏剂。刷一道环氧树脂补漏剂，立即贴一道玻璃布，并压紧、刮平、排除气泡；再涂刷厚 $1\sim 1.5mm$ 环氧树脂补漏剂，再贴一道玻璃布；最后再涂刷一层环氧树脂补漏剂。通常采用三胶二布或四胶三布进行补漏。

④ 修补层经一昼夜则基本固化，用真空法检查无渗漏后，即可进行防腐处理。

3. 注意事项

① 补漏剂配制时，配方应准确，投料顺序不能错，以保证质量。

② 修补面积应大于腐蚀面积，每边大 $30\sim 40mm$；后贴的玻璃布应大于前一层玻璃布，以保证与钢板结合平缓，受力均匀粘贴牢固。

③ 施工人员应分工明确，动作迅速，补漏剂宜现配现用，尽量缩短放置时间，以防凝固失效。

④ 稀释剂易挥发、有毒，施工中不得直接接触，并应加强通风，防止人员中毒。

⑤ 修补面腐蚀严重、钢板余量较薄或有穿孔时，可先粘贴 $0.1\sim 0.15mm$ 的不锈钢板或 $1\sim 2mm$ 的钢板后再用补漏剂处理，待固化后再进行补漏。

三、弹性聚氨酯涂料修补法

1. 修补程序和工艺

① 腾空并清洗油罐，使其达到进入油罐的安全卫生要求。

② 消除钢板表面的油污、旧漆和浮锈，用二甲苯或醋酸乙酯擦拭干净。

③ 如罐底板局部锈蚀穿孔，用软金属堵塞孔洞，但应凹于钢板表面。

④ 涂刷第一道聚醚聚氨酯底层涂料。

⑤ 用弹性聚氨酯腻子填平焊缝、蚀坑、孔洞和凸凹不平的部位。腻子应刮抹平整。

⑥ 涂刷第二道聚醚聚氨酯底层涂料。
⑦ 修补罐底、焊缝、孔洞时，应涂刷过渡层涂料。
⑧ 涂刷弹性聚氨酯面层涂料 2~4 层。
⑨ 施工结束后，涂层经 20~30 天固化时间，油罐即可装油。

2. 注意事项

① 修补罐壁、焊缝、孔洞时，一般应间隔 8h 涂刷一道。
② 面层涂料的涂刷要求均匀，不漏刷、流挂。
③ 底、面层涂料的预聚组分能与水发生反应，因此，装预聚物的容器应封口存放。
④ 涂料具有一定的时效性，因此配料要根据施工用量的多少现用现配。
⑤ 涂料中的有机溶剂具有一定的刺激性和毒性，且易燃易爆，施工时应采取通风、人员防护、严禁火源等安全措施。
⑥ 配料和涂刷所使用的工具应及时清洗干净。

四、罐底螺栓堵漏法

罐底螺栓堵漏法如图 4-2 所示。施工步骤如下：

① 腾空清洗。按要求清洗油罐，使其符合进罐作业的安全卫生要求。
② 开孔定位。检查罐底腐蚀情况，标出渗漏部位，用手摇钻钻一长方形孔大小恰好能将特制的钯钉螺帽放至罐底下。
③ 清砂安装。清除开孔处的沥青砂，用铜丝吊住螺帽放到罐底下，再将沥青砂从螺母帽孔处灌入罐底使之托起螺帽。去掉铜丝加垫片，灌入油漆包在螺帽以防腐蚀，在长方形的周围抹一层白铅油或洋干漆。最后将带有压板和石棉垫片的螺钉拧紧。
④ 涂刷补漏剂。清除周围污物，涂抹环氧树脂腻子，贴玻璃布，使压板螺钉周围呈弧形。贴布时应平整、无折皱、无气泡。

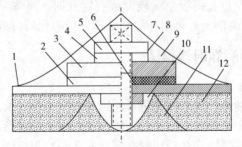

图 4-2 螺栓堵漏示意图

1—油罐底板；2—耐油石棉板垫；3—钢压板；4—耐油石棉垫；5—压紧螺钉；6—特制螺母；7、8—环氧树脂补漏剂；9—玻璃布；10—防腐层；11—细砂；12—罐基础沥青砂垫层

五、直角支承顶压粘接堵漏法

直角支承顶压粘接堵漏作业过程如图 4-3 所示。

作业时，首先固定好支承部分，可以采用粘接、螺栓连接等，并使紧固螺杆的轴线与泄漏点重合；按泄漏介质的物化参数选择好胶黏剂、止漏密封材料；将密封材料浸蘸胶黏剂后压在泄漏点上，安装顶压板，然后旋转紧固螺杆，直到泄漏停止；再用胶黏剂或堵漏胶进行加固处理。

六、侧面支承顶压粘接堵漏法

侧面支承顶压粘接堵漏作业过程如图 4-4 所示。作业方法与直角支承顶压粘接堵漏法所用紧固工具及操作方法完全相同。可以根据每个单位泄漏点的情况及周围的地貌设计制作其他形式的支承紧固工具，原则是支承部分必须有牢固的支承点或支承面。

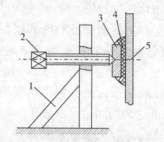

图 4-3 直角支承顶压粘接堵漏
1—支承部分；2—紧固螺杆；3—顶压板；
4—密封止漏材料；
5—泄漏缺陷

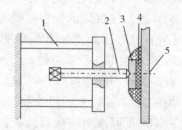

图 4-4 侧面支承顶压粘接堵漏
1—支承部分；2—紧固螺杆；3—顶压板；
4—密封止漏材料；
5—泄漏缺陷

七、快速堵漏胶堵漏法

堵漏胶堵漏就是利用快速堵漏胶(胶黏剂)、嵌缝材料等对泄漏处实施封堵。具有安全、简便、不损伤设备、对泄漏部位适应性强等特点。一般用于油罐、管线等设备 10mm 以下的小孔及裂缝的堵漏。根据实际情况，可采取直接胶堵或先堵后粘等方法。

直接胶堵法。按胶堵技术要求清洗和处理好泄漏部位，选用合适的堵漏胶(快固胶棒、密封腻子等)迅速堵住泄漏的小孔或裂缝处。此法简便快捷，但强度较低，适用于短暂堵漏。

先堵后粘法。先用胶、铅等材料堵住或基本堵住泄漏处，然后清洗处理粘接面，用板材(粘堵板)粘贴在泄漏处，或用几层涂有胶黏剂的玻璃布覆盖固定。此法堵漏效果好，强度较高。适用于以堵代修作业。

快速堵漏胶堵漏的施工程序如下：

① 对泄漏处周围进行除锈去污、表面打磨和清洁处理，在裂缝两端钻止裂孔。

② 将 A 胶与 B 胶按比例充分调匀备用。

③ 取出专用堵漏棉均匀展开，铺于专用护手膜上(也可铺于一般的塑料薄膜上)。

④ 将已调好的胶液倒于堵漏棉上(棉花宜薄，胶液宜多)，迅速用力按堵在泄漏处。5s 后轻揉薄膜，15~30s 后撕下薄膜，再用少量调好的胶液涂于堵漏处表面。

注意事项：

① 若漏点有一定压力，第一次手工按堵后应立即进行第二次加固。先除掉第一层堵漏处周围的锈和污物，然后再次重复堵漏(第二次面积应大于第一层)。也可采取先堵后粘的方法，先用铅等材料基本堵住泄漏处，再用胶黏剂进行封堵。

② 气温的高低对固化的速度有影响，使用时可根据实际情况调整 A、B 胶的比例。B 胶越多，固化速度越快；B 胶越少，固化速度越慢。

③ 调好后，在 20℃时操作时限为 90min 左右。但调好的胶液和堵漏棉一经接触会迅速固化，因此，在操作时必须掌握好时间。一般胶液倒入堵漏棉上后，不超过 3~5s 应立即按于渗漏处。

④ 有的漏点不便于操作，可先将调好的胶液涂于漏处，再将堵漏棉贴于胶层上，边按边揉，5~10s 后再涂一层胶，同样可达到瞬间堵漏的效果。

⑤ 未调配的胶液应将瓶盖拧紧，避光存放，勿近火源。常温储存一年，超过储存期，若胶液流动，可继续使用。图 4-5 是快速堵漏胶实物图。

八、快速堵漏胶棒堵漏法

快速堵漏胶棒为双组分胶，见图 4-6，棒芯为一种组分，外层为另一种组分。使用时，先将泄漏处周围进行表面去污处理，然后切下一小段胶，用手捏揉，将两组分掺和均匀，按堵在泄漏处，并将边缘按压平滑。

图 4-5　快速堵漏胶

图 4-6　快速堵漏胶棒

九、应急堵漏器堵漏法

油罐应急堵漏器由T形活节螺杆、堵漏板、耐油胶垫、螺母等组成。根据活节螺杆的结构不同，可以分为两种。一种是活动挡杆在螺杆的开口槽内，用于封堵较小(直径15~20mm)的孔洞；另一种是活动挡杆在螺杆的外侧，用于封堵较大(直径20~100mm)的孔洞。堵漏板分为立式油罐堵漏板和卧式油罐堵漏板两种，如图4-7所示。该方法是用螺栓将油罐应急堵漏器的堵漏板紧压在孔洞外面，达到止漏目的。堵漏时，先将应急器组装好，然后把活节螺杆从孔洞插入罐内，再使活动挡杆垂直于螺杆紧拴在油罐内壁上，拧紧螺母即可。

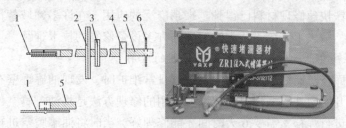

图4-7　油罐应急堵漏器示意图

1—活动挡杆；2—堵漏板；3—垫片；4—六角螺母；5—T形节螺杆；6—防转销

十、孔缝堵漏法

系列孔缝堵漏器材见图4-8，包括用木头、橡胶等材料制成各种规格的圆锥体楔或扁楔、各种孔洞堵漏栓等。堵漏时，根据孔洞的大小选择或加工合适的楔子塞紧即可。也可事先用耐油橡胶制成各种规格的圆锥体楔，堵漏时根据孔洞大小选取。

图4-8　孔缝堵漏器材

这种方法简便易行，堵漏速度快，效果也较好，且不受泄漏位置的限制。适用于较大孔洞的堵漏，特别适合于其他方法不便实施的情况。如立式套筒形油罐，当相邻体圈连接处周围出现较大的孔洞时，既不便于用油罐应急器堵漏，也不适合粘堵，此时用塞楔堵漏即可显示出其独到之处。

十一、美特铁材料修理

油罐发生渗漏，将会造成油料流失，甚至引起燃烧爆炸和环境污染。因此，储油状态下油罐渗漏的修理是一个非常重要的课题。油罐带油修理具有环境差、待修表面不清洁、时间较短等特点，需要能在带油、带压和恶劣环境进行快速修理作业的新材料。德国生产的美特铁快速修理材料是油罐带油堵漏的理想材料。

1. 美特铁修理材料的特点

美特铁快速修理材料是由一系列高分子聚合物与具有特殊功能的金属、高技术陶瓷组成的复合材料，具有粘接强度好、耐磨、耐腐蚀、耐热、固化时间短等特点。美特铁快速修理材料已得到越来越广泛的应用，在许多领域替代了电焊和热喷涂工艺，解决了传统工艺无法解决的许多设备修复的技术难题。

2. 美特铁在储油状态下油罐渗漏修理的应用

某石油库在对储油状态下的油罐进行日常维护时，发现油罐罐壁有几道大的裂缝，并且开始向外渗漏油料。按以往常用的修理方法是将油罐腾空，然后清洗油罐，最后进行焊补，需要6天时间才能修理好。当时将油罐腾空进行修理是不可能的，但又不能让油罐继续渗油，因此决定采用美特铁快速修理材料进行修理。美特铁快速修理材料包括一系列产品，通过比较选定美特铁快速修理材料中的MM-OL钢陶瓷，为了加快固化时间，配以红色固化剂。具体修复工艺如下：

① 表面处理。用砂轮、砂纸、铜丝刷将带油的被粘接表面打磨至金属本体，为提高粘接强度，对被粘接表面进行了适当的粗化；在打磨过程中没有去除磨屑，也没有去除油脂。

② 按比例配料。用MM-OL钢陶瓷和红色固化剂按比例配合好，涂覆在待修理表面。修理时，用抹刀施压，并以十字来回交叉方式施压数次，使沾满油脂的薄膜破裂，所有的污垢积聚物全部被吸收并与MM-OL钢陶瓷结合为一体。

③ 二次涂敷。紧接上一操作后，将按比例配合好的MM-OL钢陶瓷与红色固化剂继续涂覆在待修复表面，直至达到所需的厚度。包括涂覆层的固化时间在内，整个修理过程将近24h。

油罐修理好后，已使用多年，情况良好，修理处没有渗漏。与以往的修理方法相比，修理时间缩短，提高了修理效率，并且对油罐无需腾空处理，很好地解决了储油状态下油罐渗漏快速修理的问题。

3. 美特铁快速修理材料的不足

与常用传统修理方法相比，美特铁快速修理材料虽然能在带油状态下对储油状态下的油罐渗漏进行快速修理，但是在修理过程中仍然存在一些不足之处。

① 必须进行表面处理。美特铁快速修理材料的修理机理是美特铁与金属之间的直接黏结，而黏结强度的高低取决于晶界之间相互渗透的程度。为了得到较

高的黏结强度，对有油污的油罐表面进行修理，必须进行表面处理。虽然进行表面处理不需要清除油污等污垢，但必须将待修理罐壁表面打磨至其金属本体，否则黏结强度就达不到要求，影响修理效果。在气温较高季节，油罐周围油气很重，特别是在洞库坑道及半地下油罐走道内，油蒸气因为油罐的渗漏而大量聚集，如果这时对储油状态下的油罐罐壁进行打磨，有可能引起爆炸或者失火的危险。

② 使用范围受到限制。美特铁快速修理材料中的 MM-OL 钢陶瓷与红色固化剂一起使用时，可以达到的技术数据见表 4-5。表 4-5 中的施工时间，是指在指定温度下所允许的操作时间，修理层的厚度只有 5mm。从表 4-5 的数据可以看出，使用温度越低，施工时间可以适当延长，但是这时固化所需要的时间也越长，达不到快速修理的目的；使用温度越高，固化时间越短，但是可操作的时间也就越短，也就是说，有时待修理的表面还没有完全修理好，所用的快速修理材料已经固化了，还得重新配制修理材料。从上面的分析可以看出，如果是在温度特别低的冬季或温度很高的夏季，要对储油状态下的油罐进行快速修理，采用美特铁快速修理材料就不可能完成修理任务。

表 4-5 美特铁快速修理材料的技术数据

使用温度/℃	施工时间/min	部分固化可机加工时间/min	完全固化所需时间/min
5	10	45	360
15	5	30	150
20	4	20	25
25	4	20	40
30	3	15	30

第五节 油罐动火修理

如果油罐受破坏程度严重，或被腐蚀面积很大，且使油罐钢板强度远远低于使用要求，采取不动火修补堵漏效果不理想，或者不能采用不动火修理缺陷的情况下，应采用动火修理的方法进行处理。

一、油罐渗漏修理

1. 直接焊修

下列情况可以直接进行焊修：

① 点蚀小孔、小坑(深度超过 1mm)，俗称腐蚀麻点；

② 麻点很深，接近穿透钢板时，干脆将其用钻钻通，然后进行焊补；

③ 机械外力穿孔(如被枪弹击中、弹片砸穿等)、砂眼等；

④ 裂纹长度小于100mm，可在裂纹两末端钻孔后，直接焊补；但至少须分两遍进行焊补。

2."补丁"焊补

(1) 适用条件

下列情况可采用贴"补丁"办法进行焊补：

① 裂纹长度大于100mm时，除在裂纹两末端钻孔外，还应在裂纹上覆盖钢板，其板尺寸应达到在裂纹的每一方向上的超出距离不小于200mm；

② 大面积的严重腐蚀，应将其腐蚀范围内的旧板割去，在其上覆盖新板，其大小也应达到每一方向上均应比割去的旧板超出的距离不小于200mm；

③ 孔径较大的机械穿孔、砂眼缺陷，应焊以圆形补板，补板的直径应比穿孔直径大400mm以上；

④ 对于大裂纹，若感到有扩张的可能，焊补盖板仍不可靠时，可将裂纹处的旧钢板割去，重新焊以新板；其割去钢板的大小应视裂纹长度而定，但宽度一般为1.0m左右(裂纹正好处于中间位置)；

⑤ 罐底"补丁"焊补，罐底板局部遭到较严重腐蚀，直接补焊不行时，须将局部旧板割去，在其上另焊以新板。

(2) 罐底"补丁"焊补程序

罐底采用"补丁"焊补时，容易引发事故，应按以下程序进行施工：

① 先向所有腐蚀孔内注入灭火剂干粉，后用电钻按需要更换的旧底板的周边钻孔，边钻边灌水冷却；钻一圈后，用防爆錾子錾断未钻透部分，不可用割枪直接切割；

② 将旧板取出后，尽量将其下部及其四周的含油砂垫层取出，再垫无油砂；

③ 焊接时还应采取降温措施，以降低焊点周围底板温度，保证其不被引燃。

二、油罐凹瘪修复

油罐瘪凹多发生于充水试验、投产运行、操作管理的过程之中。瘪凹油罐的修复方法主要有：液压整形法、气压整形法、机械或人工整形法、换板法或者几种方法的综合应用等。凡是只有瘪凹变形，焊缝没有开裂的油罐，一般采用液压整形法、气压整形法或两者综合应用为好，必要时再进行局部加固。凡是焊缝开裂较大、钢板产生塑性变形，宜采用机械或人工整形法、换板法。瘪凹油罐的修复选用哪种方法，应根据油罐变形情况、损坏程度以及安全、技术、经济要求等情况综合分析择优确定。

1. 液压整形法

液压整形法又称注水加压整形法，其程序是：准备工作、罐内注水、加压整形、检查整修、竣工验收。

① 备工作。包括编制计划、组织人员、准备设备器材、清洗油罐、安装设备、清理现场等内容。组织计划主要是明确组织领导、人员分工、整形的方法和步骤、工艺技术要求以及应采用的安全措施等；清洗油罐应达到安全卫生的要求；设备器材准备和安装是按照工艺技术要求将注水设备、输水管路、测控仪表等准备就绪并安装就位，见图4-9。清理现场是清除不必要的物资器材，保证现场无危险品，道路畅通。

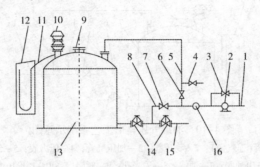

图4-9 油罐液压整形工艺示意图
1—吸入水管(接水源)；2—注水泵；3—回流阀；4—卸压阀；5—加压水管；6—加压控制阀；
7—注水控制阀；8—注水管；9—采光孔；10—呼吸阀；11—连接胶管；12—U形压力计；
13—油罐；14—进出油阀；15—油管；16—流量表

② 罐内注水。检查油罐液压整形工艺系统无误后，启动注水泵向罐内注水；注水过程中，通过呼吸阀或采光孔保证排气畅通，注水量应掌握在安全高度的2/3左右；注水中应注意检查油罐有无渗漏或异常变化，如有问题应根据具体情况，采取相应措施。

③ 打压整形。封闭油罐与大气连通的所有孔洞，使罐内形成密闭空间。启动注水泵，向罐内注水，空间气体增压。注水速度应缓慢，流量宜控制在1~3m^3/min，以便控制罐内升压速度；逐渐消除变形部分内应力，促其复原。每次发出声响后，应关闭加压水管控制阀，稳压1~2min，并检查复原情况，然后再打开加压水管控制阀往罐内注水，并调整回流阀；发出声响后再停止注水加压，稳压检查。反复进行加压—声响—稳压工序至油罐恢复原状。在油罐复原后应稳压2~3h，以消除变形部分的内应力使其稳定。在稳压过程中，用木槌敲击变形部位边缘，特别是皱褶部位应反复敲击，以加速内应力的消除。与此同时应进行全面检查，尤应注意焊缝、皱褶部位有无渗漏。经稳压、检查后再排气卸压。卸压应缓慢，以防卸压过快再次吸瘪。

④ 检查整修。在加压整形过程中，认真检查油罐各部连接、皱褶、焊缝有无变形、裂纹、脱漆等，并根据具体情况加以校正、更换、脊焊、加固、补漆，使其处于完好状态。

⑤ 竣工验收。拆除加压整形时安装的工艺设备及封堵盲扳，安装油罐附件，接通油管，恢复接地装置，清理现场，整理技术资料，会同有关单位和人员检查验收，填写竣工验收报告，将技术资料移交归档。

2. 气压整形法

气压整形法与液压整形法程序基本相同，所不同的是将注水加压系统改为注气加压系统，见图 4-10。

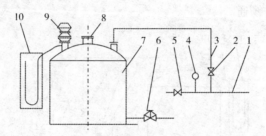

图 4-10 油罐气压整形工艺系统示意图
1—供气管(连气源)；2—稳压阀；3—加压气管；4—压力表；5—卸压阀；
6—进出油阀；7—油罐；8—采光孔；9—呼吸阀；10—U 形压力计

气压整形法有三种不同做法：其一是罐内加水垫层送气增压整形，即注水至油罐安全高度的 2/3，送压缩空气进罐，使罐内气体空间增压整形；其二是罐内不加水垫层，直接送压缩空气入罐增压整形；其三是气压加人工整形，即人带木槌进罐，然后密封送压缩空气进罐增压，利用气压及人工敲击修复罐底鼓包和油罐下部圈板的内陷。其根据是"高压氧舱"病员要承受 0.117MPa 的压力；而油罐整形压力一般低于 0.07MPa。

气压整形三种做法的比较。罐内加水垫层送气增压整形比较安全，实际中应用较多。直接送气增压整形安全性较差，实际中应用较少。气压加人工整形，适用于罐底鼓包，油罐下部圈板内陷的特定条件，此法虽有成功的试验案例，但其安全性相对来说更差些。

气压整形同液压整形一样，整形过程也执行加压—声响—稳压，以及油罐复原后稳压的要求。

3. 注意事项

① 被整形油罐的隔离、清洗必须按动火作业的要求和程序进行，罐内和现场达到动火作业的安全卫生要求。

② 一般不允许用输油管注水加压。因为输油闸阀不易控制，一旦发生倒流，罐内出现负压可能造成更大的事故。

③ 加压整形时，一定要控制罐内压力上升速度，绝不能过快。升压速度通常应控制在 500~1000Pa/min，且应逐渐减慢上升速度。

④ 加压整形过程中，必须升压、稳压相间，不准发生声响后继续加压，以

防发生突变造成事故。

⑤ 整形过程中必须有专人观察,将时间、压力、温度以及罐底、罐顶、罐壁等有关参数变化情况详细记录,发现异常应立即停止加压,并采取措施。

⑥ 凡是经整形的油罐附件、连接短管、修复部位应进行严密性试验。

⑦ 气压加人工整形时,罐内照明应符合防火防爆的要求;规定罐内外联系的信号和方法;罐内人员应有适当的防护(主要是噪声);油罐下部人孔连接应采用快速方法等安全措施。

⑧ 整形结束后排水时,必须控制好流速,以防罐内出现负压再次吸瘪;最好的预防办法是打开罐顶采光孔。

⑨ 加压整形中,一般都会出现罐底翘起现象,正常情况下,卸压后或经过一段时间则可自行复原;如果出现不能复原的情况,可按"油罐底板变形修理"方法处理。

⑩ 加压整形油罐的最大压力宜控制在 7kPa 以下;从罐内加压整形的实践看,大多在 5Pa 以下就可复原,超过 7kPa 情况较少。

三、油罐翘底修理

由于罐内正压超限而发生罐底板边缘翘起的现象,同油罐吸瘪的现象一样普遍。

1. 罐底板边缘翘起的机理

由于油罐内正压力的作用,油罐底出现球形化趋势。当罐内充压,作用于罐顶向上的总压力,克服了罐顶、罐壁、附件和连接管线的重量,以及液体和罐底板边缘变形约束力,罐圈板上升,罐底板边缘上翘,当两力平衡时上翘停止,如图4-11所示。

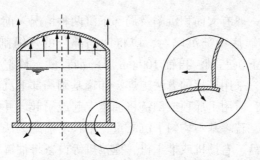

图 4-11 罐底板边缘上翘机理图

实践证明,油罐内充压,罐内液体及其传递的压力能阻止罐底板边缘上翘的观点应予以澄清。如某炼油厂向 400m³ 罐内泵送不合格热油品过程中,将罐壁侧下的 4 个 φ20mm 的锚栓拔脱,罐底板边缘上翘 227mm,分析原因是泵送油时,罐顶直径 135mm 的排气管不能充分排气,使罐内充压,作用于罐顶的总压力克服了罐顶、罐壁、附件的总质量(8.52t)及固定锚栓等约束力而发生罐底板边缘上翘，造成油罐破坏。

2. 油罐翘底的修复方法

当罐内超压出现罐底板边缘翘起，严重的罐壁与罐底连接焊缝开裂而与底板分离，罐壁和底板接缝严重变形等；不严重的罐壁与罐底连接焊缝裂开而未与底板分离，罐壁和底板接缝有轻微变形等；还有一种情况是罐底板翘起，罐内卸压后恢复原状，或者虽未复原但焊缝完好。

① 严重情况时应分析钢板是弹性变形，还是塑性变形。若是弹性变形可用机械整形、焊修或加固即可；无法用机械整形、焊修加固时，应将变形钢板割掉换板。若是塑性变形有时必须将变形部分割掉换板。

② 发生不严重情况时，整修变形部分焊修裂缝，必要时进行加固。

③ 罐底板边缘翘起后复原或未复原时，应检查焊缝有无裂纹，并根据情况加以焊修。未复原部分可用高标号水泥砂浆填塞处理，以防运行中进一步变形时可能出现的焊缝开裂。

3. 注意事项

① 动火焊修时必须严格执行动火作业的一切规定和要求。

② 更换的钢板型号应与原钢板型号相同，其机械性能应符合质量标准。

③ 凡是经整形、焊修的部位都必须进行严密性试验，必要时应进行整体检验或整体强度试验。

④ 用高标号水泥砂浆填塞翘起部分时，应将杂物清除干净，可能时还应除锈涂漆，填塞应密实并采取防水措施。

四、油罐底板变形修理

油罐基础沉陷一般有大面积沉陷及局部下沉两种情况。前者易造成凹陷，后者易产生倾斜。如罐底中部沉陷时，应将凹陷部分的焊缝割开去除，采取挖、填、夯的方法处理下沉基础，再铺100mm厚的沥青砂。校整变形钢板，无法校整的钢板应予更换，采用搭接的方法施焊。如罐基础局部下沉或圈梁罐基断裂局部下沉，油罐倾斜，应用千斤顶或倒链将油罐支起或吊起，并固定牢靠。基础处理后再把油罐放下，若罐基不均匀下沉严重，不移动油罐无法处理时，视油罐大小，可采用人工绞盘、卷扬机或推土机、拖拉机等设备将油罐移位，或者采取水漂浮法移位，重新构筑基础或整修后，再将油罐复位。

五、内浮顶油罐倾斜修复

若油罐基础设计不当或施工质量差，易造成油罐建成试水(或投用)后基础不均匀下沉，严重者会影响油罐的正常运行。对于环舱式内浮顶油罐(图4-12)

极易造成内浮盘卡死或沉盘事故,罐体也随之倾斜。对于这样的倾斜油罐宜采用以下步骤和方法进行矫正处理。

1. 准备工作

矫正前应准备好电焊机、火焊架、千斤顶、枕木、槽钢、钢板、喷砂机、细砂机等设备工具。对施工现场应清除罐内积水、断开与油罐相连的出入口管道、断开油罐防静电接地线、拆下油罐消防设备(施)、做好周围设备设施的防火防爆措施。

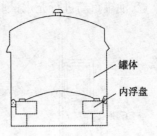

图4-12 环舱式内浮顶油罐

2. 修复过程和方法

由于环舱式内浮盘坐在罐底上,为防止在支承罐体时罐底受力太大而造成罐体和罐底变形,可采取如下措施:

① 在油罐基础沉降量较大一侧用千斤顶将浮盘船舱支起,在罐底浮盘支腿处,切割一个略大于支腿外径的圆洞,让支腿先落在原基础上,使浮盘不随罐体一起升降,见图4-13。

② 罐壁外底圈板距罐底400mm处打一道支撑横梁,用钢托架将其固定在罐壁上,见图4-14。

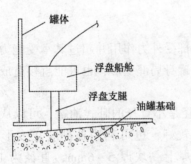

图4-13 浮盘支腿落到罐基础上

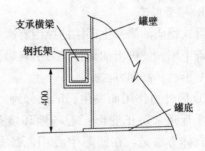

图4-14 支承横梁用钢托架固定

③ 在支承横梁下等间距摆放千斤顶,千斤顶下垫枕木支在基础面上,见图4-15,用千斤顶缓缓将罐体顶起,使罐壁在8个方位都符合规范标准;然后,用喷砂机将细砂喷到罐底与基础的间隙处,砂子必须喷满;最后,在外圈灌注细混凝土灰浆。

④ 罐体调整垂直后,再修补罐底,用数个千斤顶将浮盘一边顶起,用厚14mm钢板补焊罐底切割的圆洞,见图4-16。

⑤ 调整导向管的垂直度。

⑥ 罐底补焊处用真空箱法做严密性试验,试验压力为-53kPa,无渗漏为合格。

⑦ 油罐重新进行充水试验，按坚实地基基础进行充水观测。

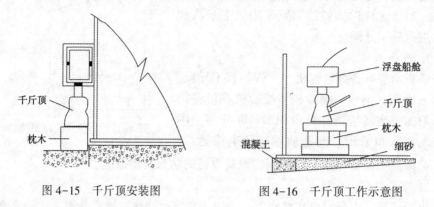

图 4-15　千斤顶安装图　　　　图 4-16　千斤顶工作示意图

六、卧式油罐变形修理

卧式钢质油罐在运输、安装、使用过程中会受到外力的作用，当外力的作用超过一定限度时，就会发生变形。卧式钢质油罐的变形有凹陷、折皱等。

卧式钢质油罐发生变形后，可通过矫正来修理，也可通过切除发生变形的部分并焊上长 1000mm 以上的新钢板来处理。

1. 罐壁凹陷

卧式钢质油罐发生凹陷的原因有罐身局部受外力作用并超过其承受能力；油罐基础下陷，使进出油短管受力引起罐顶或罐身局部变形，也可能直接造成罐体局部变形。其修理方法是：

① 因外力作用而发生凹陷的修理。罐径是小直径的卧式油罐，可以从油罐内用千斤顶来矫正变形；若场地环境条件较好，也可利用外部矫正变形的办法。具体方法是：在凹陷中心用断续焊，焊上一块厚 5~6mm，直径为 150~200mm 的钢板，再在该钢板上焊一个用角钢制作的拉钩，在上面系上一根钢丝绳，在变形周围的折棱附近加热烘烤，采用适当的牵引机械（卷扬帆等）缓慢拉出。然后，从油罐里面的矫正的部位横向装上角钢，角钢的弯曲半径必须与罐体弯曲半径相同，其长度约较凹陷大 400~500mm。角钢用 100~300mm 的断续焊缝施焊。

② 因油罐基础下陷造成进出油管等连接部位的局部变形，可先松开油管，利用千斤顶来矫正变形，矫正结束后，重新改变连接油管。如果有必要，可以改变油管的长度。

当利用千斤顶从罐内矫正变形时，要对支撑点采取必要的辅助保护措施，避免产生新的变形。矫正完毕后，应仔细检查一遍有过凹陷部位的金属是否有裂缝，若已产生裂缝，必须更换该部位的钢板。

2. 罐壁折皱

卧式钢质油罐的折皱，主要是发生于油罐内部出现真空，外部受到外压力作用的情况下，其中罐内部出现真空是主要原因，埋地使用的卧式罐尤其明显。另外，罐体钢板有气泡、夹层、夹灰等冶炼轧制时的缺陷，油罐局部被腐蚀，外力载荷超过设计要求等，也是造成油罐折皱甚至被破坏的原因。

罐身发生整块钢板径向折皱时，应将整块钢板切除，用同质量、同规格钢板焊补。对于其他方向的折皱，轻微的可进行矫正整形，方法同罐壁凹陷的矫正方法。严重的可视情况更换钢板或申请报废。对于大面积吸瘪油罐，可参照立式钢质油罐液压整形法修理。

七、油罐倾斜修理

油罐在长时间运行后，可能会发生水平或垂直方向偏差，无论在哪一个方向倾斜超过了允许值，都应对油罐倾斜进行校正。

选择油罐基础倾斜校正方法应根据油罐形式、容量大小、土质情况、施工方法及产生倾斜原因等条件进行。对于中小型油罐基础，发生倾斜或差异沉降超过容许值，应根据不同情况，采用顶升法来进行校正与修复（此法费用较高，技术难度也较大）；当油罐基础产生局部不均匀沉降时，可采用吹入法进行校正与修复；大型油罐基础出现倾斜时，宜采用气垫船法进行校正。无条件采用气垫船方法进行校正时，可采用半圆周挖沟法校正（此法是简单易行、造价低廉的一种方法）。常用校正油罐倾斜的方法有以下几种。

1. 顶升法

用顶升法校正油罐基础倾斜有下列四种顶升形式，见图 4-17，根据不同情况选择适用的方法。

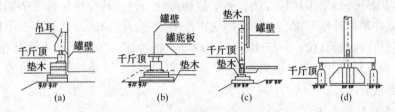

图 4-17 顶升法校正油罐倾斜的四种形式

按照方案设计用数个千斤顶将油罐整体顶起，然后加固修平基础，再将罐体放到原基础上。当油罐直径较大，罐底板很薄（$d = 4 \sim 6 mm$）时，将产生较大挠度。把罐底全部顶起，施工难度较大，应采取相应措施，见表 4-6。

表 4-6 顶升法校正的类型和技术要求

校正方法与程序		基础形式	沉降形状	油罐容积	修整范围	罐体修整内容
整体校正	方案设计与准备	适用于各种形式基础	基础整体沉降后的校正	没有特别限制	全面整修基础	根据方案补强油罐,1000m³ 以下油罐可不补强
	放空清洗油罐					
	油罐补强、安装吊耳					
	吊起油罐					
	修整地基					
	将油罐放回基础					
局部校正	方案设计与准备	适用于各种形式基础	基础局部沉降	没有特别限制	基础、罐壁、底板变形比较显著的部分	根据方案补强油罐,1000m³ 以下油罐可不补强
	放空清洗油罐					
	油罐补强、安装吊耳					
	根据整修规模吊起底板					
	局部整修基础					
	将吊起部分放回					

2. 吹入法

由于油罐基础不均匀沉降,使油罐底板边缘沉降,可采用吹入法校正油罐周边不均匀沉降,施工要点见图 4-18。

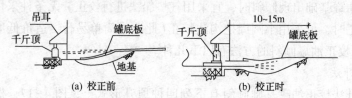

图 4-18 吹入法校正罐周边不均匀沉降要点

3. 气垫船法

目前国外开始采用这种方法,属于位移法的一种。其特点是将气垫船像围裙一样套箍在油罐外壁下部,在围裙内送进压缩空气,使油罐浮升起来,不用费多大力气就可将油罐移位。一座 10000~30000m³ 的油罐,如果用老办法移位校正,需要 30~45 天,用气垫船法只要 2~3 天就可以完成。这是一种十分有效又迅速的校正方法。

4. 半圆周挖沟法

根据工程的特点,利用油罐环形基础刚性较好的条件,采用半圆周挖沟法校正油罐整体倾斜可取得较好效果。这种方法的要点是根据油罐基础下土质情况和罐体倾斜方向来决定挖沟的位置、长度和深度,再辅以抽水进行倾斜校正。

第六节　油罐动火修理安全措施

动火修理是在爆炸危险场所的有限空间内实施动火作业,做好充分准备工作,是保证安全的前提。

一、一般要求

(1) 油罐修理工程的施工安全要求,应严格遵守 GB 50484—2008《石油化工建设工程施工安全技术规范》的有关规定。

(2) 建立健全安全保证体系和安全责任制,各单位主要负责人,应是本单位安全施工的第一责任人,全面负责本单位的施工安全管理工作。

(3) 必须认真贯彻执行安全施工的法令、法规。安全施工负责人必须严守岗位职责,并对进入施工现场的人员进行施工用火、职业卫生、劳动安全卫生和环境保护等方面的教育培训。施工前,必须向全体施工人员进行安全技术交底,并做好记录。

(4) 建设单位、施工单位应建立健全安全检查工作制度,并设现场安全员。按岗位责任制,查思想、查纪律、查隐患、查违章。

(5) 建设单位应与施工单位签订安全协议。发生事故时,应按事故管理制度逐级上报,不得瞒报、谎报或迟报。

(6) 施工单位应制定施工应急救援预案。配备应急救援人员和必要的应急救援器材及设备。

(7) 进入石油库施工现场人员,必须按要求穿着工作服、佩戴安全帽,以及防烫(烧)伤、防中毒等劳动防护用品。

(8) 易燃、易爆和有毒材料,应存放在指定的专用库房内,并应指定专人负责。

(9) 油罐清洗和防腐时,应严格遵守相关作业安全规程和规定。

(10) 在爆炸危险场所施工用的电气设备及其接线,必须符合防火、防爆、防漏电等方面的安全要求,并在每次通电前对其进行全面复查,如不合格,不得进行通电作业。

(11) 悬挂灯具必须固定牢靠,并应有防碰撞、防掉落的保护措施。

(12) 施工产生的含油、污水,必须进行收集和处理,严禁随地排放。

(13) 清理出的基础沥青砂及污物,应边清边运走,堆放在指定的安全地点。

(14) 在可燃等有害气体密闭环境施工时,必须采取机械通风措施。洞库和覆土油罐应采用正压通风方式。

二、洞库防火隔离

(1) 对储存有汽油、喷气燃料、柴油等甲、乙类油品的洞库油罐进行改造时，必须采取相应的防火隔离措施。

（2）当需要对洞内全部油罐或多数油罐进行换底时，应将同一洞内的所有油罐腾空清洗，并达到施工用火条件。其洞内管线应做隔离或充水。

（3）当需要对洞内个别油罐进行换底，且其他油罐确属受条件等因素限制不能完全满足腾空和用火条件时，应将不满足用火要求的罐室支引道以及通往这些罐室支引道的管沟、通风沟、通风口等可能使可燃气体散发到施工活动区域的孔洞、管口等进行封闭，并在每天间隔施工前各全面检查一次，发现隐患应及时采取措施。

（4）罐室支引道、管沟和通风沟的隔离，应采用砖砌封闭隔墙，墙的厚度不得小于240mm，砌筑砂浆（可用黄泥）必须饱满，面向施工活动区域侧的墙面应勾缝和抹面。

三、动火注意事项

（1）在库区内用火或进行可能产生火花的作业时，清除动火点周围最小半径15m范围内的井（沟）、电缆沟等处的易燃物，并应严格遵守石油库用火安全管理规定，且必须在批准的用火期限内用火。

（2）用火应在可燃气体浓度低于爆炸下限4%的环境下进行，高于4%时必须停止作业。

（3）用火时的可燃气体浓度检测，应符合下列规定：

① 应在人员每天进入危险环境前进行，并应伴随人员在场的全过程；

② 必须采用2台同型号、同规格的可燃气体测定仪同步进行检测，同一个部位应以较大一组检测数据为结果；

③ 当2台仪器所测结果差别较大时，应重新标定后再检测；

④ 检测应按由外及里的原则，对容易积聚可燃气体的人员活动区和低凹部位应做重点检测；

⑤ 在旧底板切割、焊接、基础清理和修补过程中，其罐内及罐室的检测间隔不得超过20min，其他可能积聚或散发可燃气体的部位不应超过1h；

⑥ 检测应有专人负责，每次检测应有记录，内容应包括：检测日期与时间、检测部位、用火施工性质、检测结果、检测人等。

（4）与用火油罐连接的管道及影响施工安全的电气、仪表线路应断开，与主管道连通侧的管口必须用盲板严密封堵，不得采取关闭阀门代替盲板封堵。

（5）高处2m以上动火时，必须采取防止火花飞溅的技术措施，根据风力和风向设置适当的挡堵设施。

（6）焊接时的电焊回路线应与被焊物件可靠连接，把线（接入焊枪电源线）及二次线绝缘必须完好，严禁通过其他设备间接搭火。

(7) 旧罐底拆除时，应有相应的防火措施。在没有确认罐底是否存在漏油时，必须采用冷切法（即：边切边向切点不停顿地充水冷却）或采用电钻边钻边冷却。

(8) 每块底板拆除后，暴露的含油污物，必须及时进行清除。

(9) 地上油罐和覆土油罐换底改造时，距其用火点 30m 范围内的甲、乙、丙$_A$ 类油品储罐应腾空、清洗并充水；距用火点 20m 范围内可能积聚可燃气体的排水井、地沟、电缆沟等应采取封闭措施。

(10) 熬炼沥青等有明火的锅灶，应设置在安全和通风处，上方不得有架空电线，并应有防雨水和防火等措施。

第七节　油罐局部修理检查验收

油罐局部修理完成后必须组织检查验收，检验方法以现场检查、仪器仪表检测为主，主要内容为作业记录、检测检验资料、施工现场，并填写相应表格。焊缝根据要求做必要的强度试验、无损勘伤检查。焊缝表面存在的缺陷检查可借助 5~10 倍放大镜、测厚仪检测，蚀坑深度用带测深千分卡尺检测。

一、基本要求

油罐局部修理完成后，组织工程竣工验收时，应符合下列基本要求：

(1) 竣工验收应在建设单位对总体施工质量进行初验合格，并具备竣工验收条件的基础上进行；

(2) 竣工验收应由上级业务主管部门主持，建设单位具体实施，设计、质检、施工等有关部门参加；

(3) 竣工验收应以工程建设的各审批文件、设计文件和相关现行国家标准为依据；

(4) 竣工验收应对现场油罐安装工程、防腐工程，以及施工技术资料和初验整改情况等进行全面核查和评议；

(5) 对竣工验收中提出的质量问题，建设单位、施工单位应指定专人做好记录和汇总，并对施工单位提出限定整改完成时间；

(6) 竣工验收应对工程建设做出客观的评价，并以验收会议纪要或竣工验收书的文件形式作为工程竣工验收的结论。

二、质量检验

1. 不动火修理质量检验

① 所用材料及配比必须符合设计或方案规定；

② 检验施工记录和签证；

③ 表层不允许有裂纹、气泡、折皱；

④ 所有修理部位在检验和总体试验合格前，严禁涂刷油漆。

2. 动火修理质量检验

（1）所有焊缝在检验和总体试验合格前，严禁涂刷油漆。

（2）全部焊缝应进行外观检验，并符合下列规定：

① 焊缝的表面质量应符合 GB 50236—2011《现场设备、工业管道焊接工程施工规范》中规定的焊缝表面质量中Ⅲ、Ⅳ级焊缝的标准；

② 焊缝表面及热影响区不允许有裂纹；

③ 焊缝表面不允许有气孔、夹渣、弧坑、熔合性飞溅物等缺陷；

④ 对接接头焊缝咬边深度应小于 0.5mm，长度不应大于焊缝总长度的 10%，且每段咬边连续长度应小于 100mm；

⑤ 对接焊缝表面加强高度不应大于焊缝宽度的 0.2 倍加 1mm，但高度不超过 5mm；

⑥ 对接焊缝表面凹陷深度：板厚 4~6mm 时不应大于 0.8mm，板厚 6mm 以上时应小于 1mm，长度不应大于焊缝全长的 10%，但每段凹陷连续长度应小于 100mm；

⑦ 角焊缝的焊脚尺寸应符合设计规定，外形应平滑过渡，其咬边深度应不大于 0.5mm。

（3）油罐焊缝探伤应符合《钢质油罐焊缝超声波探伤》的要求。

（4）罐壁对接焊缝射线（或超声波）探伤检查数量见表 4-7。

表 4-7　罐壁对接焊缝射线（或超声波）探伤检查数量

检查项目			底圈板厚 $S \leqslant 10$	底圈板厚 $10 < S \leqslant 25$	底圈板厚 $S > 25$
纵焊缝	基本检查数量		对于每一焊工的每种形式和板厚的焊缝，在最初 3m 的任意位置取一个拍片部位。以后对于每种形式和板厚的焊缝，从每 30m 焊缝及其所余的部分内任意取一个拍片部位（每座罐至少两处），应位于纵、环缝交叉点上		
	补充检查数量	底圈	全部纵焊缝中任取 1 点拍片	全部纵焊缝中任取 2 点拍片，其中一点应尽量靠近底板	纵焊缝 100%（全长）拍片
		其他各圈		全部纵焊缝中任取 1 点拍片，全部 T 形焊缝处拍片	
横焊缝			对于每一焊工的每种形式和板厚的焊缝，在最初 3m 的任意位置取 1 个拍片部位，以后对于每种形式和板厚的焊缝，从每 30m 焊缝及其所余的部分内任意取 1 个拍片部位		

注：1. T 形焊缝系指罐壁环焊缝上、下两侧的罐壁纵焊缝与环焊缝相交处，T 形焊缝拍片时以纵缝为主；

2. 每个拍片点所拍底片最小有效长度不得小于 200mm；

3. 线探伤的一个拍片点，相当于超声波探伤焊缝长度 300mm。

(5) 公称容积等于或大于 5000m³ 的储罐壁与弓形边缘板的 T 形角焊缝，焊完后应对其内侧角焊缝进行磁粉探伤，罐体总体试验后再次探伤。

(6) 弓形边缘板对接焊缝在焊完第一层后，应进行渗透探伤，在全部焊完后，应进行磁粉探伤。

(7) 上述焊缝的无损探伤位置，应由质量检查员在现场确定。

3. 油罐充水检验

油罐局部修理完毕后，应针对修理项目的具体内容和实际情况，按照 GB 50128—2014《立式圆筒型钢制焊接储罐施工及验收规范》明确的充水条件、试验方法和要求进行充水试验，检验如下内容：

① 油罐基础沉降；
② 油罐顶板强度、稳定性及其严密性；
③ 油罐壁板强度、稳定性及其严密性；
④ 内浮顶浮盘强度、严密性及升降情况。

在进行充水试验前，应打开罐顶采光孔，水温不能低于 5℃。在进行充水试验过程中，要始终在人员监视下进行，容积大于 3000m³ 的油罐，充水速度不宜超过以下规定：油罐下部 1/3 为 400mm/h，中部为 300mm/h，上部 1/3 为 200mm/h，并检查罐体有无变形和渗漏。充水高度为设计操作液位高度，充水到操作液位后，维持 48h，无渗漏和变形，视为合格。充水中如发现罐底渗漏，应立即停止充水，将水排掉，修复后，重新充水试验；如发现罐壁渗漏，应停止充水，把水降至渗漏点以下，修复后继续进行。放水时，宜采用自流排水，排水口必须远离油罐基础；拱顶油罐放水时，必须打开罐顶采光孔。

4. 油罐严密性检查

① 严密性检验前应清除罐内一切杂物，除净焊缝上的熔渣和铁锈，并进行外观检查；

② 底板严密性检验采用真空检漏法进行检查，真空箱内真空度应不小于 53kPa；

③ 壁板严密性检验，对焊缝采取喷射煤油检漏法，其压力为 98kPa；搭接焊缝采用注入煤油检漏法，其压力 392kPa；

④ 顶板严密性检验，一般在充水检验时进行，其压力为油罐压力的 1.2～1.25 倍。如油罐设计压力为 1.96kPa 时，检验压力为 2.35～2.45kPa；

⑤ 对已发现的焊缝缺陷应铲除补焊，并应重新检漏。

三、验收准备

(1) 清理施工作业现场，清洁修理油罐。
(2) 整理施工技术资料，准备检测工具，绘制验收表格。

四、检查验收内容

（1）检查施工记录，核对施工签证、质量检测资料。
（2）检查的主要内容。主要包括：
① 罐内与油罐本身无关的物品是否清除；
② 油罐附件是否检修、保养、试压、检测，质量是否合格；
③ 输油管、呼吸管、通风管的隔离封堵是否拆除，接地系统是否恢复原状；
④ 油罐呼吸管道清扫口内的沉积物是否清理；
⑤ 各种施工记录、作业证、技术资料是否齐全。
（3）检测评定质量等级，填写质量检验资料。主要包括：
① 局部修理质量检验表；
② 油罐局部修理改造交工验收证明书；
③ 油罐基础沥青砂垫层检查验收记录；
④ 焊缝射线检测报告；
⑤ 焊缝射线检测记录；
⑥ 焊缝射线检测报告；
⑦ 焊缝渗透检测报告；
⑧ 罐壁高度与垂直度复测检查记录；
⑨ 罐体强度及严密性试验报告；
⑩ 焊缝返修记录；
⑪ 油罐、管道防雷防静电接地检测记录。

五、资料要求

竣工验收时，施工单位应提交下列资料：
① 竣工图(包括罐底排板图)；
② 设计修改文件；
③ 施工设计文件；
④ 合格焊工登记表；
⑤ 材料、阀门及管件等质量合格证书或检验报告；
⑥ 油罐基础沥青砂垫层检查验收记录；
⑦ 隐蔽工程记录；
⑧ 无损检验记录；
⑨ 罐壁高度与垂直度复测检查记录；
⑩ 强度及严密性试验记录；
⑪ 焊缝返修记录；

⑫ 油罐与管道防雷防静电接地测试记录；
⑬ 防腐工程施工质量检查记录；
⑭ 阀门/金属软管试验记录；
⑮ 焊缝探伤和测厚等记录以及所用金属、电焊条等质量合格证。
⑯ 其他与工程有关的文件、资料。

六、交接手续

（1）检查合格后，在技术人员的监督下，安装采光孔、人孔盖等，复查油罐附件的技术状况，清理周围杂物，并作好记录。

（2）移交各种施工记录、技术资料。

（3）将各种施工记录、技术资料、质量评定、竣工验收报告、修理作业总结等装订，并归档。

第八节 油罐局部修理实例

【实例1】

某单位10000m³储油罐是1973年建成投产的，1995年11月24日，在进油过程中，储罐下部第一圈钢板竖向出现两处焊缝开裂，一处长约1200mm、宽5mm，另一处长约200mm、宽2mm。在当时的情况下，如果采用清罐补焊，一是时间紧，工作量大，周期长，且已进入冬季，清罐有一定的难度，给修补工作带来一定的困难；二是费用大，约需清罐费用5~8万元。在这种情况下，采用"粘接法"堵漏，仅用2h修补成功。

"粘接法"堵漏的工作原理就是采用高分子材料研制成的新型材料，利用"先堵后补"的粘接原理，并采用电焊钢板做最后的加固。采用此工艺技术，具有费用低、速度快、简便、安全可靠、施工周期短等优点。

"粘接法"堵漏，可在系统泄漏压力不高于0.27MPa、介质温度在100℃以内的情况下，采用边堵漏边粘接的方式进行。粘接后储罐能在28MPa、100℃以内或2.5MPa、250℃以内的情况下长期、可靠地工作。粘接法堵漏的工艺过程如下：

（1）止漏：找出泄漏点，清除表面污物，根据漏点大小、泄漏介质、温度、压力和漏点的部位与形状，取适量胶棒，按漏点(缝)形状由上而下、由外向里地强行止漏。

（2）表面处理：清除漏点四周油漆、锈迹，并使表面有适宜的粗糙度，再用丙酮清洗处理，以获得清洁、干燥的待粘表面。

（3）调胶：根据储罐的材质、泄漏介质、部位和温度、压力，选用适宜的补强材料。

(4) 涂胶：先将调好的胶涂于被粘表面，要做到均匀无气泡，然后将补强材料均匀、平贴在胶层上，其厚度一般为 1.0~2.0mm。

(5) 固化：视情况可选用常温固化或加温固化，若选用加温固化，不宜使用明火加温。

(6) 检验：胶层固化后检验合格，可用砂纸将胶层表面打磨光滑并喷油漆。

(7) 加固处理：为使泄漏处更为坚固，可以在储罐进油超过泄漏处后，造成缺氧的条件下，采用电焊钢板加固处理(动火处理必须执行有关安全管理规定)。

【实例2】

成品油金属储罐发生渗漏将会直接危及储存安全。若进行空罐修理，工作量大，费用高。用耐油堵漏剂直接封堵，虽然是一种经济的方法，但成功率很低，原因是堵漏时储罐外表面一直有油渗出，因而容易形成堵漏夹层(假堵)。尽管不能完全排除堵漏剂的配比问题，但使用合适的堵漏方法很重要。下面介绍一种修复大型油罐渗漏的"二次堵漏法"。

(1) 首先找到渗漏孔(缝)，然后除去这些部位的防腐层。

(2) 准备一根长50mm、直径5mm的耐油软管(医用一次性输液管即可)。

(3) 按比例配好堵漏剂(901黏合剂或环氧树脂堵漏剂)，使其逐渐变稠。

(4) 用丙酮清洗渗油孔四周，待丙酮挥发净后，立即将堵漏剂涂在渗漏孔周围，使其形成"井台"状，切勿涂在孔上。然后将软管自"井台"插入"井眼"(漏油孔)，目的是让渗出的油流入软管。接下来按压1min，待堵漏剂固化后，再配上一些上述堵漏剂，并将其涂在软管根部，使软管与油罐紧密黏合在一起。24h后，用细铁丝将软管扎住，然后再用堵漏剂将漏油孔处和软管一起覆盖住。

某公司1990年以来，采用"二次堵漏法"对存储有汽油、喷气燃料、柴油($3000m^3$)和润滑油($500m^3$)的金属油罐进行了堵漏，效果极佳，成功率达100%。实践证明，"二次堵漏法"对封堵金属油罐的渗漏实用性强，成功率高。

【实例3】

铜质油罐外壁常年与雨水、砂土、紫外线、潮气及有害气体接触造成腐蚀。罐内油品中含硫化物、无机盐、挥发酚等引起不同的腐蚀反应，使罐壁形成腐蚀穿孔，造成油品渗漏，严重影响安全。

1. 确定修补油罐施工方案

(1) 单个漏孔

对于油罐罐壁钢板及钢板焊缝因腐蚀造成的穿孔现象，修理应根据实际情况，采用相应的修理措施进行修补，漏孔面积为$20mm^2$内，应采用抹环氧树脂胶泥方法进行修补；漏孔面积为$20mm^2$以上，应采用与罐壁相同材质的钢板进行补焊。

(2) 片状漏孔

对于油罐罐壁形成的片状漏孔应采取环氧树脂胶泥抹堵洞眼后找平，刷胶液贴玻璃布方法进行修补。

2. 施工方法及施工顺序

(1) 抹环氧树脂修理法

① 抹环氧树脂胶泥前先对漏孔部位进行表面处理，可用钢丝刷及砂纸打磨除锈干净。

② 环氧树脂胶泥按比例进行配制，其比例为：6101 环氧树脂 100%，邻苯二甲酸二丁酯 10%，丙酮 15%，乙二胺 6%，钛白粉 200%（均以 6101 环氧树脂为基数）。

③ 胶泥配制应按比例称量操作，特别是乙二胺（固化剂）等加入量必须准确。

④ 胶泥混合可用机械或人工搅拌，且必须充分，以保证混合物均匀，每次配制量不超过 2kg，配制后 30min 用完。

⑤ 配制的胶泥要均匀，稠度要符合施工要求，无气孔，无余灰。

⑥ 配制好的胶泥应用灰刀等工具涂抹在漏孔处，涂抹表面要求平整、饱满。

(2) 刷胶液贴玻璃布补法

玻璃布最好为已经偶联处理过的无捻玻璃纤维布。其修复工序：倒空罐—表面处理（喷砂或电动刷处理露出金属本色）—腻子抹堵洞眼后找平—刷胶液—贴玻璃布—刷胶—贴玻璃布—刷胶—刷胶。施工中需注意：一是罐内必须无油品残留物；二是表面处理时要采取安全防爆措施；三是固化剂在涂前加入，加入过程为不断搅拌下逐步加入；四是罐内壁衬贴 4~6 道，外壁衬贴 2~3 道。

第五章
油罐清洗修理工程施工作业安全管理

油料的"蒸发性、燃烧性、爆炸性、带电性、膨胀性、流动性、漂浮性、渗透性、热波性和毒害性"等特性，决定了在石油库进行的油罐清洗修理作业，以及紧随其后的除锈涂装后续作业，将是在爆炸危险场所实施的高风险作业，很容易发生着火爆炸、窒息中毒、高空坠落伤亡等事故。加强作业安全管理、确保施工安全有序进行是刻不容缓的一项重要任务，相关石油库安全管理规定也明确，油罐清洗修理及除锈涂装工程施工作业和爆炸危险环境动火作业同属于一级风险作业，其潜在危险性很大，必须加强作业安全管控和施工管理，确保施工过程安全无事故。

油罐的清洗修理与除锈涂装在逻辑上和操作上都是连贯的作业过程，为了不至于将两者的安全管理内容截然分开，也为了便于读者系统地了解掌握安全管理要求，下面将油罐清洗修理与除锈涂装工程施工作业的安全管理内容，融合到一块进行介绍。

第一节 油罐清洗修理工程施工作业危险因素分析

油罐的清洗修理及除锈涂装工程施工作业是一项高危作业，确保安全是顺利完成施工作业的重要保证。在用油罐是储备易燃或可燃液体的容器，处于爆炸危险环境，多数防腐材料又具有着火爆炸危险性和毒性，油罐清洗修理及除锈涂装工程施工是在有限空间内实施罐内的油料清洗、局部动火修理、罐壁除锈和涂装等作业，在施工过程中要进行临时用火用电作业、进入有限空间作业和物资运输作业。作业环境复杂，施工情况多变，涉及环节多，工序衔接多，连续性作业要求高，施工环境恶劣，施工条件苛刻，安全隐患多。对施工组织管理、安全技术、劳动保护和防止环境污染等要求高，施工管理及质量控制难度大，任何一个环节出现疏漏，都会带来安全隐患，造成不必要的损失。

危险因素是事故发生的前提，是事故发生过程中能量与物质释放的主体。油罐清洗修理及除锈涂装施工作业属于危险作业，因此，系统分析危险因素，有效控制危险因素，针对问题采取有效防范措施，对于确保作业人员的安全健康，保证安全顺利作业具有重要意义。具体危险因素分析如下：

一、中毒窒息

石油库进行油罐清洗修理及除锈涂装作业过程中，对成品油罐来讲，接触的油罐主要以盛装汽油和柴油两大类油品为主，当然也可能有储存航空燃料、锅炉燃料、润滑油等的油罐。汽油中含有芳香烃和不饱和烃，柴油以烷烃为主，二者对施工人员来说均有毒害性，因其化学结构、蒸发速度和所含添加剂性质、加入量的不同而毒性有所不同。不饱和烃、芳香烃的毒害性比烷烃大；易蒸发的油品毒害性比不易蒸发的大。汽油的蒸发性比柴油好。汽油的毒害性比柴油大。这些有毒物质主要是通过呼吸道、消化道和皮肤侵入人体，造成人身中毒，对身体健康带来影响。因此，只要掌握各种油品的性质，采取必要的预防措施，油气中毒窒息事故是完全可以避免的。

一般而言，有机物的相对分子质量越小，其沸点越低，越容易挥发。成品油通常是C_4以上的烷烃、烯烃、环烷烃、芳香烃等。此外还有涂料、稀释剂、清洗剂中含有一些特殊介质，这些介质的共性是有毒、易挥发、扩散，一旦侵入肌体极易造成人身伤害。

油蒸气属于低毒性物质，它可使人体器官产生不同程度的慢性或急性中毒。当空气中油蒸汽含量为0.28%时，身处这样的环境中12~14min，人就会感到头昏；达到1.13%~2.22%时，会发生急性中毒，使人难以支撑；达到350mg/m³时，就会失去知觉。慢性中毒的结果会使人患慢性病，产生头昏、疲倦、嗜睡等病症。若皮肤经常与油料接触，会产生脱脂、干燥、裂口、皮炎和局部神经麻木等症状。油料落入口腔、眼睛时，会使黏膜枯萎，严重时会出血。

轻质油料的毒性比重质油料的毒性小些，但轻质油料蒸发量大，往往使空气中的油蒸气含量较高，因而危害性更大。一般在将罐壁人孔盖打开清扫时，一些烃类蒸气将从罐内释放出来，现场的油气浓度通常超标（LEL）几倍甚至几十倍，特别是在打开透光孔、人孔等时，超标的油气可致中毒、窒息的风险更大。如果通风不彻底或未经化验分析、检测而进入罐中作业，更容易发生油气中毒或窒息事故。

在涂装作业过程中，使用的溶剂和某些填料、助剂、固化剂等都是严重危害作业人体的有害物质。例如，苯类、甲醇、甲醛等溶剂的挥发气体达到一定浓度时，对人体皮肤、中枢神经、造血器官、呼吸系统等都有侵袭、刺激和破坏作用。铅（烟、尘）、铬（尘）、粉尘、氧化锌（烟雾）、甲苯二异氰酸酯、有机胺类固化剂、煤焦沥青、氧化亚铜、有机锡等均为有害物质，若吸入体内容易引起急性或慢性中毒，促使皮肤或呼吸系统过敏。各种有害物质毒性不一样，表5-1是油罐涂装作业场所空气中主要有害物质最高允许浓度。为保证操作者身体健康，必须靠排气或换气，来使空气中的有害物质浓度低于最高允许浓度。

表 5-1 油罐涂装作业或生产场所空气中主要有害物质量最高允许浓度

物质名称(溶剂)	最高允许浓度/(mg/m³)	物质名称(涂料原料)	最高允许浓度/(mg/m³)
苯	50	乙醚	500
甲苯	100	环己酮	50
二甲苯	100	二硫化碳	10
丙酮	400	溶剂汽油	350
氧化锑	0.50	铅化物	0.20
镉化合物	0.10	汞化物	0.01
镉酸盐	0.10	二氧化钛	15.0
氧化铁	15.0	磷酸三苯酯	3
松香水	300	三乙胺	100
松节油	50	氧化锌	5
二氯乙烷	50	锰化物	0.2
三氯乙烷	50	环氧氯丙烷	1
氯苯	100	丙烯腈	45
溶剂石脑油	50	丙烯酸乙酯	100
甲醇	1500	甲醛	6
乙醇	200	乙二胺	30
丙醇	200	丙烯酸甲酯	35
丁醇	100	甲基苯乙烯	480
戊醇	100	苯酚	19
乙酸甲酯	200	甲苯二异氰酸甲苯	0.2
乙酸乙酯	200	二异氰酸甲苯	0.14
乙酸丁酯	100	苯乙烯	420
乙酸戊酯	25	吡啶	4
四氯化碳		涂料粉尘	10

二、着火爆炸

1. 油料本身具有易燃易爆特性

在清洗修理及除锈涂装工程施工过程中，特别是在打开油罐量油孔、人孔、采光孔时，大量油气溢出，同时周围空气也会进入罐中，此时在罐内外会形成混合性气体，浓度通常在爆炸极限之内，遇到点火源就可能引起着火爆炸。一方面，油料的挥发性较强，油蒸气易积聚飘移，扩散范围大；油蒸气的体积分数在爆炸极限范围内的可能性大。另一方面，油蒸气的引爆能量小，如汽油的最低点火能量仅为 0.2mJ，石油库中绝大多数的引爆源，如明火、电器设备点火源、静电火花放电、雷电等，所具有的能量都大于此数值。因此，如果清洗操作不当，极易引发火灾爆炸事故。

需要指出的是，油蒸气的易爆性还在于其燃烧能转为爆炸。当油罐内油蒸气的体积分数在爆炸极限范围以内时，如与火源接触随即就能发生爆炸。当油蒸气的体积分数高出爆炸极限的上限时，遇有火源，则先燃烧，当油蒸气的体积分数随着燃烧减少到爆炸极限范围内时，便可能转为爆炸。

2. 涂装中所用材料的爆炸特性

油罐涂装过程中使用的涂料、稀料、清洗剂也属于易燃、易爆物质，具有挥发性，挥发的蒸气与空气混合易达到爆炸浓度。如有机溶剂乙醇、甲醇等，遇到火源即能燃烧，并有可能发生爆炸。

3. 油罐清洗不净引起火灾

油料易燃易爆易挥发易流动，火灾爆炸危险性大，如果清洗不净，会留下火灾隐患。如留有油垢、油泥、铁锈等残渣，即使在动火前检测可燃气体浓度合格，在除锈动火时也可能因油垢、油泥和其他残渣受热分解出易燃气体，导致着火爆炸。

4. 施工场所存在引火源

油罐清洗修理及除锈涂装工程施工作业场所往往存在各种引火源，极易诱发事故。如照明灯具、通信器材、动力机械等电气设备引起的电气火花；使用铁质工具进行人工铲除作业时，摩擦撞击打出火花，以及管理不善的明火等。

5. 污物处置不当

进行油罐清洗作业时，使用过的沾有油料的棉纱、抹布、手套、木屑等易燃、自燃物，从油罐内清理出来的油污、油泥、锈渣等污物，清洗用过的废液中通常含有可燃成分，如果不及时妥善处理将会留下事故隐患。

三、静电危险

静电是一种自然现象，现有技术还不能防止其产生。但人们可以根据静电产生的途径及特点，积极采取相应的对策和措施，防止或减少静电带来的危害。油品带静电是由油品的特性决定的，根据双电层理论，油品在输送、灌装等作业中，因流动、过滤、喷射、冲击、搅拌、摇晃、飞溅、沉降等接触分离的相对运动中而产生静电。

在油罐进行清洗修理及除锈涂装工程施工作业过程中，静电引发着火爆炸事故时有发生,在各类事故中占有较大的比例,给人民生命财产带来了重大损失,必须引起高度重视,切实采取可行的办法,预防该类事故的发生。如上海某化工厂运销车间 3000m³ 的重柴油罐曾发生爆燃。油罐被掀起 50cm 左右,罐底变形,罐壁下端开裂,罐壁上端一处吸瘪,罐外消防水管拔断。事故是因清洗油罐时在油罐抽油完毕后,没有经过较长时间的通风换气,油气浓度达到爆炸极限,当用压力过大(1.013MPa)的蒸汽冲洗时,由于喷射过急,使放在人孔中的铁蒸汽管与人孔管口撞击摩擦,产生火花,引起爆燃。

静电危害如此之大,那么,静电是如何产生的呢?

一是油品输送产生静电。油品输送主要有运油、卸油、加油、倒罐等作业。在这些作业过程中,油罐车在行驶中晃动产生静电;输送油品中,油品通过油泵、管道、过滤器、管道附件、加油枪等设备设施时,流动摩擦产生静电。同时,油品在进入盛油容器时,由于自身摩擦、冲击、沉降也产生静电。实验表明,潜流式灌装产生静电少,喷溅式灌装产生静电多;油罐中的静电主要积聚在液面,不同形式的油罐静电在液面的分布也不同;汽车油罐车椭圆形油罐在 3/4 处静电荷积聚最多,电势最大;矩形油罐在 1/2 处静电荷积聚最多,电势最大。

针对油罐清洗施工作业,主要是从油罐顶部进行喷溅式注入清水,或使用高压水枪或喷射蒸汽冲洗罐壁时,因压力过高,喷射速度过快,容易产生静电。一旦静电放电现象发生,就会引燃油蒸气,造成着火爆炸事故。同时,利用输油管道代替清洗油罐用的进水管道时,管内剩油会被带入清洗罐内,将增加不安全因素。

二是人体活动产生静电。人体活动起电基本上属于不同固态介质的接触起电,也可受静电感应起电。另外,带电微粒吸附在人体上,也会使人体带电。在一定条件下,人体带电可达 4~5kV。人体活动产生静电的形式有两种:一种是人体自身活动时衣物等相互摩擦产生静电;另一种是人在工作过程中,与设备的接触及摩擦产生静电,如擦拭、清洗设备,靠近高电位体等。人体静电与人活动速率、人体对地电位、所穿衣料,以及周围环境有关。

由于人体在进行油罐清洗修理及除锈涂装过程中难免会产生静电,如果防范措施不当,很容易诱发人体静电放电,产生静电火花,引燃油蒸气。

三是感应产生静电。主要有雷电感应产生静电和其他形式的电磁感应产生静电。雷电感应是由于雷电放电时,在附近导体上产生静电感应,它可能产生静电放电或使金属部件间产生火花,从而引起着火爆炸事故的发生。其他形式的电磁感应主要指随着信息技术的发展和大量电器设备的投入使用,产生的各种形式的静电感应现象。

现在,基本上每个人都有智能手机,手机引发油气爆炸的案例时有报道,并呈上升趋势。加强施工人员的手机管理,进入施工场地前统一收缴保管手机,也是新时代下加强油罐清洗修理及除锈涂装作业安全管理的一项重要内容。

知道了静电的来源，那么静电产生、聚集的过程，也是危险逐步出现的时候。凡与静电产生、聚集有关的一切操作都可视为是危险源，要严加关注，在分析危险因素、进行安全风险评估时，这些潜在危险决不能放过。

四、污染环境

油罐清洗无论是用干洗法、湿洗法、蒸汽洗法还是化学洗法，都会产生一些含油污水，这些含油污水若不经处理，直接排入水体，会对水体造成不良影响，污染水资源。若直接用于农田灌溉，则会破坏土壤的物理化学性质，造成农作物减产，甚至死亡。从油罐内清理出来的废物，如油垢等易燃物，若不及时妥善处置，将会造成危险。清洗后的废液中常含有可燃成分，如果不加以处理排放，遇火源也会引起火灾。每个罐在清洗后都会有一定的油污、油泥、锈渣等污物，沾油的抹布、拖布，以及干洗法所产生的沾污油锯末等，随意处置或处置不当会造成环境污染或留下事故隐患。

清洗后的含油污水不可随意排入下水系统，也不能随意排出库外进入水体或大地，应从油罐排污孔排至通往隔油池或相应的污油回收设施的专门下水道内，或通过污水管进入污水泵房，经隔油处理后送入污水处理厂。每个罐在清洗后都会有一定的油污、锈蚀杂渣，以及清洗时使用的锯末、抹布、手套等污染物，必须及时运出罐区，运送到安全的位置加以有效处理，杜绝二次污染的发生。在运输途中，装油渣的器皿要安全，防止中途可能出现的意外危险。还要加强油罐周围环境的安全警戒，安排专人进行防护，对施工现场进行必要的安全监控。

五、罐体变形报废

丙类油品储罐在清洗过程中，可向罐内通入蒸汽，驱散罐内残存的油气。在蒸罐时，罐内混合气温度逐渐升高，并受热发生膨胀，油气将不断溢出罐外。此时一旦因下雨等天气原因突然降温，罐内混合气会遇冷突然收缩，压力突降，而罐外空气通过透气孔等不能及时补充，使得罐内形成负压。而常压储罐顶板、壁板承受的压力有限，在突然的负压作用下，罐壁板、顶板极易向内凹陷，并使罐底板受到连带影响，罐体发生变形，严重时可造成罐体报废。罐体变形事故的发生相对来说还是比较容易预防的，对于露天油罐，在蒸罐排除油气时，应对蒸罐期间的天气变化予以密切关注。雷雨天气时，严禁作业。而对于罐顶设有呼吸阀的油罐，应定期对呼吸阀的阀座、阀盘、阀杆、阀壳、弹簧等附件进行细致的检查，并定期进行必要的维护和检测，以确保呼吸阀工作的正常。

六、人身伤害

人员在罐内操作涉及高空作业、有限空间作业，自身安全是一个突出问题。存在高空坠落摔伤、有限空间缺氧窒息和工具使用不当受伤等风险，也可能会被未及时清除的罐壁或罐底的焊瘤所划伤，或不小心在罐内滑到摔跤等对作业人员产生伤害。

七、作业时机不当

为了尽快完成油罐清洗修理及除锈涂装任务，有的施工队伍在打开人孔、采光孔等后，不进行油气浓度测量，即派施工人员进入坑道、油罐内作业，有的甚至在雷雨、大风天气进行施工作业，存在着一定的安全隐患。

八、制度不落实

现在大多数石油库的清洗修理及除锈涂装作业承包给外来施工队，施工队伍中大部分是流动工人，没有经过专业培训，普遍存在素质较低，组织纪律性差，安全意识淡薄，管理难度大，再加上石油库作业前教育培训不够，作业中监督管理不严，施工队伍受经济利益驱使，极易造成各项安全制度、安全规程不落实、不到位的情况，违章作业和违章指挥的情况也时有发生。

以上8个方面的危险因素，有自然属性的，也有人为因素的，在具体施工作业中一定要密切关注，严防隐患转化为事故。

第二节　油罐清洗修理工程施工安全事故与教训

油罐清洗修理及除锈涂装工程施工作业是在有限密闭空间进行的一种非常规、动态性、高风险作业，极易发生油气闪爆等事故。据油罐火灾资料分析，40%的油罐火灾是由于雷击、电气设备火花、工艺装置使用明火而引起的，其中三分之一是因油罐清洗除锈涂装、维修不当造成的。前车之覆，后车之鉴。本节通过剖析20例油罐清洗修理及除锈涂装工程施工作业中发生的着火爆炸、窒息中毒、跑油混油等事故案例，从中吸取教训，探讨安全对策，提出作业全过程规范管理措施，对确保工程施工作业安全具有重要意义。

一、油罐清洗修理及除锈涂装作业安全事故案例分析

国内外石油库油罐清洗修理及除锈涂装工程施工作业爆炸事故时有发生，给单位带来重大经济损失，给社会造成恶劣影响，给个人造成终身遗憾。下面介绍的典型事故案例，以案例教学的方式，启发大家在实施油罐清洗修理及除锈涂装

工程施工作业过程中，一定要树立安全第一的原则，严格遵守各项规章制度，切实吸取事故教训，变他人的经验教训为自己的人生财富。

1. 施工人员使用非防爆灯具照明引爆油罐

（1）事故概况

1999年6月12日，某一联营加油站在清洗油罐作业时，作业人员使用普通碘钨灯在油罐口照明，加油站安全负责人出面制止并将其没收。但施工人员未听劝告，又找来一只同样碘钨灯照明。由于碘钨灯表面温度高，引爆油气发生爆炸，当场造成1人死亡，3人轻伤。

（2）事故原因分析

① 施工人员违反安全规定，私自采取碘钨灯照明进行施工，高温度碘钨灯表面引燃油气发生爆炸。

② 这是一起外来施工单位人员造成的责任事故，建设方对施工单位疏于管理。

（3）事故教训

① 要严把外来施工人员安全教育、培训关。近年来，由于施工人员违反安全规定操作规程而引发的事故较多，说明施工人员缺乏油品知识，安全意识差，雇请施工人员时必须要高度重视。

② 要严把外来施工单位施工资质和施工人员素质技能审查关。对不具备专业施工资质的单位和人员，坚决不得录用，以消除因专业素质不良带来的安全隐患。

③ 要严把施工安全和质量监督管理关。加油站雇请外来施工人员施工中监管缺位，不能发现违章提出要求，或没收器材了事，而应做到施工前进行安全教育，提出安全要求，派安全员现场监管。

2. 违规施工，擅自变更涂料溶剂，非防爆电气设备引爆油罐

（1）事故概况

2006年10月28日19时16分，某石化分公司在建的$10 \times 10^4 m^3$原油储罐内浮顶隔舱刷漆防腐作业时，发生爆炸。该工程是由一省级防腐工程总公司承包施工，造成13人死亡、6人轻伤。

发生爆炸事故的原油储罐为浮顶罐，全高21.8m，全钢材质结构。储罐的浮顶为圆盘状，内径80m，高约0.9m，从圆盘中心向外被径向分隔成1个圆盘舱（半径为9.6m）和5个间距相等、完全独立的环状舱，每个环状舱又被隔板分隔成个数不等的相对独立的隔舱，每个隔舱均开设人孔。事故发生前，储罐在进行水压测试，储罐内水位高度约13m。2006年10月28日，防腐工程总公司在原油储罐浮顶隔舱内进行刷漆作业的施工人员有27人，其中施工队长、小队长及配料工各1人，其他24人被平均分为4个作业组。防腐所使用的防锈漆为环氧云

铁中间漆，稀料主要成分为苯、甲苯。当日 19 时 16 分，在作业接近结束时，隔舱突然发生爆炸，造成 13 人死亡、6 人轻伤，损毁储罐浮顶面积达 850m²。

事故发生后，当地政府迅速成立了特大爆炸事故调查组。经过调查取证，事故调查组初步认定该起爆炸事故是一起安全生产责任事故。

（2）事故原因分析

初步认定事故的直接原因：在施工过程中，防腐工程总公司违规私自更换防锈漆稀料，用含苯及甲苯等挥发性更大的有机溶剂替代原施工方案确定的主要成分为二甲苯、丁醇和乙二醇乙醚醋酸酯，在没有采取任何强制通风措施的情况下组织施工，使储罐隔舱内防锈漆和稀料中的有机溶剂挥发、积累达到爆炸极限；施工现场电气线路不符合安全规范要求，使用的行灯和手持照明灯具都没有防爆功能。初步判定是电气火花引爆了达到爆炸极限可燃气体，导致这起特大爆炸事故的发生。

事故的间接原因：一是负责建设工程的施工单位安全管理存在严重问题。安全管理制度不健全，没有制定受限空间安全作业规程，没有按规定配备专职安全员，没有对施工人员进行安全培训；作业现场管理混乱，在可能形成爆炸性气体的作业场所火种管理不严，使用非防爆照明灯具等电器设备，施工现场还发现有手机、香烟和打火机等物品；且施工组织极不合理，多人同时在一个狭小空间内作业。二是负责建设工程监理的某建设项目管理有限公司监理责任落实不到位。该公司内部管理混乱，监理人员数量、素质与承揽项目不相适应，监理水平低；对施工作业现场缺乏有效的监督和检查措施，安全监理不规范，不能及时纠正施工现场长期存在的违章现象。

（3）事故教训

这起事故性质恶劣，伤亡惨重，教训极为深刻。

① 建设单位要加强对工程建设全过程的安全监督管理，通过招投标选择有资质的施工队伍和工程监理。所选单位安全管理制度要健全，应具有较丰富的工程经验，人员安全素质较高。加强施工过程中对施工单位、监理单位安全生产的协调与管理，持续对施工单位和监理单位的安全管理和施工作业现场安全状况进行监督检查。发现施工现场安全管理混乱的，要立即停产整顿，对不符合施工安全要求和严重违反施工安全管理规定的，要坚决依法处理。建设单位要切实加强对承包方的监管，不能"以包代管"，要安排专人监督承包方安全制度执行情况，及时发现纠正承包方的违章行为。要发挥建设单位安全管理、人才、技术优势，共同做好在建工程的安全工作。

② 施工单位要增强安全意识，完善安全管理制度，强化施工现场的安全监管，大力开展反"三违"活动。针对施工单位从业人员安全意识不强、人员流动性大等情况，要加大安全培训力度，提高从业人员安全素质。要加强施工现场安

全监管力度，及时发现、消除事故隐患，及时纠正"三违"现象，切实做到安全施工。

③ 监理单位要严格执行建设部《关于落实建设工程安全生产监理责任的若干意见》的有关要求，认真落实建设工程安全生产监理责任。

④ 高度重视受限空间作业安全问题，加强对进入容器等受限空间作业的安全管理。

3. 违规涂装作业，防爆灯坠落引爆油罐

（1）事故概况

某油库共有半地下油罐6个，容量均为2000m³，储存95号航空汽油、90号车用汽油。2002年11月8日，油库与某公司签订了对6个油罐进行内防腐施工的协议书。11月21日～12月15日，将21号油罐改造完毕，拟于12月16日对22号油罐进行改造。22号油罐为立式拱顶金属油罐，储存90号车用汽油，罐室下部有水平通道，通道长8.2m，宽1.25m，高2.45m；通道口设有向内开防护门，油罐室安装向外开钢质密闭门。

12月17日16时，22号油罐内油品倒空。根据油库工作安排，18日上午做油罐防腐施工前的通风。8时某公司施工人员黄某、陆某和油库现场安全监督员蒋某将通风机安装于22号油罐掩体顶部的采光孔。试机正常后，将通风机留在掩体外顶部(未通电)。

8时35分左右，黄、陆、蒋三人一同走进油罐水平通道，陆某在通道墙壁上(距油罐下部人孔口水平距离4.1m、距地面高2.2m处)钉上水泥钉子(钉长9cm、直径0.8cm)，黄某将接通了电源重2.5kg的防爆灯挂到钉子上。然后黄、陆两人将油罐人孔盖打开，由陆某移至通道口外。约8时50分黄、陆、蒋三人在油罐室人孔口一起观察了罐内情况，油罐底周围有少量残油。

据幸存者陆某回忆说，约9时12分他们一行三人在离开油罐室的水平通道时(陆某在前，黄某在中，蒋某在后)，听到蒋某对黄某说把防爆灯带出去，随后就听到防爆灯坠地的破碎声，同时感到身后有热浪，出于本能意识向门口奔去，就在左脚跨出门的同时，感到被一股更大的热浪推出门外，身后的大门也迅速关闭，蒋某和黄某被关在里面而无法出来。约5min后，又听到沉闷的响声，同时有砖块飞出。

此时，前去检查准备工作的副主任孟某发现出事立即报警，并召集现场附近进行收发油作业的干部、战士前去救援。部队收到警报后，迅速赶到现场进行抢救。约9时25分市消防大队赶到，迅速实施抢救，用破碎机打开防护门，在防护门内侧救出2人，黄某已经当场死亡，蒋某在送往医院途中死亡。9时35分事态得到控制。

(2) 事故原因分析

陆、黄和蒋三人拆卸开油罐底部人孔时，油罐内的油气向罐室及水平通道扩散，在罐室及水平通道内形成爆炸性混合气体。防爆灯意外坠落到地上，防爆玻璃罩及灯泡破碎，炽热的灯丝点火源引爆水平通道内的爆炸性混合气体，爆炸从水平通道迅速向油罐室及油罐内传播，产生高温和巨大爆炸压力，将局部罐体及混凝土拱顶损坏，并将水平通道内开防护门关死。此时油罐内剩余残油在高温下急剧蒸发，外部空气从油罐室第一次爆炸产生的裂口处以及采光孔等处进入，持续混合4~5min后形成新的爆炸性混合气体，被第一次爆炸后产生的高温、余火点燃发生爆炸。这次爆炸使整个油罐顶板和油罐壁板全部分离，油罐彻底损坏，并把近2/5钢筋混凝土拱顶完全掀开。

(3) 事故教训

这是一起因违反作业程序和操作规程引发的外方责任事故。这样说并不是油库没有责任。其主要教训是：

① 施工人员资质把关不严格。承担油库防腐施工任务的某地方公司，是一家靠借用某安装防腐工程公司的资质等手续来承揽工程的所谓子公司，根本不具备从事防腐施工的资质条件。就是这样一家公司，油库却没能把好关，让其承揽了根本不应该承揽的工程，也由此种下了祸根。

② 作业组织很不严密。作业的各项准备手续不全，没有按《军队油库油罐清洗、除锈、涂装作业安全规程》规定的程序办事。一是没有确定作业领导小组负责人；二是没有办理开工作业证(一罐一证)；三是没有要求施工队提交作业方案、安全措施和操作规程，也没有按规定审批。

③ 作业程序不规范。《军队油库油罐清洗、除锈、涂装作业安全规程》对作业程序有明确要求，必须先清除底油——排除可燃气体——测定可燃气体浓度达到安全要求——办理开工作业证——实施具体作业。但此次的作业，将上述作业程序要求完全颠倒了，当作业人员打开油罐人孔，发现有残油时，没有清除残油，没有立即封闭人孔，造成油气外逸，使水平通道、罐室空间内充满爆炸性混合气体。

④ 安全教育不到位。对外来施工队伍在库内进行施工作业，"必须服从油库的统一安全管理，油库对安全工作负总责"有明确要求。《军队油库油罐清洗、除锈、涂装作业安全规程》规定，"作业前，必须对所有参加作业的人员进行安全教育和岗前培训，经考核合格后方可上岗作业。"但油库在签订施工合同时，明知施工队缺乏油罐清洗工作经验，仍将安全责任整个承包给施工队，也没有进行组织专门的安全教育培训和相应的考核，放弃履行安全监管的职责，把作业安全寄托于施工队。同时，对油罐通风清洗准备这样重要的环节，库领导没有亲临现场监督检查，违反了"现场负责人必须亲临现场，负责清罐作业的组织协调，指

定班(组)长和安全员,填写报批开工作业证,签发班(组)作业证,对重要环节进行监督检查,及时解决危及安全的问题,不得擅离职守"的规定。

⑤ 安全监督管理不尽责、施工人员专业素质不过关。承担此次防腐施工任务的地方公司,不具备从事防腐施工的资质,油库在选用时没能把好关,违反了《军队油库外来施工人员安全管理规定》中"油库招请外来施工队时,必须验证施工队营业执照及经营范围,考察施工队技术、管理能力和安全施工保证体系"。两名施工人员,没有进行防爆电气方面的专业培训,在油罐人孔敞开,油气外溢(此时属0级场所)的情况下,没有测定可燃气体浓度,就盲目作业,违反了《军用油库爆炸危险场所电气安全规程》中"0级场所不得使用任何电器设备"的规定。同时,油罐室顶部的采光孔没有打开(5个只开了1个),造成油罐室通风、采光不良。将固定安装的防爆灯具当作防爆手提灯具使用,造成防爆灯具落地,灯罩和灯泡摔碎,形成点火源。

⑥ 安全设施隐患整改不彻底。出事油罐安全设施存在诸多安全隐患,如油罐透气管工艺不合理、排水沟没有作封围处理、测量口没有引到罐室外,罐室密闭门、水平通道防护门开向设置错误等。这些严重的安全隐患,长期未整治,导致事发时通道内的2人因防护门开向错误而无法逃离,最终致死。

⑦ 应急安全防范不完善。油库清洗油罐和动火作业是着火爆炸的多发时机,本应有相应的预防和应急措施。然而,油库对突发事故估计不足,没有应对之策。当2人被困在通道无法打开防护门时,油库抢救人员因无破门工具错失了救人的最佳时机,后经地方消防部队用破碎机打开防护门实施救人,但为时已晚。

4. 违规"清罐"作业,非防爆电气引爆油罐

(1) 事故概况

兰州某石化公司402#原油储罐(直径46m,高19.3m,总容量为$3\times10^4 m^3$)于1995年投入使用,一直未检修,在使用过程中发现中央雨排管破漏、蒸汽盘管泄漏,计划安排进行大修。2002年10月22日车间将罐内原油倒空停用。由于使用多年,罐底残留水、泥、沙、油等沉淀物高0.4m左右。罐底清理工作由供销公司承包给兰州某石化工程有限公司,属企业外地方公司,双方签订了"检维修(施工)安全合同"。10月25日油品车间为该石化工程有限公司办理了临时用电票,当日开始了清理工作。26日19时左右,该公司职工在402#罐前进行交接班。21时左右,公司现场负责人押运油罐车到油品车间盛装罐底油泥,公司经理到现场为清理员工送饭。驾驶员将油罐车停靠在402#罐东侧防火堤上的消防通道上,由该公司职工负责在车顶装油泥。22时10分左右,进行停泵操作。随之就在木制配电盘的附近发生爆燃,火势顺势蔓延到人孔处,致使人孔处着火。在灭火时该公司经理被烧伤,被送往兰化职工医院进行抢救,现场负责人被当场烧死,罐内余火于28日12时30分扑灭。

（2）事故原因分析

兰州某石化工程有限公司严重违反《临时用电安全管理规定》中关于在"火灾爆炸危险区域内使用的临时用电设备及开关、插座等必须符合防爆等级要求"的规定，在防爆区域使用了不防爆的电气开关，在停泵过程中开关产生的火花遇油泥挥发出并积聚的轻组分，发生了爆燃，导致火灾发生，是造成这起火灾事故的直接原因。经兰州市消防支队事故调查组认定，兰州某石化工程有限公司对此起重大火灾事故负直接责任，该石化公司安全管理有漏洞，对此起事故负间接责任。

（3）事故教训

① 进一步强化安全宣传教育工作，提高职工的安全生产法制意识和安全技术素质。公司领导要通过各种形式，不同层次，深入车间、班组将此起事故的经过、原因和教训原原本本地传达到全体员工和工程承包商。在安全生产整顿期间，组织全体员工重温公司与员工签订的"员工安全生产合同"，教育员工切实履行自己的权利和义务，认真开展"在岗要尽责，无功便是过"的大讨论，提高全体员工执行规章制度的自觉性，认真排查身边的事故隐患，实实在在做好安全生产工作。

② 认真贯彻落实"安全生产法"和股份公司实行领导定点承包要害部位的管理规定，组织好安全监督检查和考核。

③ 进一步强化对承包商的管理，对现有的承包商进行清理整顿，公司安全第一责任人和主要负责人要亲自抓签订工程服务合同和安全合同的落实工作，机动管理部门和安全监督管理部门要对工程服务合同和安全合同的订立及履行情况进行监督、检查。对未签订工程服务合同和安全合同就安排施工的有关部门及责任人将追究其管理责任。

④ 严格岗位责任制的执行，严格安全规章制度的执行。一切检维修作业都要明确施工项目负责人、安全监护人、措施落实人。加强票证管理，今后不管是大修还是小修，不管是计划内检修还是计划外检修，必须按规定办理有关票证，有针对性地提出安全要求和制定安全措施，充分发挥职能科室、车间、班组安全检查监督的职能，将各级人员安全监督职责落到实处，做到考核有据。

⑤ 公司立即对在灭火中损坏的消防设施进行恢复，确保消防设施完善可靠。针对油品车间消防水供给不足、消防通道狭小、路况不良、消防设施不先进和罐区防火堤不符合规范等问题，石化公司要统一考虑，进行改造。在上述隐患未解决前，公司要加强安全管理，落实专人进行特护。

⑥ 对油品车间的事故应急预案要进一步完善，并组织员工每月进行一次事故演练，在整顿期间对公司全体员工进行一次安全技术考核，合格者发给安全作业证，不合格者重新培训。

5. 清洗油罐无安全方案，非防爆型电器引起爆炸

（1）事故概况

1983年10月，某石油公司油库，为接卸柴油，决定清洗1座5000m³的汽油罐。油库副主任决定在油罐区临时安装电动往复泵和闸刀开关进行作业。10月13日15时，往复泵设置在距离油罐人孔7.2m，距离罐壁1.5m处；闸刀开关设在距离人孔6.5m，距往复泵2m处。因该油罐没有排污系统，打开人孔安装胶管，清除油罐底部的含油污水，作业约1h，发现水中含油而停止作业，并用胶管与输油管接通。20时左右，储运科长启动油泵输油。约10min后发现往复泵泄漏严重，停止作业检修，在拉闸的瞬间作业场地内起火，火焰高达10m以上。在场人员临危不惧，迅速切断电源，关闭管线阀门，用棉衣和人孔盖堵住人孔，用现场仅有的1具8kg干粉灭火器灭火。其他职工闻讯赶到，用干粉和CO_2灭火器将火扑灭。

（2）事故原因分析

这是一起违反安全规定和清洗油罐作业规程的责任事故。清洗油罐使用的是1台型号为10Y-15/1.5的旧油泵，电动机型号为BJQ2-32-4的防爆三相异步电机，但开关却是不防爆的铁壳开关。尤其是不防爆开关安装在爆炸危险区域之内，这无疑是十分错误的。另外，决定清洗油罐作业的负责人与方案制定者，对清洗油罐作业的规程缺乏应有的认识，提出了不能保证安全的油罐清洗作业方案。清洗油罐作业前，本应制定切实可行的安全作业方案，采取可靠的安全措施，准备足够的消防器材，但这些工作都没有认真去做。另外，扑灭露天火灾采用CO_2灭火器扑救，也说明油库人员缺乏应有的消防知识。

（3）事故教训

① 油罐清洗作业一定要有安全可行的施工方案，且施工方案一定要符合安全技术规程的要求，否则，即便有施工方案，也形同虚设。

② 施工过程中要严格遵守各项安全管理规定，制订可靠的安全措施，严格按规程操作，所用设备一定要符合爆炸危险场所防爆要求。

③ 无论是施工的管理者、组织者、参与者都应对清洗油罐的规程了然于胸，对于不熟悉者，或初次参与此项工作者，应反复进行教育培训，直至完全明白掌握为止。

6. 清洗油罐使用不防爆电器引发爆炸

（1）事故概况

1983年8月，某石油公司油库为了防御洪水侵袭，决定清理空油罐的余油。18日开始工作，将往复泵和普通闸刀开关安设在半地下油罐通道内，开关距离油泵约4m，当天清理了2座油罐。19日继续清理，并将待清的4座油罐的计量孔和放水阀打开，放水阀下面放有接油盆。12时20分左右，负责现场作业的油

库副主任感到头昏，意识到空气中油气浓度较大，决定暂停作业，到油罐室外休息。10时30分左右，在工作现场附近休息的4名临时工，没有得到油库现场负责人的同意，自行决定启动油泵抽吸油罐底的余油。在合闸的瞬间"轰"的一声巨响，油泵、4个接油盆和周围空间起火，顿时通道口附近烈火熊熊。4名临时工，其中3人从通道东门跑出，1人从西门跑出。经油库职工奋力扑救，将火扑灭。烧伤3人，其中重伤2人。

(2) 事故原因分析

这是一起责任事故。原因有三：一是通道内充满油气；二是使用不防爆开关；三是没有良好的通风设施，把隐蔽体内的清除油罐底油工作和地面清除油罐底油一样对待。

(3) 事故教训

事故教训有两点，一是违反清除油罐底油的安全操作规程及有关规定，清除油罐底油作业方案是否制订，如有方案也不符合清除油罐底油安全要求。二是使用不防爆开关是这次事故的关键。18日没爆炸，是因为清除了2座油罐底油，没有形成爆炸性气体空间。19日，把待清油罐的计量口与放水阀全部打开，加之4个油盆中的油料，加大了油气的逸散，使空气中油气浓度继续增加，达到了爆炸极限，合闸产生的火花引燃爆炸性混合气体而发生爆炸。这就是说使用不防爆电器孕育着事故的必然性，如果油罐爆炸，后果更为严重。

7. 闸刀开关不防爆，违章操作引发爆炸

(1) 事故概况

1979年1月8日，某油库在一座2000m^3汽油罐采光孔放置1台通风机，距通风机1.1m处安装电源用闸刀开关，准备对该罐实施清洗通风作业。在油罐另一采光孔、人孔、量油孔与进出油管、排污管等封闭的情况下，启动通风机抽排罐内油气。通风机运转1min后，因抽气困难发生抖动，作业人员在断开闸刀开关时，产生的电火花引爆采光孔周围油气，造成人员伤亡和油罐炸毁。

(2) 事故原因分析

油罐采光孔打开后，此处已处于0级爆炸危险场所，闸刀开关属非防爆电气，合闸通风时，爆炸性混合气体浓度未达到爆炸极限，没有发生爆炸，通风1min后采光孔周围环境达到爆炸条件，断开闸刀开关时产生电火花，引起爆炸。

(3) 事故教训

① 通风方式选择错误。0级爆炸危险场所，采用机械通风时，只允许正压通风，送进新鲜清洁空气，置换罐内的可燃性气体、有害物质和粉尘。在作业人员未将另一采光孔、人孔和测量孔打开的情况下，利用通风机进行负压通风，导致通风机抽气困难，发生抖动，进而促成作业人员拉闸断电，酿成事故。

② 电气设备选型不当。爆炸危险场所，禁止使用非防爆电气设备。该案例由于作业人员缺乏防爆知识，选用非防爆闸刀开关，导致了事故的发生。《军队油库油罐清洗、除锈、涂装作业安全规程》第4.6.1条规定"清罐作业期间均为火灾和爆炸危险期"；第4.6.1条C点规定"甲、乙类和丙$_A$类油品地面、半地下罐，沿罐壁水平距离15m以内为1级场所"；第4.6.2规定"在爆炸危险场所使用的电气设备，必须符合YLB 3001A—2006《军队油库爆炸危险场所电气安全规程的要求》"。

③ 清洗作业组织不力。油罐清洗作业应制定周密的作业预案，组织作业人员进行安全教育和岗前培训，特别要掌握防火、防爆、防中毒等安全知识。作业中要加强安全监督，落实各项安全措施。

8. 油味很浓不警惕，切断电源引发爆炸

(1) 事故概况

1988年4月1日10时50分，某综合库油料洞库内发生一起油气瞬间爆炸事故。该库为洞内一个1000m³汽油罐进行清洗通风，打开罐前人孔抽风一个半小时后停机，再打开罐顶中心人孔，连接通风管后，又去配电间（在洞口内侧）开风机，因中断通风约40min，罐内油气已大量溢出，内储工业酒精、煤油、滑油、滑脂共813桶的坑道式桶装库（不符合油库安全规定），进入配电间，当切断洞内照明时，引起配电间、工具间及约60m长坑道爆炸。造成两人脸部轻度烧伤，损失虽轻，但事故性质却很严重。

(2) 事故原因分析

① 该库是综合库，主要储存车材和油料，但库主任、业务副主任、业务处长均为车管干部出身，对清洗油罐这样一个危险作业，不知按规定应事先制订安全作业方案，也没有指定一名领导负责现场指挥。

② 专业干部业务素质差。参加作业的干部、战士都不懂油罐安全清洗作业程序，不该停机时停机，明知油气很浓也不警惕，以致发生爆炸。

(3) 事故教训

① 在爆炸性混合气体聚积的场所，不能轻易开关电闸，关闭门窗、敲打铁器，防止产生火花引爆油气。

② 通风时要连续通风，尽可能地防止爆炸性混合气体的扩散，增大0级爆炸危险场所区域。

③ 从事如油罐通风清洗这样的高危作业，思想要高度重视，提前科学制定实施方案。

9. 动火作业太大意，浓度超标引发爆炸酿惨祸

(1) 事故概况

2007年10月10日，某油库二号洞库在进行31号罐通风作业时，突然发生

油气闪爆事故，造成洞内被覆层大面积坍塌，6个金属油罐严重变形，28号、29号油罐损坏破裂后，油料外泄，在洞内31号油罐作业的2名地方工人死亡。

（2）事故原因分析

油库对1号油罐进行清洗前通风作业，同时在31号油罐支坑道进行整修改造的地方施工队伍在没有对作业区域进行有效物理隔离，也没有办理当班动火作业证，动火作业时又没有对油气进行监测，而油库也没有派人进行现场监管的情况下，进行了动火作业，点燃引爆了25号油罐通风作业形成并蔓延至整个洞库空间的油气，导致整个洞库发生油气闪爆。

（3）事故教训

① 安全意识不强，决策失误，规章制度不落实，违章作业，油库领导不在现场指挥，工作人员麻木，以致不能及时发现和制止违章动火作业。

② 业务人员素质不高，盲目蛮干，现场施工人员业务技能不精，作业细节考虑不周，两项危险作业在洞内同时进行，互不通气和提醒。

10. 清洗油罐准备不周，油气中毒亡1人

（1）事故概况

某年7月，某机场油库1名助理员带领5名油料员清洗70号汽油罐，作业前没有进行安全教育，没有检查防毒面具，没有事先打开人孔通风。助理员下罐5min后因面具漏气中毒，晃了几下便倒在梯子背后，监护的油料员用力拉安全带，但因安全带被梯子拌住，提不上来。1名油料员未戴防毒用具下罐将助理员救出，这名油料员爬到罐口时晕倒，被卡在油罐和混凝土支架的夹缝里，因未能及时救出而中毒身亡。

（2）事故原因分析

这是一起因清洗油罐作业方案不周，准备工作不充分而造成的责任事故。

（3）事故教训

这起事故至少有两点需要引起重视：

① 进罐前必须检测油气浓度，在爆炸下限的40%以下，才允许佩戴防毒用具进罐。每次进罐作业前，要检测可燃性气体浓度，且在4h内检测不少于2次。当可燃性气体浓度在爆炸下限的4%~40%范围内时，进罐作业人员必须佩戴自给式空气呼吸器；当浓度在爆炸下限的1%~4%范围内时，允许佩戴防毒口罩进罐作业，每次进罐作业时间不得超过30min，间隔时间不得少于1h。

② 清洗油罐必须先进行通风，油罐内残存的油料必须要清理干净，进行通风后，油气浓度在1%以下时，才允许无防护条件进罐作业。

11. 清洗油罐不戴防毒口罩发生中毒

（1）事故概况

某年3月，装航空汽油的25座油罐发放腾空，检查时发现罐壁上有白色粉

末(事后化验粉末中有30%是氧化铅)。6月21日,对参加清洗油罐的人员进行了防中毒教育,22日开工。因活性炭防毒口罩不够,有7人使用的是普通纱布口罩。在清洗过程中,现场干部虽然去过几次,但检查要求不严,施工人员违章没有得到纠正。如工人和本库施工人员违犯操作规程,在罐内有把口罩拿下来的,有戴在口上鼻子露在外边的,有在休息时间不出油罐乘凉的,有在油罐喝水、吸烟,还有赤身作业的;下班后不脱工作服回家,吃饭前不洗手消毒等。这样到26日开始有1人出现中毒现象,27日增加到5人,29日增加到29人,7月5日共有43人中毒,其中工人30人,本库人员13人。11人重病住院,32人在库里集中休养和治疗。

(2) 事故原因分析

这是一起因违犯规定造成的责任事故。其教训是在油库工作,特别是接触油品和清洗油罐作业中,必须严格遵守防中毒的各项规定。

(3) 事故教训

在油罐清洗修理及除锈涂装的过程中,一定要加强劳动保护,避免因保护不到位发生事故。

12. 不戴防毒器具进入油罐发生中毒

(1) 事故概况

1998年5月24日8时30分,某供销社加油站空油罐清理工作承包给了缺乏防中毒知识和没有安全器具的村民,村民王某下到了3.5m深的油罐底,约1min的时间被油气熏倒。这时油罐外有人喊:"王某被熏死了。"听到喊声,人们唯恐被熏,急忙躲开,只有一名年幼的男孩跑向了罐口,他是王某的独生子,年仅13周岁。看见父亲的惨状,他喊"救人呀,救人!"却无一人上前。他发疯了,"我下去。"进入油罐也不到1min就倒在了父亲的身旁。

突然,有人喊了一声"打110"。电话打通仅3min,一辆"110警车"响着警报急驰而来。车上下来陈所长和1名青年民警。民警说:"我下去。"陈所长把民警拉住,"我是所长,我岁数大,我先下去"。说着将其推到旁边,自己脱掉外衣,拿电缆线拴在身上,刚下到油罐底电缆线松开了,外面的人们赶紧把他拽上来。有人找来一条尼龙绳,系在陈所长的腰部。他深吸了一口气,咬住湿毛巾,第二次下到油罐底,迅速抱起王某,上面的人们用力将陈所长和王某拽出,第三次下到油罐底把年幼的孩子也救了出来。经医院抢救脱险。

(2) 事故原因分析

这是一起因不懂安全知识引发的责任技术事故。油罐清洗必须遵守清洗油罐的程序,否则就会发生事故。

(3) 事故教训

进入油罐前必须进行彻底通风、检测油气浓度,并根据检测出油气浓度值的高低确定安全防护措施,佩戴一定的防护器具方可进罐作业。

13. 焊接质量不良,底板断裂,换底大修后装油不测量发生漏油

(1) 事故概况

1978年11月,某油库对容量为5000m³的地面立式油罐大修;12月6日开始对该罐进行收油作业,到11日共收进-10号柴油2000余吨。14日发现该罐底部有渗油现象,观察两天,继续渗漏,于是做腾空处理,至腾空结束,共计漏油49t。

(2) 事故原因分析

油罐大修时底板焊接应力超标,出现空鼓,装油后在油压下变形断裂,没有按规定要求测量油高,致使早期渗漏未被发现,扩大了损失。

(3) 事故教训

① 油库在组织对油罐大修时,对油罐底板焊接监督不到位,麻痹大意,对出现的质量问题没有发现和提出,致使其局部凹凸变形深度大大超出额定值。GB 50128—2014《立式圆筒型钢制焊接储罐施工及验收规范》规定"罐底的焊接,应采用收缩变形最小的焊接工艺及焊接顺序";"罐底焊接后,其局部凹凸变形的深度,不应大于变形长度的2%,且应不大于50mm。"

② 油罐大修后第一次装油,应加强储存管理,该库没有落实测量检查规定,直至装油的第8天,才发现油罐漏油,但已是为时已晚。《军队油库管理规则》第19条规定"新建或者大修的油罐,装油后第一周内每天至少检查测量两次,第二周内检查测量两次;使用自动测量仪表的油罐可适当增加测量次数。检查测量时应当做好记录核对工作,发现储油数量不正常或者渗漏的,应当增加测量次数,查明原因,及时报告处理"。

14. 罐底板焊接质量差引发泄漏

(1) 事故概况

某油库在查库过程中发现轻油洞库11号油罐罐基边缘有约长1m的渗漏油痕迹,人踩在罐基周边沥青砂垫层上有明显松软感觉。发现渗漏前10h,油罐收进70号车用汽油500t,发现渗漏时油罐共储油900余吨。油库在向上级报告的同时组织将该油罐进行腾空输转作业。

在输油的后期,油罐内约剩150t油料时,听到罐内发出"嘣"的一声巨响。值班人员立即进入油罐室检查,约10min后,发现原渗漏处是在油罐底板下面,有两个(1.5cm×8cm和2.5cm×8cm)的泄漏洞向外流油。同时发现右侧的油罐底板周边沥青砂垫层有约2m长的渗漏段。

油库决定输油作业继续进行,做好油料回收工作准备。油库领导现场指挥、关键部位由干部专人负责。经过几个小时的紧张工作,油罐腾空,泄漏油品也大部回收。经测量核对,流失油料0.807t,将泄漏损失降低到了最小限度。

（2）事故原因分析

泄漏油罐为5000m³立式拱顶金属油罐，1988年10月正式交付使用，原设计储存喷气燃料，竣工后调整为储存70号车用汽油。在6年多频繁收发作业中累计收进油料499车铁路油罐车共计1.6万余吨，曾3次出现满装，从未发现异常情况。腾空油罐清洗检查，发现底板空鼓部位有多处焊缝断裂。为查清断裂原因，通过现场勘察，呼吸系统检查测试，了解当地气象资料及渗漏发现过程，查阅原始工程资料及各种作业记录，排除了操作失误等责任因素，检查人员一致认为：焊缝断裂是由于油罐施工时，底板焊接质量差遗留的工程隐患。其表现是：

① 基础及沥青砂垫层没有隐蔽工程记录，没有检查验收资料。

② 底部钢板焊缝没有进行抽真空或其他严密性试验。

③ 钢板焊缝（含罐壁与弓形边缘板的"丁"字焊缝）没做射线或超声波探伤检查。

④ 底板下部防腐处理隐蔽工程记录没有查到。

⑤ 油罐首次注水试压发现30多处渗漏，底板曾三次补焊，三次做注水强度试验。另外，三组洞6座油罐储油后，有5座出现渗漏而腾空处理，说明三组洞油罐施工焊接质量差，11号油罐更为突出。

⑥ 油罐在竣工验收时底板就有上翘现象，底板锈蚀严重，后虽经采取填充沥青砂、防腐等弥补措施，但隐患并没完全消除。

⑦ 油罐底板大面积变形空鼓，焊缝断裂就在空鼓部位。经断裂焊缝检查并与资料核对，有的是多次修补的焊缝，有的焊缝是虚焊。

综合上述情况，11号油罐在施工过程中，没有执行"GB 50128—2014 立式圆筒型钢制焊接储罐施工及验收规范"等国家标准，施工质量差，验收把关不严，虚焊等造成的严重缺陷。经多次进出油料，油罐底板在收入油料时被压下、发出油料时复位鼓起的反复作用下，虚焊处和多次补焊的焊缝受到重复弯曲应力的作用而断裂。输油中听到"嘣"的一声，就是焊缝薄弱部位断裂的声音，接着油品泄漏流出。

（3）事故教训

这是一起因油罐施工焊接质量差造成的外方责任事故。其教训是：

① 油库施工安装应择优确定施工队伍，严格按图施工，按照标准、规范的技术要求检查施工质量；现场监理人员必须是内行，认真履行职责，落实好质量监督检查和签证工作；竣工验收必须严格执行验收程序，搞好试运行，核对好施工资料；凡是不合格的必须返工。

② 油库工艺设计应考虑应急输油。这起事故中因工艺系统没有考虑应急输油，仅临时连通管线长达7h，输送900余吨油料用了12h。应急处置时间的加长，就是意味着损失的增加，意味着事故隐患。所以，油罐应急排空时限拟在工

艺设计中加以体现,以保证应急情况的处理。

③ 油库管理者应熟悉油库档案资料,掌握在施工质量上有哪些先天性缺陷,是否会影响油库安全,有何弥补措施,要在应急处置预案中加以体现;根据油罐储存油品期限和收发任务,合理安排腾空清洗检修时间,以便消除不安全隐患,确保油库运行安全。

④ 要立足现有条件,重视和加强对消防设备、空气呼吸器、油气浓度测试仪等应急防护装具和仪器的管理。通过强化软件建设来弥补硬件建设(数量、性能、质量)的不足,提高油库应急自救能力,确保应急作业的安全、顺利实施。

15. 油罐长时间不清洗造成阀门内积存铁锈引发混油

(1)事故概况

1970年底,某油库14号油罐进出油阀门因年久失修,闸板槽内铁锈堆积,关闭不严,造成14号油罐内航空汽油渗入输油管内,与车用汽油一起发出。年终测量时发现航空汽油短少14t,即混入车用汽油中发出航空汽油14t。

(2)事故原因分析

这是一起因油罐清洗、阀门检修不到位造成的责任事故。油罐应按规定清洗,阀门应适时检修。阀门的内渗、内窜是事故的主要原因之一。油罐长时间不清洗,清洗油罐时不检修进出油阀门是油库设备管理中存在的主要问题之一,必须引起注意。

(3)事故教训

油罐一定要按规范规定的清洗年限进行清洗,不能因图省事、怕麻烦、怕担责而随意延长清洗年限。

16. 油罐改换储油品种不清洗造成油品变质

(1)事故概况

1973年8月,某油库将4座10m³的汽油罐改装柴油时,没有进行清洗,便将-35号轻柴油26.1t输入罐内。事隔一年,化验员作年度化验时,闭环闪点降低15℃。油库为隐瞒事故,将其掺和并在油库3号油罐上刷上油料批次。化验员发现后,将油罐上的批次涂掉,向有关部门做了反映。油库则以油料入库时闪点就偏低,化验单丢失无据可查为借口,长期不做检查。

(2)事故原因分析

这是一起因油罐改换储油品种不清洗引发的责任事故。油库这种隐瞒错误的做法应予以批评教育,甚至应给予处分或撤职。

(3)事故教训

油罐改装其他油品时,一般要进行清洗。特别是要改装不同品种的油品时,一定要进行清洗。否则,出现混油事故在所难免。

17. 清洗油罐后没有关闭阀门造成油品外流

（1）事故概况

1973年8月6日，某场站油库清洗油罐后，没有将1号油罐进出油阀门关闭。晚饭后，接卸航空煤油时没有进行检查，作业中也没有巡查，作业结束后，保管员到1号油罐进行收尾工作时，发现了油品流失。外流航空煤油37.2t，回收17.9t，损失14.8t，毁坏稻田5.7亩（1亩≈666.67m^2）。

（2）事故原因分析

这是一起责任事故。不按作业程序办事，发生事故是必然的，不发生则是偶然的。

（3）事故教训

油罐清洗后首次收油，要加大巡查力度，密切关注油罐运行状态，发现问题要及时处置。

18. 油罐清洗后没有关闭排水阀门造成油品流失

（1）事故概况

1977年10月8日，某石油公司油库接卸汽油时，输送到刚清洗过的1号油罐。10月7日16时50分卸油时，当班计量员对清洗过的1号油罐没有进行检查，未发现排水阀门没有关闭。8日14时30分计量员到油罐上测量后，发现进油量少了，立即进行了汇报，经再次测量并派人检查油罐，检查者只检查了1号油罐排污孔没有漏，就回去了。15时计量员又测量上梯子时，才发现排水阀泄漏，13h流失汽油64t。

（2）事故原因分析

这是一起油罐清洗后没有恢复技术状态和进油时不检查造成的责任事故。油罐清洗后必须恢复技术状态，投入使用前必须详细检查。

（3）事故教训

油罐清洗后的竣工验收工作，是全部工程的最后一环，不但要按标准要求检查验收清洗质量，而且也要检查油罐的技术状态是否完全恢复，技术状态没恢复的油罐是不能进行收油的。

19. 油罐检修后人孔未安装完整，油罐技术状态未完全恢复造成跑油

（1）事故概况

1973年11月，某石油公司油库对20号油罐进行检修后，机修组只用5只螺丝将人孔盖板挂上，其余11只螺丝的螺母和石棉垫片未装，也没有报告储运组。

1974年4月8日装油时，储运组的人员也没有检查，造成50号机械油从油罐人孔外流，损失4.4t。

（2）事故原因分析

这是一起责任事故。

一是事故的责任主要在机修组。油库设备设施检修后，必须做好善后工作，将其恢复原状，保证技术状态良好。

二是储运组也有不可推卸的责任。作业前和作业过程中，没有进行检查。

三是油库没有建立检修验收制度。油库设备设施检修后，应会同有关部门进行检查验收，履行签证和移交使用手续。这样做既可保证检修质量，又可以分清责任。

（3）事故教训

无论是进行油罐清洗，或是清洗后的维修，各作业组的负责人都要切实履行好职责，严防"半拉子"工程的出现。特别是对于存储油料的油罐，清洗维修后要及时恢复原状，保证技术状态良好。

20. 油罐腐蚀穿孔长时间漏油

（1）事故概况

1981年2月10日，某油库保管班副班长测量丙组10号柴油罐时，发现油面下降99mm。当天分别向股长和管理员做了汇报。股长要求复测，副班长没有复测。11日却汇报"油面正常"交差。此后，保管员和保管班长分别于2月25日、3月11日测量，油面高度分别有下降，但均未报告。3月25日测量时，油面高度又下降了39mm。经腾空清洗检查，油罐底板2处腐蚀穿孔。从第一次发现油面下降到采取措施，历时44天，损失柴油38t。

（2）事故原因分析

这是一起因油罐清洗修理不及时、工作人员责任心不强造成的责任技术事故。引发漏油的直接原因是油罐没有及时进行清洗修理，造成底板腐蚀穿孔；而造成持续漏油，扩大损失的原因，则是股长、管理员、保管班的正副班长和保管员的不负责任造成的。这种状况也说明，油库管理上存在着虚假的问题。

（3）事故教训

细节决定成败，责任重于泰山。油罐清洗修理不及时也是责任心不强的一种表现，相关规范规定了油罐的清洗年限那是有科学依据的，必须要严格执行，否则造成的损失将是无法挽回的。

二、油罐清洗修理及除锈涂装施工作业安全事故的主要教训

反思在油罐清洗修理及除锈涂装作业中发生的事故，其主要原因就是不同程度地存在着思想麻痹、侥幸心理和经验主义，不按程序操作，不按规范管理，器材使用把关不严，安全知识欠缺，对安全防护掉以轻心，忽视组织计划和危险辨识、风险处理等前期准备，作业过程监护严重失管失控。其主要教训是：

1. 忽视清洗修理及除锈涂装作业组织计划

凡事预则立，不预则废，这里所说的"预"就是组织计划。清洗修理及除锈

涂装施工作业组织计划是作业的指导性文件，正确的组织计划是作业安全的保证。在实际执行中应根据清洗修理及除锈涂装施工作业现场、时间、人员等情况进行危险辨识、风险评估，修订完善消防、救援预案，编制切实可行的作业计划。纵观上述案例，存在的共同问题之一就是忽视组织计划。试想，如果在实施清罐前认真编制并审查作业方案，不至于出现类似错误指挥、盲目蛮干的低级错误。

2. 清洗修理及除锈涂装作业程序混乱

作业程序是操作步骤的准则，是保证安全的前提，不严格执行"清洗"及"修理"作业程序发生事故不是偶然的，而是必然的。纵观上述案例，存在的问题之二就是动火作业程序混乱。

3. 清洗修理及除锈涂装作业技术力量薄弱

人员是清洗修理及除锈涂装施工作业的主体，清洗修理及除锈涂装工程施工大多是由承包人实施的，作业能否安全，施工单位是关键。纵观上述案例，存在的问题之三就是施工单位不具备专业资质，存在从业人员安全素质差，违章指挥、违规操作等问题。

4. 前期准备不够充分

无备必留后患。纵观上述案例，存在的问题之四就是前期准备工作不充分，有的甚至都不知道需要准备什么，有的尽管做了些准备工作，但对准备工作不进行检查。

5. 监管防护严重缺失

千里之堤，溃于蚁穴。清洗修理及除锈涂装作业必须采取一种非常规、动态性的监管措施，建立落实精细化管理机制，确保每个步骤、每个细节、每个部位监管到位，不留死角，过程监控不留疏漏。纵观上述案例，存在的共同问题之五就是防护监管严重缺失。

针对以上事故案例和教训，必须采取切实有效的对策措施严加防范。

第三节　油罐清洗修理工程施工安全管理措施

从上一节的事故教训中不难看出，在有限密闭空间进行的非常规、动态性、高风险的油罐清洗修理及除锈涂装作业，极易发生油气闪爆等安全事故。一旦发生事故将是灾难性的，轻则设备损坏、人员受伤；重则设备报废、人员毙命。但任何事物都有其两面性，都有内在的安全规律可以寻找和遵循。只要尊重客观规律，按章办事，就能够化不利为有利、化风险为安全。通过对以上事故原因的系统分析梳理，在作业中，要注意以下几个方面的问题，从而确保作业的安全。

一、健全组织，明确程序，细化规程，落实责任制

无论何类工程施工，健全组织、明确程序、细化规程、落实责任制都是确保

安全的核心要素。油罐清洗修理及除锈涂装工程施工，在高危环境下进行，对安全的要求更高，更应以有效监控措施为手段，用健全的组织、严格的制度、明确的责任规范施工的全过程，做到用制度管人、按流程做事。

1. 健全组织

（1）健全组织。油罐清洗修理及除锈涂装施工作业前，石油库要及时成立由领导负责，相关部门人员组成作业领导小组，负责人应由石油库领导担任，现场负责人应由职能部门领导担任，做到任务明确，时限清楚，责任到人，设备到位。

（2）风险评估。结合作业现场、作业程序、周边环境等情况，针对作业中存在的着火爆炸、窒息中毒、磕碰撞伤、落物砸伤、架构塌滑、触电灼伤、高空坠落、环境污染等危险因素，认真确认危险源，分析潜在风险，进行风险评估，制订相应对策措施，防止风险转化为事故。

（3）制定应急救援预案。针对风险评估结论，依据"石油库作业安全风险评估与预警规定"等相关制度，结合施工现场特点、设备工具和施工人员构成实际，制定切实可行的预警机制、应急救援预案和消防预案等。

（4）编制施工组织设计。在进行风险评估、预警及编制应急救援预案的基础上，依据施工任务、工程进度、质量要求及有关资料，周密拟定施工组织设计文件（HSE作业计划书）。根据施工任务、工程进度、质量要求及有关资料，制定作业方案、安全措施和操作规程，合理安排工期、分配人员、配置设备及工具，明确人员职责分工，保证施工有依据、进度有把控、操作有指南。

2. 明确作业程序

"法治就是程序之治"。石油库作业程序既是石油库管理的核心要素，也是确保作业安全的核心要素，按程序严密组织实施是施工安全的保证，清洗修理作业应按"准备→抽吸底油→隔离封堵→通风换气→清扫杂污→清洗油罐→局部修理→检查验收→恢复常态"的程序进行。

（1）前期准备要充分。主要包括清洗修理及除锈涂装作业技术、人员、设备、现场准备和油气检测工作。

（2）抽吸底油要彻底。根据作业时机提前安排油料倒罐计划，腾空油罐油料，要及时抽吸罐内剩余底油，直至油料不再流出或抽吸出为止。

（3）隔离封堵要可靠。断开输油管、排污管、(洞库)透气管及通风管与油罐的连接，或在动火设备和相连的工艺管道法兰之间插入绝缘盲板，在抽、堵盲板前应仔细检查设备和管道内是否有剩余油料。抽堵的盲板必须按工艺顺序编号，做好登记核查工作。断开与油罐相连接的电气、自动化仪表接线。对所使用的相关设备、电器设备进行可靠接地。

（4）通风换气要及时。一是在油罐清洗前，进行通风换气，二是在作业期间应始终保持通风良好,适时对罐间、罐内进行通风换气,并对罐内空间气体取样检测,确保油气浓度在允许范围内。

(5)清扫杂污要谨慎。由于罐底可能凸凹不平,经自流和机械方法不能排净时,在采取有效防护措施前提下(如提前通风和油罐检测,人员佩戴正压式空气呼吸器,并限定作业时间,罐外设专职安全员,且1人只能监护1个作业点等),安排人员进罐清扫污油。

(6)清洗除残要规范。在人工进罐清洗内壁,清除残留锈蚀与防腐涂层期间要规范操作,确保施工安全措施和施工质量。

(7)局部修理要安全。当清洗后的油罐,经检查有发生局部变形、锈蚀穿孔等现象时,要及时进行局部修理,有时甚至要进行动火作业,这一修复过程难度大、安全要求高,一定要遵循安全操作规程,确保安全。局部修理完成后的除锈、涂装作业也要按照相应的程序实施。

(8)检查验收要认真。油罐清洗修理及除锈涂装作业完成后,按规定组织实施"建设单位、施工单位、监理单位"和上级机关联合参加的质量检查验收,出具验收报告,验收合格后,交付建设单位使用,并做好各项技术资料的移交工作。

(9)恢复常态要及时。在用油罐在清洗除锈涂装前,要脱离开油罐与其他罐、管的连接,并加盲板封堵,关闭相关阀门等。作业完工并交付使用后,建设单位要第一时间恢复该油罐的正常运行状态,确保技术状态良好,能够随时收进油料。要坚决避免因状态恢复不彻底而造成跑油、混油等事故的发生。

要运用质量保证体系的概念,规定施工作业每一个单项作业施工程序)必须按照"隔离封堵→抽吸底油→清洗除残→通风换气→作业实施→检查验收"的程序进行,上道工序不合格不允许进入下一道工序,每道工序完成后经建设、施工与监理三方代表检查符合设计要求,才能保证下一道工序施工质量,防止互相推诿和纠纷。

3. 细化操作规程

细化操作规程是落实程序的关键所在。要对作业程序中的每个环节、每个岗位的职责、任务,做什么、怎么做,达到什么要求,注意事项,甚至工具怎么使用都要有明确的要求,同时还要对不同岗位人员的如何配合协调也要提出明确要求。

4. 落实安全责任制

油罐清洗修理及除锈涂装作业要逐级签订责任书,落实责任制,地方施工人员要逐一进行严格的政审,签订用工合同,把责任细化到每项作业、每道工序中去、落实到每个人头上,确保每项工作的安全责任、每道工序的安全要求、每个人员的安全措施都落到实处。各级、各类人员职责如下:

（1）项目部负责人对工程负总责，指定现场负责人，监督工程施工全过程，组织编制并批准施工组织设计文件，签发开工作业证。

（2）现场负责人必须亲临现场，负责工程的组织协调，指定班(组)长和安全监督员，对重要环节进行监督检查，及时解决危及安全的问题，不得擅离职守。

（3）班(组)长负责进罐作业证的填写和报批，必须进行班前、班中、班后安全检查，清点作业人员，检查工具、器材等。

（4）安全监督员负责工程施工安全检查，督促班(组)落实安全措施，发现险情及时制止，并立即报告现场负责人。

（5）作业人员根据分工，按章作业，落实安全措施，有权提出改进安全工作的意见，制止违章作业，拒绝任何人的违章指挥。作业期间作业人员离开和返回施工现场，必须向班(组)长请销假。

5. 落实许可制度

油罐清洗修理及除锈涂装工程施工作业实行作业证制度，开工实行"一罐一证"，班(组)施工每班次实行"一班一证"，目的是为了保证施工安全，也有利于控制施工质量。

（1）开工作业证。作业开工实行"一罐一证"制。作业证签发遵循"谁主管谁负责"的原则，作业前由石油库职能部门填写并经审查后，主任最终审批签发。

（2）进罐作业证。班(组)进罐施工每班次实行"一班一证"制。由施工单位填写并经审查后，最终经现场负责人核对当日"油气测试记录"中的"风向及风力""油气浓度"等要素，确认无误后签发。

进罐作业证应明确规定有效时间，有效期一般不超过一个班次。特殊情况下，延期后总的作业期限不得超过24h。在规定时间内没有完成受限空间作业，或工作条件发生变化时应重新办理作业证。

（3）动火作业证。作业过程中需进行动火作业时，应按《用火安全管理规定》办理动火作业证，经对油气浓度检测合格后方可实施作业。

（4）安全监督员资质管理。安全监督员要经过专业培训并考试合格，取得安全监督员资质，实行持证监督。

（5）作业证管理。清洗修理及除锈涂装作业要办理作业证，需动火作业时要按用火管理规定单独办理动火作业证，二者不能替代。禁止无作业证或持无效作业证作业，禁止开展与作业证内容不符的作业，禁止无监护人员作业和超时作业。工作完成、有效期满或确认操作条件变化时，签发部门应收回作业许可证存查，并当即加盖"作废"字样。

二、认真考察，规范招标，严格筛选，选择过硬施工队伍

企业的资质是其技术、管理和资源等总体水准的体现，达到要求则有可能保

证工程的整体效果，否则就会受到影响。为了保证设计质量、施工质量和操作安全，要依据 GB/T 50393—2017《钢质石油储罐防腐蚀工程技术标准》及石油、石化、军队相关规定对设计单位、施工企业、施工人员的资质、施工程序、设计变更程序等进行详细的规定，对施工企业质量管理体系、安全保证体系进行规范，明确施工必须具备的条件。考虑到军队油库实际和特殊情况，军队油库有条件组织军工自建的，必须严格落实相关制度。对施工队伍进行认真考察，严格筛选，严把"三关"，选择过硬施工队伍是确保施工安全的重中之重。

1. 资质审查关

资质审查关就是要检查承建单位是否具备在石油库爆炸危险场所进行施工作业的资格和能力。因此，在招标文件中就要对投标单位提出明确要求，在评标过程中要注意从严审查把关，在施工前应重点再进行复核审查。

根据相关规定要求，油罐清洗修理及除锈涂装工程设计应由具有专业设计资质的单位实施；施工应由具有三级以上防腐工程专业承包资质或具有二级以上石油化工工程施工总承包资质的单位实施，非防腐工程专业承包资质或达不到上述要求的施工队伍不得从事工程施工；从事清洗修理及除锈涂装工程施工应由专业技术人员负责施工和技术管理，施工人员应持有相应资格证书，从而保证设计和施工质量。

2. 业绩审查关

业绩审查关就是要查承包商在石油库工程建设领域的业绩、信誉是否良好，特别是在油罐清洗修理及除锈涂装方面是否有一定的工程实践经验，是否发生过伤亡事故。应优先选用具有从事类似工作经历、业绩、财务、信誉良好的施工单位。不得选用在石油库或石油、石化系统未做过清洗修理及除锈涂装工作，或从事清洗修理及除锈涂装作业经历未达到3年以上的施工企业，更不能选用历史上在作业过程中发生过亡人、火灾等事故的施工企业。

3. 施工队伍素质审查关

施工队伍素质关就是要对从事作业的施工队或项目部进行重点把关，着重审查项目部经理、技术负责人，是否有相关专业的注册工程师、注册项目经理有效资质证书；个人从事类似项目的业绩也是一个审查重点，必要时可进行考核，以确保项目部施工队伍素质过硬。项目经理、技术负责人调整变更后也要进行相应审查。

4. 外来施工人员管理关

一是严格把好准入政审关。石油库招请外来施工队时，必须验证施工队营业执照及经营范围，考察施工队技术、管理能力和安全施工保证体系。因此，石油库业务部门必须审查施工队伍资质，详细了解施工队的施工技术、管理情况、安防技术和工人的基本技能；必须办理营门出入证件，并建立工人安全管理档案。政治部门必须严格按照"外来施工人员安全管理规定"的要求，审查工人的身份证、当地派出所或村委会出具的现实表现证明信、外出务工证明等材料，填写工人政治审查表，确认没有任何问题才能予以录用。二是严格把好安全培训关。石油库必须对进入爆炸危险场所施工人员进行专业的规章制度和安全操作规程培训，明确安全施工的禁令，使其掌握基本的安全知识和安全技能。并结合事故案例开展警示教育，使工人深刻认识安全工作的重要性，增强安全风险意识。三是严格把好安全管理责任关。石油库要与施工单位签订安全协议书，做到明确分工，各负其责，责任到人。

三、全面细致，精细准备，履职尽责，完善开工条件

坚持"安全第一，预防为主，以人为本"的原则，充分准备，履职尽责，完善开工条件是确保施工安全的前提。

1. 规范作业前期准备

前期准备工作主要包括培训考核、技术交底、现场准备、设备准备、油气检测五个部分。

（1）要系统进行培训考核。对施工现场安全负责人、监督员、施工员、动火人等进行系统的岗前培训和安全教育，要求其熟悉操作流程、相关规章及防火、防爆、防中毒等安全知识，且经考试合格。

（2）要全面进行技术交底。根据油罐类型和所储油品性质，以及作业方法和设备，复核组织设计文件、安全措施和操作规程。负责人要交代清楚作业任务、作业范围、存在风险、现场安全管理要求、逃生路线和应急抢险程序。

（3）要认真做好现场准备。现场准备分六个步骤完成，主要是隔离易燃易爆物，电气断开与电气接地，通风换气，移去可燃物，设置警示、隔离，预留救援、逃生通道。六个步骤缺一不可，并按照相关规范要求逐项完成。

（4）要充分做好设备准备。主要分为消防器材准备、配置救援设备准备、检测仪器准备及现场器具准备四个方面，确保消防车辆及器材、个体防护器材、救援器材、救护器材、检测仪器、动火使用的设备、工具等配备到位，取用方便，满足要求。

（5）要彻底进行油气检测。为防止通风换气不到位，出现死角，未做可燃气体检测或检测不合格，不得随意展开作业。每个测试点上需2台及2台以上测试仪测试合格，做好记录，检测结果需双方负责人确认签字。

2. 施工现场

施工用水、电、气满足现场连续安全施工需求，施工监护区域设置明显标识。消防器材配置齐全完好，防护设施可靠。施工所需临时脚手架、支吊装置、

劳保用品、防静电服、鞋准备到位，并经检查合格。计量、检验、试验器具满足施工要求，经检定合格，且在有效期内。

3. 施工单位

施工单位要编制切实可行的施工组织设计文件，并通过建设单位审查通过后方可执行。要建立健全安全保证体系、质量管理体系，并且要具备相应的施工能力、检测手段，具有执行专业规程的可靠措施。施工人员要熟悉专业规程和《石油库外来施工人员管理规定》，以及防火、防爆、防中毒等安全知识。

加强对施工单位的质量管理体系、安全保证体系、组织设计条件的落实和管理，对施工人员管理教育、各类人员职责进行规范，起到制约施工单位，确保施工安全和质量的效果。

要对施工人员进行全面的安全教育，其内容主要包括：规程规定；规章制度、管理和保密要求；防火、防爆、防中毒、防静电安全知识；呼吸器具的使用维护知识；防护及抢救用品知识；缺氧症的急救知识；消防器材使用知识等。

4. 建设单位

建设单位是施工安全的责任主体，总体要求是：建立健全组织，对风险评估报告、应急救援预案、施工组织计划文件进行审查，施工、使用材料、检测（验）技术文件齐全。对油罐进行排空，隔离封堵措施可靠。监督施工单位对有关人员进行一次以安全管理和操作技术为主的岗前培训，并经考核合格。

对石油库管理人员进行安全教育的主要内容包括《外来施工人员安全管理规定》《用火安全管理规定》《作业安全风险评估与预警规定》等石油库相关规章制度的学习，还包括保密、油品常识和日常管理教育。要求吃透《用火安全管理规定》等相关规章制度，严格落实施工现场值班、消防值班制度；正确进行风险评估、制定施工时的风险预警措施；认真做好出入库、各种作业证、施工日志、消防值班日志等登统计资料的填写工作。

5. 石油库组织人员自建组织机构与管理要求

油罐清洗修理及除锈涂装作业专业性强，风险高，管理要求严，石油库组织人员自建从事清洗修理及除锈涂装作业组织应符合一定要求。

（1）总体要求

具备相应施工能力、检测手段，实行工程项目管理，建立健全质量管理体系和责任制度。

（2）组织与教育

成立工程项目部。项目部负责人由石油库领导担任，现场负责人由业务处长或分管业务副主任担任。

项目部明确任务、职责、完成时限，制定油罐清洗修理及除锈涂装工程施工组织设计文件，明确安全措施和操作规程，并严密组织。

施工前，对所有参加作业的人员进行安全教育和岗前培训，经考核合格后方可上岗作业。

自建完工后，应由上级业务部门组织交工验收。

四、加强监督，突出细节，严密管控，堵塞各项安全漏洞

施工单位依据制度按章操作，监理单位对施工过程全程监督，建设单位督促监理单位履行职责并现场检查，各级安全员对施工过程进行全方位监督，树立细节决定成败理念，突出抓好细节管理，严密堵塞各类管理漏洞，确保施工绝对安全。

1. 把好安全员在岗在位监督关

石油库应以正式文件形式，任命作业现场安全监督员，原则上每座油罐不少于2人。施工单位也要明确专职和兼职安全员。凡有作业人员进罐检查或作业时，油罐人孔外均须设专职安全员，且一名安全员不得同时监护两个作业点。

2. 把好施工监督关

（1）施工过程监督。安全员应加强现场的安全巡回检查，制止违章指挥和违章作业并及时报告有关领导。作业负责人和安全员应做好上班前的准备、下班后的现场检查、人员清点及工具器材清理等工作。

（2）施工现场监督。施工现场应尽量做到干净整洁，无障碍无污物，用来清洗工具及容器的废溶剂、空桶、杂物等应统一收集，及时清走，并妥善回收处理，不能随意掩埋，防止造成环境污染；与施工无关的其他物品要搬移出现场。

（3）变更设计监督。油罐清洗修理及除锈涂装作业施工时，应严格按照设计文件进行。因为设计文件是由经验丰富的专业人员设计并已经过评审的，随意变动可能影响施工安全和工程质量，且擅自变更后无法通过工程验收。新技术、新材料日新月异，但相关规程的制定往往滞后于材料与技术的发展，施工中提倡采用新技术新材料，但采用的新技术和新材料必须通过试验获得可靠数据或有充分实践证明不影响最终工程质量和施工安全，并征得设计部门同意，方可采用。如确需变更设计、材料代用或采用新材料、新工艺时，应经设计单位或设计文件批准部门确认，否则将视为无效变更。

（4）资料记录监督。出入库、各种作业证、施工日志、施工现场值班、消防值班日志、风险评估和预警响应等登统计资料要记录齐全规范，无漏项缺项；现场监督人员监督过程的记录是施工过程的实际反映，也是施工管理水平的真实体现，更是有效落实责任制的重要依据，任何一项记录都不能马虎。同时，为了确保记录及时、要素完整，要齐心协力做好资料记录的监督管理工作。

3. 把好监护过程管控关

建设单位在作业中要充分发挥主导地位，就必须细化监护过程管控，防止施

工单位"以包代管"。细化监护过程管控主要包括现场人员监督、作业过程监护、作业现场监护、作业许可监督、检测及记录监督五个部分。

（1）现场人员监督。现场人员主要分为四类。一是施工作业人员。作业人员要持有效证件、施工手续，着装、劳保用品穿戴符合规定。二是领导小组负责人和现场负责人。领导小组负责人应定期深入现场，及时发现和解决重大问题。现场负责人在作业中不准离开现场，如发现有紧急情况或异常，必须立即通知停止作业。作业完成后，会同施工作业人员检查现场，清除余料，确认无遗留隐患，方可离开。三是安全员。石油库应以正式文件形式，任命作业现场安全员，原则上每座油罐不少于 2 人。施工单位也要明确专、兼职安全员。凡有作业人员进罐检查或作业时，油罐人孔外均须设专职安全员值守监护，且 1 名安全员不得同时监护两个作业点。四是气体检测人员。气体检测人员必须在动火期间定时、定点检测气体浓度，并如实填写取样时间、地点和检测结果，最后签字确认。作业中途一般不允许换人，确需换人的，必须到现场进行交底并办理书面委托书。

（2）作业过程监护。分为五个方面。一是作业前核查。现场负责人和安全员在作业前要划分作业区域，规范作业现场，完成 8 项安全核实确认：开工作业证、进罐作业证、人员、作业位置、应急消防器材、逃生路线、无交叉作业、保障措施。核查内容分解到人，不得漏项，确保全部确认，才能进行下一步操作。二是作业过程监护。施工作业过程中，安全员要进行全程值守监护，对每一个作业环节安全确认后，方可继续。现场负责人应加强现场的安全巡回检查，重要作业实施值守监护，制止违章指挥和违章作业。三是意外情况处置。动火中一旦出现异常，必须马上停止一切作业，查找原因，待措施重新落实并确认无任何危险时方可重新作业。异常情况主要包括：已经隔离、放空过的管线设备有压力或有漏油；隔离措施脱落或破损；现场环境变化，附近有易燃物料外溅，或因风向变化而受到可燃气体吹袭；由于风向变化或风力过大，而使油气被吹向作业现场；消防水源中断或突接停水通知；作业人员不满足规定要求、施工单位或建设单位安全员不在位。

（3）作业现场监护。作业现场环境必须时刻保证安全要求，要做到五个监护。一是监护警戒标志。随时保证现场警戒线或隔离带明显、有效，施工监护区域标识、风险预警标识醒目完好，确保与作业无关人员和机械车辆不进入现场。二是监护逃生通道。随时保证逃生通道畅通，避免物料、机具占用通道。三是监护消防设施。保证消防器材完好无损且无作他用，随时处于备用状态。四是监护应急救援器材及材料。安全防护用具、劳保用品、着装及救援器具、涂装及稀释剂储存及调配场地等要符合施工安全要求。对于用来清洗工具及容器的废溶剂、空桶、杂物等应统一收集、及时清走，并妥善回收处理，不能随意掩埋，防止造成环境污染。五是监护工器具摆放。现场所有工具摆放规范整齐，用完后及时回收。

（4）作业许可监督。一是开工作业证，油罐清洗修理及除锈涂装作业开工实行"一罐一证"制。二是进罐作业证，班(组)进罐施工每班次实行"一班一证"制。三是动火作业证，作业过程中需进行动火作业时，应按用火管理规定办理动火作业证。

（5）检测及记录监督。作业过程中，必须保证专人定时使用检定合格的气体检测仪器对作业点和周围环境中的气体进行检测，尤其是每次作业前的检测和天气发生变化后的检测。出入库、各种作业证、施工日志、施工现场值班、消防值班日志等登统计记录和现场人员监护过程的记录是作业过程的实际反映，也是动火管理水平的体现，更是有效落实责任制的重要依据，要做好资料收集、作业过程记录的监督，确保其及时性、有效性和真实性。

4. 把好隐蔽工程监督关

油罐清洗、涂装、局部修理等项目都涉及隐蔽工程，对于隐蔽工程，要加强施工程序监督。监督环节主要包括材料交验、中间环节、施工过程跟踪和竣工验收监督，每一个环节都非常重要，不能掉以轻心，否则会因为一个小的环节把关不严，造成"千里之堤溃于蚁穴"的严重后果。每道工序完成后，必须由建设、施工和监理单位代表共同进行安全质量检验，并履行签证手续，否则，不得进入下一道工序。

5. 把好安全与质量检查关

适时组织检查，是及时发现施工质量问题和安全隐患的有效措施，是消除安全隐患，确保施工质量的关键。每道工序、每个环节、每天工程量、阶段性工程任务完工后，都要进行安全与质量检查，及时发现存在的问题，排查安全隐患，确保质量过关、安全规范。

人身和财产安全贯彻于整个施工全过程。应制定安全生产责任制，做到每一步都有人负责安全，每一步都注意安全，每个环节都确保安全。还应制定防火、防爆、防雷和防静电安全措施，作业人员防护措施，原材料储存安全技术规定等。在油罐内作业，电气、起重、脚手架等安全作业技术要落到实处。此外，施工过程中的废物处理要符合环保要求，不得污染环境。

总之，油罐清洗修理及除锈涂装作业是一种非常规、动态性的高风险作业，在认真汲取多年来清洗修理及除锈涂装作业中发生事故教训的基础上，综合运用系统论和控制论的基本原理，以完善作业计划、理顺作业程序为突破口，以选择过硬施工队伍、规范作业前期准备为抓手，以细化监护过程管控为重点，突出动火作业全过程的规范化管理，执行"规定动作"，禁止"自选动作"，是保证作业安全的关键。

第四节　油罐清洗修理工程施工作业安全技术措施

一、安全技术通用要求

为确保安全，在作业时，禁止不同性质作业同时交叉操作，地面罐相邻油罐、整条洞库内油罐、通道连通的覆土式整组油罐均不得进行收发和输转油料及动火作业。地面、覆土罐清洗修理及除锈涂装作业期间，应设昼夜值班员。禁止用轻质油料或溶剂清洗设备和工具。对洞库、覆土式油罐进行清洗修理及除锈涂装作业时，对其罐间、通道及其他相对密闭的有限空间内的管理可参照油罐内施工要求执行。要依据 YLB 3001A—2006《军队油库爆炸危险场所电气安全规程》等有关要求，从一般规定、可燃性气体检测、安全防护用具要求、通风换气、防中毒、防静电危害、防着火爆炸、防工伤事故和作业环境等方面进行全面规范。

二、可燃性气体检测

在爆炸危险环境进行高风险作业，要对可燃气体检测部位、时机、人员和原则提出相应要求。首要的技术防范方法就是严格落实可燃性气体浓度监测制度，这对于防止施工人员中毒和着火爆炸事故发生至关重要。要依据 JJG 693—2011《可燃气体检测报警器检定规程》规定及相关要求对可燃性气体进行检测和规范管理。使用的可燃性气体检测仪必须是相应资质厂家生产的合格产品，技术资料齐全，符合防爆和精度要求，具有良好的重复性和再现性，且必须在检定有效期内。可燃性气体检测仪使用前应进行检定和校验。未经检定和校验，或经检定不合格的不得使用。每次进罐作业前，应由专业人员检测作业现场的可燃性气体浓度，并达到规定要求方可进行后续作业。

1. 施工期间的监测原则

（1）必须采用 2 台以上同型号、同规格的可燃气体测定仪进行检测。2 台仪器所测结果差别较大时，应重新标定再进行测试，且以较大一组数据为检测结果。

（2）可燃气体浓度检测的部位，应遵循由外及里的原则，对易积聚可燃气体的封闭区域和低凹部位，应做重点检测。

（3）气体浓度的测试应有专人负责，且不得离岗，每次检测应有记录。

（4）在油气浓度较大的环境，或不确定可燃性气体浓度的场所检测时，检测人员应佩戴正压式空气呼吸器。

2. 检测时机的把握

（1）可燃气体浓度检测应在动火或清洗油罐前 30min 内进行，正式用火或清洗油罐时应复测一次。若用火作业中断时间超过30min必须重新检测可燃气体浓度。

（2）罐内清洗作业中，每2h检测一次可燃气体浓度。

（3）罐内旧底板切割、补焊、基础清理或修补作业中，每隔30min检测一次可燃气体浓度。洞库、覆土罐在用火过程中，罐室内外环境每隔1h检测一次可燃气体浓度。

三、安全防护用具

安全防护用具主要包括呼吸护具、头部护具和劳动保护用具等，是作业人员的"护身符"，其性能对于防止施工人员中毒和确保人身安全至关重要。

使用的安全防护用具必须是相应资质厂家生产的合格产品，技术资料齐全，性能良好，且必须在检定有效期内。安全防护用具应正确佩戴和操作，使用中内外表面不被油类、有机涂料等污染。安全防护用具使用后必须清洗消毒，妥善保管。

呼吸护具供气管不应有拔脱、阻塞和漏气等现象，使用前应按规定进行检定和试验，未经检定和试验的，或经检查检定不合格的不得使用。使用呼吸护具时，每人的供气量应不小于30L/min，多路供气的总量必须大于30L/min与路数之积，供气时间必须保证罐内人员能够安全出罐。

四、通风换气

1. 通风换气的重要性

在爆炸危险环境进行作业，适时通风换气是防止施工人员中毒、着火爆炸事故发生的重要技术防范手段。油罐清洗修理及除锈涂装过程中，如果罐中蒸气的体积分数超过一定范围，轻则会对人员身体健康造成伤害，重则可能发生油罐着火甚至爆炸，所以，要适时通风换气。

通风换气的依据是可燃性气体浓度要控制在4%以下。但为了确保安全，一般要严于国家标准。另外，原油罐和成品油罐作业要求有所区别，中石油针对原油成分构成和理化特性，参照GBZ 2.1—2007《工作场所有害因素职业接触限值》规定，"可燃性气体浓度控制在（其与空气混合物爆炸下限）10%以下；CO浓度低于30mg/m^3；硫化氢低于10mg/m^3；氧气浓度要求控制在19.5%~23.5%（体积）之间。不满足上述要求时，采取特殊措施，使用外供式清洁气源"，一般要求采用四合一检测仪，对上述四项指标进行同时检测。

2. 通风换气准备及要求

通风换气前应认真检查各项准备工作是否就绪。检查的内容有：是否已按要求排除底油；是否确实拆断、隔离、盲堵与清洗油罐相连的输油管、呼吸管、通风管和油罐；是否拆断油罐的阴极保护；排气用电气、机械设备、管路等是否满足场所安全防爆要求；通风设备、工艺布置是否合理；机械设备的技术状况是否良好。

选用的通风设备，每小时通风量一般应大于油罐容积的 8～10 倍以上（对于公称容积 3000m³ 以上的油罐，通风量至少在 15000m³/h 以上），并优先选用离心式风机。通风道必须保持严密、清洁，风道内不含颗粒杂质；其隔离、切换装置必须不漏油气；风道严禁与油罐呼吸、排污道共用；移动式风管必须采用防静电风管。

洞库油罐必须设置专用的油气排放风管，排气口距洞口水平距离 20m 以外。严禁将油气直接排入坑道内。油罐通风进出口必须设置在油罐的不同方向，以减少通风死角和避免造成油气回流。

中石油规定，受限空间涂装作业通风容积与通风机选择为：

① 1000m³ 以下的容积，选择通风量不小于 2000m³ 通风机；

② 1000～5000m³ 的容积，选择通风量不小于 5000m³ 通风机；

③ 5000m³ 以上的容积，选择通风量不小于 9000m³ 通风机；

④ 50000m³ 及以上的容积，以及受限空间内部结构复杂、阻挡通风流向、存在通风死角的，或者只有一个口的，须进行专项风险评估，编制通风方案；

⑤ 对于只有一个口的受限空间涂装作业，应优先考虑应急通道。

⑥ 通风机必须选用防爆风机和防爆接线。

3. 通风换气方法

目前，通风换气方法主要有自然通风、机械通风、充水排气和蒸汽吹扫 4 种。这些方法各有优缺点，作业时可根据具体情况对作业要求灵活选用。

(1) 自然通风

自然通风，也称为换气，是排除油罐内油蒸气最简单的方法。它最大的优点就是借助于自然力，需要很少或不需要设备，也不需要任何外界动力。它的不足之处，一是需要的时间比较长，罐内的油蒸气体积分数保持在有毒和爆炸水平的时间比较长，油蒸气聚集在罐外的地面上，也会形成另一种危险；二是对于洞库、地下油罐，这种方法不一定适用，因为多数洞库、地下油罐缺乏自然通风的条件。

自然通风时，应先打开罐顶人孔盖，然后再取下罐壁上的人孔盖或清洗口盖，让空气从罐内自由流通。通风时应经常测量油蒸气的体积分数，在较浓油蒸气未排除之前人员进罐清除底部沉淀物要特别慎重。

(2) 机械通风

机械通风，也称人工通风，是使用机械的力量让新鲜空气流入油罐的方法。机械通风优点是能加快排除油蒸气的速度，缺点是对设备防爆性能要求高。机械通风作业的步骤如下：

① 按照预先确定的方案，安装和调整通风设备及风管。打开油罐下人孔、采光孔时，应佩戴正压式呼吸器，以防油气从油罐内逸出导致中毒窒息。

② 隔离油罐，当油蒸气体积分数在爆炸下限20%以下时，进行风机试车。

③ 在各项准备工作确认无误后，打开油罐进风口，启动风机，通风排气。

④ 对储存甲、乙类和丙A类油品的洞库，通风作业只能逐罐进行，严禁同时打开几个油罐的孔盖。通风作业应连续进行，必须中断时，应将油罐孔盖封严（包括通风口），将风机和风管内的可燃性气体排净方可停机。

⑤ 通风一定时间后，检测罐内可燃性气体的浓度，确定能否人员进罐清洗作业。

(3) 充水排气

充水排气，就是用水替换罐内的油蒸气。油罐装满水后，油蒸气就会排尽，但这种含有油的水在倾倒之前必须经过净化处理，适用于水源充足方便，具有含油污水处理设备的小型地面罐、覆土罐。充水排气作业的步骤：

① 制定充水方案，报请清洗修理及除锈涂装作业领导小组批准。

② 卸下进出油管阀门，封堵管头，切断或关闭胀油管阀门，卸下机械呼吸阀。

③ 将充水管和进出油短管连接，设置控制阀。

④ 在罐顶适宜开孔处安装溢水管，并与通向污水处理装置的管路连通，溢水管口径应大于进水管口径，罐顶中央应设排气孔。

⑤ 检查无误后，启动水泵充水。开始流速限制在1m/s左右，待水面超过管口后，逐渐增大流量。水高至罐高的3/4处时，应减速至1m/s左右。满罐后，继续充水，使油和污水从溢水管排至污水处理装置，一般溢水30min左右。

⑥ 溢水后，浸泡24h，排水至污水处理装置。

⑦ 无论是进水还是排水，都应严密监视油罐内气体空间的压力变化，防止油罐翘底或吸瘪。

⑧ 检测油气浓度是否符合要求。

(4) 蒸汽吹扫

蒸汽吹扫，是往油罐中通入水蒸气来替代油蒸气。丙类油品储罐可用蒸汽吹扫黏附于罐壁的残油和油蒸气。这种方法速度慢，易产生静电，且只能在夏天采用。对于大直径的油罐来说，水蒸气的效果很差，但对于运油车、加油车和铁路油罐车效果很好。蒸汽吹扫作业步骤如下：

① 根据批准的蒸汽吹扫方案，安装均匀布孔的十字形蒸汽管于罐内1/4处（由人孔送入），并连接可靠的静电接地。

② 向罐内注入少量水。

③ 打开罐顶采光孔，以便排放蒸汽。

④ 检查无误后，将低压(0.2~0.25MPa)蒸汽缓慢通入罐内。当罐内温度达60~70℃时，停止供汽，维持蒸扫一定时间。蒸扫过程中，应注意温度变化引起罐内压力变化，防止设备损坏。

⑤ 待罐温降至环境温度时，将冷凝水排出处理。

4. 通风换气注意事项

(1) 通风换气是一项高危作业，在打开储油罐时，作业人员必须佩戴正压式空气呼吸器具。

(2) 在通风换气的过程中，要定期测试罐内油蒸气浓度。

(3) 在进行油罐清洗修理及除锈涂装作业中，应始终保持通风良好。对油罐内壁进行清洗施工或对洞库、覆土式油罐进行清洗修理施工时，应采用强制通风措施。通风管必须保持严密，严禁与油罐呼吸管、排污管共用。

五、作业环境

良好的作业环境对保证作业人员安全顺利施工具有重要意义。作业场所应设置安全界限或栅栏，各主要作业点应设立安全标志或警示牌。禁止与作业无关的人员和车辆进入作业现场。安全标志制作按 GB 2894—2017《安全标志及其使用导则》执行。在无照明(含日光、灯光)条件下，禁止任何人进入罐内。

遇恶劣气候(风力5级以上、浓雾、暴雨等)影响安全作业时，禁止通风和露天高空等作业。罐内作业时，油罐人孔口和罐室出入口处不得放置影响通行的物品。用来清洗工具及容器的废溶剂、空桶、杂物等统一收集并及时从施工作业区清走。

作业现场要安排一定的消防值班力量，油罐清洗修理及除锈涂装作业负责人负责检查和监督消防工作，并在现场上风向备有适量消防器材，随时做好应急准备。

每天作业完毕后，必须认真清点人员、工具和器材，所有人员要统一组织行动，保证现场始终安全有序。清洗修理及除锈涂装作业负责人要对现场进行全面的检查清理，在确认已消除各种不安全因素的情况下，统一将人员带离现场，负责人应最后离开。

六、清洗油罐安全要求

清洗油罐是一项比较危险的作业，油蒸气不仅易燃、易爆，而且有毒。因此，清洗油罐时必须严格遵守安全规程，执行安全纪律，落实安全措施。

(1) 打开人孔，分层检查罐底油品质量，在此基础上排除罐底存油、积水、油污等，并制定处理方案。

(2) 地面、半地下油罐清洗时，相邻油罐应停止收发和输转作业。洞库或同一罐室内的部分油罐清洗时，必须停止其他油罐的收发和输转作业，并采取相应的消防安全措施。禁止将巷道作为排除油蒸气的通道，专用排气管必须严密，不漏气、不串气。

(3) 储存甲、乙类和丙$_A$类油品的洞库油罐清洗时，只允许逐个进行通风，严禁同时打开其他油罐的孔盖。通风作业应连续进行，必须中断时，应将油罐孔盖封严(包括通风口)，并将风机和风管内的可燃气体排净，才能停机。

(4) 进入罐内人员必须穿戴防静电工作服、工作鞋和工作手套，为预防万一，要带上信号绳和保险带，不准使用化纤绳索，罐外设专人守候监护。进罐时间不宜过长，一般15~20min为宜，轮班作业。

(5) 引入轻油罐内或距轻油罐35m以内的照明灯具和通信器材等符合规定的防爆要求。

(6) 电气设备试验、检查时，应在距轻油罐35m以外的上风方向进行。

(7) 禁止雷雨天进行轻质油罐的清洗作业，进罐人员禁止使用氧气呼吸器，以防增加助燃的危险性，油罐冲洗或试水，不得使用输油管线。

(8) 清洗油罐时禁止使用压缩空气瓶，尽量不采用喷嘴喷射蒸汽或从顶部插入胶管淋水。

(9) 引入油罐的空气、水和蒸汽的管线喷嘴等金属部分以及用于排出油品的管子和软管都应与油罐作电气连接，并做好可靠的接地。

(10) 应采用有效的罐内通风措施，采用电动风机通风时，必须采用防爆风机；机械通风机与油罐作电气连接，并接地。

(11) 清扫残油污水应用扫帚或木制工具，严禁用铁锹等钢制工具，照明须用防爆灯具。

(12) 清洗油罐的锯末、棉絮、拖布和罐内清理出来的油污、铁锈，应及时收集，采用化学法、焙烧法或自然风化法妥善处理。

(13) 清洗油罐时，现场应准备好各种消防器材，有条件者应派消防车现场监护。

(14) 油罐清洗后如需补漏，尽量采用不动火的修补方法进行。确需动火修补时，必须确认可燃性气体浓度在爆炸下限的25%以下，断开该油罐与其他油罐的金属连接，并提出动火申请。

七、油罐修理安全注意事项

(1) 应配备必需的消防设备，严禁在罐内吸烟、明火照明、取暖，以及将发火源带入罐区内。

(2) 应严格执行危险品管理的有关规定。

（3）油罐检验和修理前必须切断与储罐有关的电气设备的电源，必须办理设备交接手续。

（4）油罐内部介质排尽后，应关闭进出阀或加设盲板隔断与其连接的管道和设备，并设有明显的隔断标志。

（5）对于盛装易燃、腐蚀、有毒、或窒息性介质的储罐，必须经过置换、中和、消毒、清洗等处理，并在处理后进行分析检验，分析结果应达到有关规范、标准的规定。具有易燃介质的严禁用空气置换。

（6）罐内作业必须办理罐内作业许可证。因故较长时间中断继续作业，应重新补办罐内作业证。

（7）在进入罐内作业30min前要取样分析，其氧含量在规定值之间。

（8）进入罐内清理有毒，有腐蚀残留物时，要穿戴好个体防护用品。

（9）需要搭制的脚手架及升降装置，必须牢固可靠，在作业中严禁内外抛掷材料工具，以保安全作业。

（10）罐内照明应使用电压不超过24V防爆灯具。

（11）罐内需动火时，必须办理动火证。

（12）罐内作业必须设监护人，并有可靠的联络措施。

（13）竣工时检修人员和监护人员共同检查罐内外，经确认无疑，监护人在罐内作业证上签字后，方可封闭各人孔。

（14）试压后放水时，必须连通大气，以防抽真空。

八、油罐清洗修理及除锈涂装作业消防安全要求

油罐清洗修理及除锈涂装作业要坚决贯彻"预防为主、防消结合"的消防方针，在准备作业现场时，应配备足够的消防器材，留出消防通道，加强职业卫生、防毒、防火、防爆、防腐、防尘和防静电等方面培训的同时，重点要对作业人员特别是消防安全员进行系统全面的消防安全知识培训，建立详细的消防安全操作规程，达到"懂预防知识、会操作使用、能组织指挥"的目标要求。同时还要注意以下10个方面的内容：

（1）由现场负责人指定作业班（组）的专（兼）职消防安全员，安全员因故不能上岗时，应及时指定临时安全员。作业前，必须对所有参加作业的人员进行消防安全教育和岗前技术培训，并进行消防演练。作业期间，做好班前消防安全教育、班中消防安全检查和班后消防安全讲评工作。

（2）油罐清洗修理及除锈涂装工程承包给地方工程队时，应在承包合同条款中明确消防安全责任，要求工程队建立健全消防安全组织和消防安全制度，落实各项消防安全措施。石油库应派出安全监督员跟班作业，工程队严重违反消防安全规程时，石油库有权限令其停工整顿，直至终止合同。

(3) 进罐作业(含进罐室作业)实行作业证制，未办理进罐作业证或持无效进罐证，不得进罐作业。作业证分开工进罐作业证和班(组)进罐作业证两种。要根据进罐作业证的要求，配套做好消防预防工作。

(4) 进罐作业证由班(组)按栏目要求逐项如实填写，设备、消防、检测、医护等负责人如无异议，应在栏目内签字，安全员复核签字后送现场负责人签发。开工进罐作业证需送石油库主管业务领导签发。

(5) 班组进罐作业证当班有效，隔班作废。进罐作业证用后由现场负责人收回，交石油库资料室存档备查。每个班(组)均需建立工作日志，详细记录当天工作内容、有关安全事项和消防安全内容。

(6) 凡参加油罐清洗修理及除锈涂装作业的人员都有监督消防安全的义务，有权提出消防安全措施和整改火灾隐患的意见和建议，有权制止各种违章作业和拒绝任何人的违章指挥。

(7) 清洗修理领导小组负责人应经常深入现场检查，如发现重大火灾隐患，即刻收回进罐作业证。现场负责人应亲临现场，及时解决和处理发现的问题，如临时离开现场，应指定具备资格的临时负责人，离开时间超过一个工作日时，应报请工程建设领导小组批准。现场负责人发现作业班组有违章情况或工作条件发生变化，危及作业现场的消防安全时，应责令停止作业，待符合消防安全要求后重新办理进罐作业证。

(8) 作业人员在作业期间离开或返回现场时，必须向班(组)长请销假。

(9) 安全(监护)人员应加强现场的巡回检查，发现火灾隐患有权制止作业，并立即向上级报告。现场负责人和班(组)长应尊重安全(监护)人员的意见和建议，并积极采取相应的消防安全措施。

(10) 所有作业人员必须严格执行有关消防安全规程，对违反者应根据情节轻重给予批评教育或处分，对造成事故者应根据事故性质和后果的严重程度，追究行政或刑事责任。

九、油罐除锈总体安全要求

(1) 严禁在油罐内同时进行机械和人工除锈，除新建油罐外，机械除锈禁止使用干喷砂。

(2) 作业面布置要合理，相邻作业点间距离在1m以上，严禁多个作业点立体垂直布置。

(3) 作业人员要佩戴护目镜和防尘口罩，喷枪应有限位装置。

(4) 在罐内作业时，要设置带防护结构的照明装置，使用的软管等应耐磨，导静电。

(5) 在离地2m以上进行除锈时，要做好安全防护工作。

(6) 用手持式电动打磨工具除锈或整修焊瘤时,视为用火作业,必须严格执行《石油库动火安全管理办法》,作业前空载运转 2min,作业过程中必须实时检查磨具材质损耗情况,超过限度时不准使用。

(7) 作业中,罐内杂物应及时清除,不允许长时间堆积。作业后,可不拆除脚手架,留待涂装作业时使用。

十、油罐涂装总体安全要求

(1) 涂装过程中,注意现场的溶剂浓度不能超过规定范围。储存涂料和溶剂的桶应盖好,避免溶剂挥发。应有通风设备,避免溶剂蒸气积聚,以减少溶剂蒸气的浓度。

(2) 在爆炸危险区域内使用的电气设备,必须符合相应危险等级的防爆要求。

(3) 涂装作业中应尽量排除一切火种。涂装现场的火种主要来源于自燃、明火、撞击火花、电气火花和静电等,在进行涂装作业时均应予以排除。

(4) 防自燃。凡是浸过清油、涂料或松节油以及擦洗油罐时沾过油品的棉纱、破布等,若不及时清理而任其自然堆积,将导致放热的发生,如果达到了堆放物的燃点即可自燃。所以,沾有涂料和溶剂的棉纱、破布等,必须放在专用盛水的金属桶内,及时予以清理烧毁。

(5) 防明火。涂装现场内严禁吸烟,禁止携带火柴、打火机,严禁使用明火和非防爆通信设备等,尤其是进入洞库,必须严格遵守"出入洞库规则"。

(6) 防撞击火花。在涂装现场禁止进行可能产生火花的工作,不能任意用铁棒敲打开封的油漆桶及其他金属设备。除锈用的工具必须是有色金属制造,不要穿带铁钉的鞋和使用易产生火花的工具。

(7) 防电气火花。涂装作业现场必须使用符合规定等级防爆要求的电气设备。电气设备不能超负荷运行,并应经常进行检查。不准使用能产生火花的电气用具和仪器。不准在涂装现场带电检修电气设备。电气设备的接地应牢固可靠,在油罐内作业时,使用的照明行灯必须使用安全电压,在干燥的罐内电压≤36V,在潮湿环境内电压≤12V,并要符合防爆要求。悬吊行灯时,不能用导线承受张力,必须用附属的吊具来悬吊,行灯外表必须装有金属防护罩,在使用中严禁摔打,电线中间不得有接头。

(8) 防静电。在涂装作业中,产生静电的因素很多。如在将甲桶涂料倒入乙桶过程中,穿化纤衣服进入工作场所、用化纤布擦洗油罐设备等,常常成为火灾和爆炸事故的根源。因此,在作业中要分析哪些因素可能产生静电,并采取相应的预防措施,对设备、管线、容器等进行可靠接地。

(9) 使可燃气体的浓度降到爆炸极限以下。在涂装作业时,可以利用固定机械通风设备或移动机械通风设备及时对涂装作业场所进行通风,以降低可燃气体的浓度。排出气体必须排放至安全的地方。洞库作业时,要关闭其他油罐间的密闭门,减少收发作业次数,检查设备,防止油品的渗漏,并应对涂装的设备及坑道、罐间等进行通风,使可燃气体的浓度降至爆炸极限以下。地面油罐内壁涂装时,应接临时通风设备对罐内进行通风,排出可燃气体。在管沟内对管线涂装时,应对管沟进行通风。

(10) 加强组织领导,对人员进行安全教育,明确安全注意事项。石油库设备(主要是油罐和管路)涂装作业前,应成立组织领导小组,明确安全注意事项,认真分析涂装作业中可能出现的不安全因素,有针对性地制定规避措施,防患于未然。在涂装作业中,及时进行安全检查,发现不安全因素,要及时采取措施予以制止。涂装作业后,要认真总结经验教训,为今后涂装作业积累经验。

(11) 配置足够的灭火器材。在涂装作业现场适当明显位置,必须配置必要的移动消防器材,如在涂装作业中万一发生燃烧时,可以用石棉被等覆盖物罩上以隔绝空气,或用泡沫灭火器、干粉灭火器等予以扑火。若是涂料和有机溶剂着火,千万不能用水灭火。

第五节 防窒息中毒技术措施

排空油罐和管线内油料、实施油气通道隔离、适时通风换气、适时检测可燃性气体浓度、佩戴防护用具和配备专职监护人员实施全程监护作业是清洗修理及除锈涂装作业防中毒的主要技术措施。

一、准备工作

油罐清洗修理及除锈涂装作业前做好各项准备工作是确保施工安全的保证。准备工作与通风换气有相同之处,具体要求为:

(1) 排空罐内油料;

(2) 拆卸输油管线,脱离开油罐与其他罐、管的连接,并加盲板封堵,关闭阀门;

(3) 洞库内油罐与其他罐组相通的巷道、沟可临时采用密实性不燃材料封堵,需通行的通道宜采用临时隔墙加两道密闭门的方法,实施可靠隔离,作业期间暂不通行的通道宜采用砖砌封闭墙隔离,墙的厚度不得小于360mm,砌筑砂浆必须饱满,面向施工活动区域侧的墙面应勾缝和抹面。

(4) 在油罐清洗前,打开人孔、采光孔及量油孔,拆下呼吸阀、安全阀和阻火器等附件,进行通风换气。自然通风96h,机械通风24h(包括机械间歇时间,即通风机运转4h,停运1h)后,对罐内外环境进行第一次可燃气体浓度检测,之后分别间隔24h、4h进行检测,直至达到作业要求(40%LEL以下)。

二、打开油罐人孔

施工前要提前打开人孔、采光孔及量油孔,拆下呼吸阀、安全阀和阻火器等附件后,并进行通风换气。开起人孔、采光孔时,施工人员必须佩戴正压式空气呼吸器,罐外必须设专职监护员,且1人只能监护1个作业点,并按先打开罐顶采光孔后再打开罐壁人孔的顺序进行。一般在将罐壁人孔盖打开清扫时,一些烃类蒸气将从罐内释放出来。如果通风不彻底或未经化验分析是否合格而进入罐中作业容易发生油气中毒或窒息事故。

三、进罐前预防措施

人员进罐前,必须确认油气浓度在允许范围内(40%LEL以下);施工人员进罐作业必须外着整体防护服及手套和长靴等,佩戴经检定合格的正压式空气呼吸器,以防止直接吸入油蒸气或直接接触油泥;安全员必须在位。为防止可燃气体聚集,施工现场设置通风设施,并在施工期间进行连续的通风换气。

四、进罐技术措施

作业人员进入油罐内或爆炸危险环境从事清洗修理及除锈涂装作业应符合以下规定:

(1) 当作业场所可燃性气体浓度在爆炸下限的40%以上时,严禁进罐作业。此时即使有可靠的防护措施,也不能进罐作业。因为呼吸器具的吸气能力有限,在罐内缺氧的环境中长时间工作,呼吸器具实际上起不到保护作用,所以在未经彻底排气和进行通风的罐内,决不允许人员进罐,即使戴上呼吸器具进罐作业,也要规定时间限制。

(2) 当作业场所可燃性气体浓度在爆炸下限的4%~40%范围内时,进罐作业人员必须佩戴正压式空气呼吸器,且同时进罐人员不得少于2人。

(3) 当作业环境可燃性气体浓度达到爆炸下限的20%以上时,禁止使用黑色金属工具。

(4) 当作业环境可燃性气体浓度在爆炸下限的1%~4%范围内时,允许佩戴防毒口罩进罐作业,每次进罐作业时间不得超过30min,再次进罐作业间隔时间不得少于1h。

(5) 可燃性气体浓度在爆炸下限1%以下时,允许无防护条件下8h工作制进罐作业。

五、油气中毒机理及预防对策

从收集的油气中毒案例看,汽油蒸气引起中毒的居多,预防油气中毒主要以预防汽油中毒为主。汽油的主要成分是 $C_4 \sim C_{12}$ 烃类，为麻醉性毒物。工作人员施工时，在汽油蒸气浓度达 $38\sim49g/m^3$ 的环境下作业 $4\sim5min$ 便会出现明显的眩晕、头痛及麻醉感，这就是医学上所说的油气中毒。油气中毒一般可分为急性中毒和慢性中毒两种。急性中毒以神经或精神症状为主，误将汽油吸入呼吸道可引起吸入性肺炎；慢性中毒主要表现为神经衰弱综合征、植物性神经功能紊乱和中毒性周围神经病。

施工人员在作业过程中，接触油品、吸入油气是不可能完全避免的，只要采取必要的措施是完全可以预防的。一要加强油品安全知识的学习和防毒教育，组织学习油品基本知识，充分认识油品的毒害性，认真贯彻执行各项规章制度和安全措施，借助有利时机和场合，大力普及油品知识，搞好防毒和抢救知识传授、宣传，举行学习竞赛和营救演练，克服麻痹大意和恐慌惧怕的心理。二要养成良好的工作和卫生习惯。严格遵守安全操作规程，开展作业与油气接触时，应穿上工作服，戴橡胶手套和口罩，进入高浓度油气作业环境时，应进行强制性通风并站在上风口工作，做好个体防护，佩戴送风式防毒面具，工作中不要喝汽水类饮品，不要吸烟，不要长时间穿戴被汽油浸湿的衣服，作业中若油品溅入眼内，应立即用食盐水或清水冲洗，以防黏膜受损。三要避免口腔和皮肤与油品接触。作业完毕后，要用碱水或肥皂洗手，未经洗手、洗脸、漱口不要吸烟、饮水和进食；不要将沾有油污的工作服、手套、鞋袜带进食堂和宿舍，应放于指定的更衣室，并定期洗净。四要尽量减少油品蒸气的吸入量。工作场所要保持良好的通风，让油品蒸气尽量逸散后再开始工作；进入轻油罐区作业时，必须事先打开人孔通风，并穿戴有通风装置的防毒装备，还要配上保险带和信号绳，操作时，在罐外要有专人值班，以便随时与罐内操作人员联系，并轮换作业；清扫汽、煤油汽车油罐车和其他小型容器的余油时，严禁工作人员进入罐内操作，在清扫其他余油必须进罐时，应采取有效的安全措施；进行轻油作业时，操作者一定要站在上风口位置，尽量减少油蒸气吸入。

六、油气中毒救治措施

急性中毒者，应迅速脱离现场，立即抢救，先把中毒人员抬到新鲜空气处，松开衣裤（冬天要防冻），清除皮肤污染并安静休息；若中毒者失去知觉，则应使其嗅、吸氨水，灌入浓茶，进行人工呼吸，能自行呼吸后，迅速送医院治疗；对重度中毒者，应口对口进行人工呼吸或气管插管，提供有效供氧，清除痰液，保持呼吸道通畅；对于患者出现意识障碍、抽搐、自主神经功能紊乱、颅内压增高等急性中毒症状及体征，应迅速给氧、降温、降低颅内压、止痉及镇静，保护及恢复脑功能；对于吸入性肺炎的治疗，患者应卧床休息，保持呼吸道通畅，应用吸氧、糖皮质激素等预防感染；另外，急性汽油中毒病情变化快，应密切观察病情变化、及时调整抢救方案和治疗药物。

慢性油气中毒常有短暂的头痛、乏力、注意力不集中、记忆力减退等症状；如在作业中发生头昏、呕吐、不舒服等情况，应立即停止工作，休息或治疗；治疗主要参照中毒性周围神经病的治疗，可选用维生素 B1、维生素 B6、维生素 B12、烟酰胺、三磷酸腺苷、地巴唑等药物。如出现妄想及幻觉等精神症状，可选用甲氯丙嗪、氯普噻吨、奋乃静进行对症治疗。

七、防窒息中毒注意事项

（1）作业中应实时监测可燃性气体浓度，超过允许值时作业人员应迅速撤离现场，采取通风措施，降至允许值以下方可继续作业。

（2）作业现场应配备急救箱，不少于 2 套正压式空气呼吸器、救援绳，并有医护人员值班。

（3）严禁作业人员上岗前饮酒，严禁作业人员在作业场所饮水或用餐。作业人员作业后应在指定地点更衣，洗手洗脸、刷牙漱口。作业人员不准穿工作服进入公共场所。

（4）进罐作业人员应每隔 10min 与罐外联系一次，每隔 15~20min 轮换一次，以防止发生中毒或窒息事故。

（5）罐外监护人（安全员）要经常与被监护人取得联系，随时观察被监护人的状态，不得离开现场。每次进罐作业前，都应对通风及呼吸器具进行检查、试验、清洗和消毒，并检查风管连接是否可靠。

第六节　防着火爆炸技术措施

明确爆炸危险环境界线、使用合格防爆电气设备、消除火种、及时通风清除聚集油气是防止着火爆炸的主要措施。

准备工作与前面有相同之处，其总体安全要求是：一是防止形成爆炸性混合物。作业前要将可燃液体完全排空，然后拆卸输油管线，脱离开油罐与其他罐、管的连接，并加盲板封堵，将阀门关闭，防止油气进入。打开人孔、通气孔和排污口，使罐内充分通风，保证通风良好，出入口无障碍。风力五级以上的大风天，不宜进行油罐的通风或清洗作业。二是控制和消除清洗中的引火火源。清洗用的电气设备如照明、通信器材和机泵等应符合防爆要求。工作人员不着化纤衣服，不准使用化纤绳索，防止静电的产生和积聚。引入储罐的气管、水管、蒸汽管线及其喷嘴等金属部分，以及用于排除油品的胶管和机械通风设备等，都应与储罐做电气连接，并有可靠的接地。进行人工铲除污物时，应用木质、铜质、铝质等不产生火花的铲、刷、钩等工具，必要时在工具上涂黄油。禁止在雷雨天进行储罐清洗作业。

一、油罐清洗修理施工期间危险环境等级和范围划分

在油罐清洗修理作业中，着火爆炸是最大风险，危险性大，后果严重，是防范难点。本节针对油罐清洗修理作业期间，大量可燃性气体在有限空间内聚集，并集中向外排放，危险增大，风险提高的特点，提出了在不同作业阶段危险场所等级和范围的划分标准，明显高于正常情况下的危险场所划分标准，并要求在施工期间严格按照爆炸危险场所管理规定执行，对防着火爆炸起着决定性作用。相关规范明确规定：

（1）储存甲、乙类和丙$_A$类油料的油罐清洗、通风前，当罐内可燃气体浓度在爆炸下限的40%以上时，罐内为0级场所，在爆炸下限的4%以上时，为1级场所。

（2）储存丙$_B$类油料的油罐涂装期间，罐内为1级场所，其他作业期为火灾危险场所。

（3）储存甲、乙类和丙$_A$类油料的地面、覆土罐，在清洗、涂装施工期间沿罐壁水平距离15m以内为1级场所，15~30m范围内为2级场所，30m以外为安全场所。

（4）储存甲、乙类和丙$_A$类油料的洞库罐室、巷道和通风口，在清洗、除锈、涂装施工期间周围15m以内为1级场所，洞口15m和通风管口周围15~30m以内为2级场所，其他为安全场所。

（5）1级和2级场所中坑或沟应提高1个等级。

（6）作业现场低凹部位视实际情况适当加大爆炸危险场所的范围。

二、油罐清洗修理对电气设备的防爆要求

在爆炸危险场所使用的电气设备，必须符合YLB 3001A—2006《军队油库爆炸危险场所电气安全规程》的要求；严禁将非防爆通信工具带入作业现场；可燃性气体浓度在爆炸下限的4%以上时，严禁使用非防爆检测仪表；手持照明灯具电压不得高于36V，灯线必须采用橡套电缆，且不得有接头；施工用移动式悬挂灯具必须固定牢靠，并应有防碰撞、防掉落的保护措施。

电气设备是油罐清洗修理过程中常用的设备，主要包括外接供电系统，配电系统，控制系统，防爆电气设备及配电线路等4个部分。通过对17例电气设备引发的着火爆炸事故原因分析统计，其中电气开关6例，占35.3%；电线和接线盒6例，占35.3%；其他5例，占29.4%。其共同特点是：使用非防爆型电气设备(12例)和电线安装不符合防爆要求(3例)，共有15例，占88.2%。

1. 电气设备引发着火爆炸事故原因分析

电气设备引发的着火爆炸事故,有的发生在作业过程中,有的发生在油罐间,有的是由于防爆电气本身质量性能下降而引起的,所有这类事故看似偶然,但有其内在的规律。在上述17例电气设备引发的事故中,爆炸危险场所使用非防爆型电气设备的有12例,占70.6%;电气线路安装不符合防爆要求的有3例,占17.6%;防爆接线盒失效、接线盒拆卸和架空电线安全距离不够的共2例,占11.8%。这就是说,电气设备引发事故中,电气设备不防爆和电气线路安装不符合防爆要求是主要问题。所以,作业中使用的电气设备必须防爆,电气线路安装必须符合防爆要求。同时,各项作业程序、操作规程不健全,作业中工作人员离岗,日常管理不严、检查监督不到位,人员违反操作规程、凭经验盲目蛮干,对一些事故隐患见怪不怪、习以为常,作业中检修防爆电气设备等,也为事故的发生埋下了隐患。

2. 解决问题的措施

一要提高思想认识。各级各类人员要充分认识油罐清洗修理过程中电气设备防爆的重要性、存在问题的严重性和抓紧整改的迫切性,要从建设和谐社会和节约型社会的高度认识确保作业安全的重要意义,切实把作业过程防爆电气设备管理作为保证人民生命财产安全和社会稳定的一个重要内容来抓,加强管控力度,做到防患于未然。二要搞好检查整改。动用电气设备前,要在主管部门统一部署下,抽调聘请防爆电气技术骨干,依据规范要求,逐场所逐设备对拟用电气设备进行全面检查,摸清防爆电气设备现状,找准存在的问题,登记造册,对不符合要求的限期改正,努力使防爆电气设备的安装、使用、管理纳入标准化、规范化轨道。三要加强使用管理。按"谁主管、谁负责,谁使用、谁负责,谁安装、谁负责,谁检修、谁负责"的原则,实行责任到人,按级负责。把防爆电气设备的安全责任分解到每一个人身上,要在工作职责中明确不同岗位的具体责任人,在防爆电气设备上注明岗位负责人姓名及本次、下次检修保养时间。对防爆电气设备制定切实可行的检修保养制度,实施"零故障管理",确保其完好率达到100%。要制订、完善防爆电气安全管理责任追究制度,明确各级、各类人员职责,增强针对性、可操作性。要加大监督检查力度,真正使防爆电气设备管理走上制度化轨道。要加大管理力度,明确管理职责,加强维护保养,管好用好防爆电气设备,将防爆电气设备引发的着火爆炸事故降到最低限度。

三、油罐清洗修理作业过程中防爆要求

(1)储存甲、乙类和丙$_A$类油料的洞库进行施工时,必须逐罐进行通风;通风期间,严禁打开其他油罐的孔盖;禁止敞口自然通风;通风作业应连续进行,必须中断时,应将油罐孔盖封严(包括通风口),并将风机和风管内的可燃性气

体排净，方可停机。

（2）清洗油罐后的油污、锈蚀杂渣及使用的锯末、抹布、手套等污染物，必须及时运出罐区，运送到安全的位置加以有效处理，杜绝污染的发生。在运输途中，装油渣的器皿要安全，防止中途出现意外。

（3）涂料、清洗剂在搬运过程中，应防止日光直晒、雨淋，应隔绝火源，远离热源。

（4）进入作业场所禁止携带明火，施工活动区域及周边易燃（闪点低于或等于45℃）物品按规定进行清除或采取防火、防爆措施。

（5）加强清洗修理作业周围环境的安全警戒，安排专人进行防护，对施工现场进行必要的安全监控。

（6）禁止在雷雨天（或严重低气压天气）进行清洗修理作业。

（7）采取相应防静电措施。

四、油罐维修动火焊接过程防爆要求

设备焊接是油罐清洗修理过程中一项不可避免的工作，涉及在爆炸危险场所动火，也是威胁油罐和人员安全的主要点火源。一般情况下，不提倡在爆炸危险区域内实施焊接作业。但设备焊接工作又是油罐大修换底、整修维护的主要手段之一，在实际工作中离不开动火焊接。

1. 设备焊接引发事故分析

油料的黏附性和挥发性，决定了储存、输送油料的油罐、管线和油泵等设备及其附件，不可避免地存在着黏附油料、挥发油蒸气的问题。对这些设备进行动火焊接，如果不采取有效的安全措施，很难避免着火爆炸事故的发生。在9例设备焊接引发的着火爆炸事故中，其中安装和检修油罐引发4例，占44.5%；4例事故有着共同的特点：一是在用储油罐、输油管线以及储存过、输送过油品的工艺设备等，在焊接前没有进行腾空、清洗、通风换气、检测可燃气体浓度。二是在焊接时，没有采取任何安全措施，焊接或者切割火焰点燃了可燃气体，引发着火爆炸事故。三是在爆炸危险场所动火作业，没有按审批程序办理动火作业证，动火准备工作不到位。

设备焊接事故背后隐藏着多种不安全因素，事故发生的原因可以归纳为四个方面：一是知识缺乏，认识不足。凡是发生设备焊接事故的单位，管理者和工作人员都缺少基本的油品、防火、防爆等方面的安全知识，不了解油品的危险性，甚至不知道油气与空气混合可形成爆炸性混合气体，主观认为不会出现问题。二是忽视安全，意识淡薄。凡是发生焊接事故的单位，管理者不重视安全，没有把安全当作最大效益；工作人员多是流动工人，没有经过岗前培训；焊接人员没有焊接施工资质，不知道焊接储油、输油设备的危险性，不知道发生事故后会造成严重后果，动火焊接不符合安全技术规定。三是制度不全，程序不明。凡发生焊接事故的单位，都没有建立健全必要的安全管理制度，各项作业没有明确程序要求。不知道焊接的基本程序是："清除存油、清洗设备、通风换气、测量可燃气体浓度、办理动火手续、实施焊接"。违背程序焊接，就可能发生事故。四是盲目决断，违章焊接。管理者和实施焊接的人员，主观臆断，盲目行事，想当然进行设备焊接作业。结果是违章焊接发生着火爆炸，造成严重后果。

2. 预防焊接引发事故的对策要求

(1) 要正确判断动火焊接场所爆炸性混合气体的形成和范围。除"爆炸性气体环境用电气设备第14部分：危险场所分类"已经明确的爆炸危险区域外，对动火焊接场所也必须要按Ⅱ类三级危险区域划分标准判断爆炸危险场所范围，按"作业场所是否有油气释放源、释放的油气有无积聚的可能、比照爆炸性混合气体区域划分等级标准、确定危险区域范围"的程序进行。根据以上步骤进行初步判断，然后再考虑其他影响因素，最后确定危险场所等级范围，并采取相应的防范措施。

(2) 遵守焊接的基本安全要求。在节假日，凡不是特急情况，原则上一律停止动火焊接；凡是可用可不用的焊接作业，一律不动火焊接；凡是能拆卸下来施工的设备、附件等，一律拆下来移到安全地带焊接；更不能带油、带压动火焊接。

(3) 对电、气焊设备进行控制。检修用电、气焊设备应放置在指定地点（远离带油的设备和管道），并不得使用漏电、漏气的设备，电焊机的地线必须焊接在同一设备上，其接地点应靠近焊接点1m以内，不能采用远距离接地回路或用其他管路代替接地回路。

(4) 审查焊接单位和人员资质。焊接施工单位或人员应有国家劳动部门颁发的储油输油设备安装焊接资质。否则，不得进行焊接作业。

(5) 对施工人员进行安全教育。对焊接人员必须进行安全教育和岗前培训，学习有关安全管理规定，以及防火、防爆等安全常识。

(6) 制定焊接施工方案。焊接施工要有具体方案，其主要内容是：焊接设备的有关技术数据、组织和责任、清洗方法、通风方法、焊接方法、安全措施和安全监督等。

(7) 清洗和隔离封堵相关设备。凡是对储、输油设备动火焊接，必须清除残油，彻底清洗，隔离封堵与之相连的设备，封闭散发油气管口或者孔洞。

(8) 通风换气和可燃气体浓度测量。储、输油设备清洗后必须进行通风，置换设备内部的油气。焊接前（不超过30min）必须测量可燃气体浓度，在爆炸下限的4%以下，才允许动火烧焊。

(9) 完善安全措施。焊接前办理动火审批手续；焊接现场应配置必需的消防器材；现场应设置安全监督员。

第七节　防静电危害技术措施

静电在油罐清洗修理及除锈涂装过程中的危害不容忽视。静电着火事故的发生，归根到底是由于静电放电产生静电火花点燃可燃气体引起的。通过对15例静电引发的着火爆炸事故分析，设施设备没设静电接地装置或静电接地不良引起的6例；清洗、搓洗、擦拭5例（搓洗衣物的2例，清洗其他物品的1例，用油抹布擦拭设备2例）；着装化纤衣服的2例；用压缩空气清扫油管的1例；用乙烯管输油的1例。15起静电着火事故，主要是由于没有导静电装置或装置不符合要求，没按规定着装，用汽油清洗衣物、用油抹布擦拭设备等，导致静电的产生、聚积、放电所致。如2002年3月7日，某石油公司一座在闹市区的加油站在清洗油罐时发生爆炸，在加油站当班的1名女工受伤；事故发生后，市消防队官兵及公安分局干警立即赶赴现场，进行救援和维持秩序；爆炸原因是女工穿着化纤衣服产生静电放电引起的。这是一起违反爆炸危险场所着装规定引发的责任事故。进入爆炸危险区域必须按照规定着装，否则就可能引发事故。

因此，在油罐进行清洗修理及除锈涂装施工作业过程中，"控制静电的产生，加速静电逸散，防止静电聚积，严防静电放电"是预防静电危害的基本方法。同时，要隔断电气线路、实施可靠保护接地、规范施工管道材质及人员着装、规范清洗修理及除锈涂装作业是防静电危害的主要措施。

一、作业前准备

作业前断开与油罐的各种连接管道；断开与油罐连接的电气、自动化仪表接线，线缆类脱离线架做好封头；引入油罐内的作业管道、涂料喷枪金属部分要与油罐进行可靠连接，对所使用的相关设备、电器设备进行可靠接地（与前面有相同之处，不再赘述）。

二、施工管道

清洗油罐施工输送液体、气体的胶管、软管和移动式软质风管，必须使用导静电制品。用于清洗的进水管线应用专用输水管线，不得使用输油管线。

三、人体防静电

作业人员应按规定穿防静电工作套装，严禁穿化纤服及使用化纤类工具。作业前应及时消除身上的静电。

四、操作防静电

通过对静电着火事故发生的原因分析，在具体的施工操作过程中，要注意采取以下防范静电引发事故的措施：

(1) 采用高压水、蒸汽冲洗方法时，压力不宜过高，喷射速度不宜太快。

(2) 当罐内油气浓度超过该油料爆炸下限的10%时，严禁使用压缩空气、高压水枪冲刷罐壁和喷射式注水。

(3) 不得从油罐顶部进行喷射式注水洗罐，不得使用喷射蒸汽冲洗罐壁。

(4) 要加大宣传用塑料桶灌装油品、油漆和涂料的危害性，杜绝用塑料桶灌装油品、涂料等，特别是要杜绝用塑料桶进行倒桶作业。

(5) 要严禁在施工现场用汽油清洗衣服、工具和机件，以及用汽油擦拭设备等。

(6) 工作人员作业期间应着防静电服装，禁着化纤等易产生静电的衣料。

(7) 要严格执行 YLB 3002A—2003《军队油库防止静电危害安全规程》，普及静电知识，认真进行静电事故分析，从中总结防静电危害的经验，吸取他人教训，做到警钟长鸣。

(8) 要认真落实规章制度，加强岗位技能培训，提高业务熟练程度，虚心学习油品知识和油料安全知识，消除一切事故隐患。

(9) 清扫管道时，要严禁用压缩空气吹扫轻质油品管道。

(10) 加强现场设施设备检查维护，确保静电接地良好。

第八节 防工伤事故技术措施

油罐清洗修理及除锈涂装一般都要涉及高处作业，预防工伤事故，确保作业人员安全也是作业过程中的一个重要环节。

一、高处作业防工伤事故

凡在坠落高度基准面 2m 以上(含 2m)有可能坠落的高处作业或对于虽在 2m 以下，但在作业地段坡度大于 45°的斜坡下面或附近有可致伤害因素，视为高处作业。距地面 2m 以上高处作业，必须搭设稳固可靠的脚手架(含升降机)。脚手架(含升降机)平台踏板应满足承载要求，铺设稳固，设 1.2m 高以上防护栏杆(挡板)或安全网，且有防滑措施。手动或机械(含移动式吊篮、吊架等)吊运人、物时，设备的构件和吊绳承载力应经强度计算，吊绳承载力应大于荷载的 5 倍，且无断股、毛刺等缺陷。吊运荷载不得超过人力或机械的正常荷载能力。

1. 高处作业安全要求

油罐清洗修理及除锈涂装作业大多都有高于 2m 的作业场所。因此，在涉及高处作业时，必须要严格遵守高处作业安全要求，严防事故的发生。

(1) 油罐清洗修理及除锈涂装作业涉及高处作业时，必须办理"高处作业证",落实安全防护措施后方可施工。

（2）高处作业证审批人员应赴现场检查确认措施后，方可批证。

（3）高处作业人员必须经安全教育，熟悉现场环境和施工安全要求。高处作业前作业人员应检查"高处作业证"，检查确认安全措施到位后方可施工，否则有权拒绝施工。

（4）高处作业人员应按照规定穿戴劳保用品，作业前要检查，作业中应正确使用防坠落用品与登高器具、设备。

（5）高处作业应设监护人对高处作业人员进行监护，监护人应坚守岗位。

2. 登高前注意事项

（1）高处作业使用的安全带，各种部件不得任意拆除，有损坏的不得使用。安全带拴挂，要在垂直的上方无尖锐、锋利棱角的钩件上，不能低挂高用。不准用绳子代替，拴挂必须符合要求。

（2）安全帽使用时必须戴稳、系好下颌带。

（3）登高作业中使用的各种梯具要坚固，放置要平稳。立梯坡度一般以$60°\sim70°$为宜，并应设防滑装置。梯顶无塔钩，梯脚不能稳固时，须有人扶梯监护。人字梯拉绳须牢固，金属梯子不应在电气设备附近使用，梯具应每天检查一次，发现爆裂等不安全因素立即修理或报废。

（4）多层交叉作业时，必须戴安全帽，并设置安全网，禁止上下垂直作业。

（5）在六级以上强风或其他恶劣气候条件下，禁止登高作业，室外雷雨天气禁止登高作业。

（6）高处作业所用的工具、零件、材料等必须装入工具袋内。上下时手中不得拿物件；不准在高处投掷材料、工具。不得将易滑的工具、材料堆放在脚手架上防止落下伤人。各种不适宜登高的病症人员不准登高作业，酒后人员、年老体弱、加班疲劳、视力不佳人员也不准登高作业。

（7）高处作业人员必须按要求穿戴个体防护用品和工鞋（劳保鞋）。安全带和安全绳应保持干燥整洁。使用完毕后，应储存于通风干燥、阴凉处。避免接触明火、酸碱等腐蚀品。防止与锋利物品接触，严禁曝晒。

（8）使用高空作业个体防护用品时，应进行检查，确保完好无损方可使用。且要求使用人员正确佩戴和使用。

（9）高空作业时注意周边环境，检查是否有可能造成身体受伤的不利因素，以免工伤事故发生。

（10）与高空作业同时进行的动火作业等都必须要同时办理相关审批手续。

3. 作业期间注意事项

（1）油罐清洗修理及除锈涂装作业涉及高处作业时，必须要设有现场安全监护人。高处作业前，作业人员、安全监护人应先认真检查和清理好现场使其符合安全要求，通道要保持通畅，不得堆放与作业无关的物料。有危险区域，要设警标或围蔽，禁止无关人员通行。

(2) 进行高处拆卸作业时，一切物品要用吊葫芦、吊绳或用工具袋吊装，严禁直接抛下，如在通道施工时，要临时封锁通道或加防护挡板或防护网，并设警告提示绕行。高处作业应距离高压线 3.5m 以上，并设警告提示防止触电，施工临时用电也要留神注意。

(3) 高处作业人员作业时思想必须集中，安全监护人要履行安全职责，随时注意四周环境和可能发生的情况变化，凡因工程较大，需要多工种或多部门同时进行高处作业时，要听从现场安全负责人的统一协调指挥，作业人员应接受该负责人的指挥调度。尽量避免在同一垂直上下交叉作业，垂直交叉作业时，必须设置安全挡板或安全网。作业地区搭设的排栅、平桥、脚手架等要牢固可靠，符合安全要求。高处通道要设置防护栏杆，作业人员对这些设施要经常检查，发现损坏、松脱、霉烂等隐患要及时加固修理。

(4) 高处作业人员要按照设置的通道和扶梯行走，不得贪图方便随便乱走乱攀。作业人员违反高处作业安全规定不听劝阻而造成事故的由本人负责，监护人员应承担一定责任。

(5) 凡登高作业包括其他特种作业(如动火、进罐作业等)应办妥其他特种作业审批手续。

(6) 现场负责人、安全员，如发现高处作业施工人员不按规定作业时，要立即指出，责其改正；经指出仍不改者，有权停止其作业。

4. 梯具使用

油罐清洗修理及除锈涂装作业涉及高处作业时，难免需要动用梯具，上文已涉及梯具使用的相关内容。在施工过程中，因梯具使用不合理酿成事故的也时有发生。为此，梯具使用要符合以下要求。

(1) 所用梯具要定期安全检查，当发现梯具出现损坏、踏级变形等严重缺陷时，必须停止使用，并做好相关停用标识进行维修或报废。

(2) 梯具是爬向高处工作的过渡工具，不能作为长时间和 2 人以上(包括 2 人)共同工作的高空立足工具。

(3) 严禁使用竹梯，梯具的梯脚必须防滑。

(4) 使用梯具时，要求梯脚必须完全着落在平整的、坚实地面或平台上。严禁悬空作业。

(5) 使用梯具作业时，必须确认梯具有防止倾倒或滑动的安全措施，必须有一人进行扶梯监护。

(6) 人字梯的保护拉杆，必须完好。使用时要求完全打开。注意：人字梯仅能作爬梯使用，不能承重施工。

（7）梯子必须摆正。梯子与搭梯子的物体或设备的垂直夹角必须在60°~70°之间。防止夹角过大或过小。

（8）爬梯具时严禁一步两级或多级爬上，要求两手紧扶梯子。严禁站在梯子的顶部施工。

（9）使用梯具进行高度超过2m以上的工作时，要求作业人员必须佩戴安全带和安全帽，严禁脱手工作。且必须有一人进行扶梯监护作业。

二、作业人员防护

进罐作业人员应内着棉质长衣裤，外着整体防护服，对全身(如头、颈、臂、手、腿、脚)进行防护，严禁赤脚、穿拖鞋作业。高空作业时作业人员应系安全带，戴安全帽，带工具袋；作业中洒落在平台和踏板上的锈渣、油污、涂料等应及时清理；作业时严禁采用抛掷方式传递工具和材料；禁止打闹戏耍，女工发辫应挽入帽内。

三、工伤事故处置

工伤事故处置要遵循"及时准确地掌握事故情况，研究事故发生原因规律，总结经验教训，采取有效的预防措施，防止事故的重复发生，保证安全生产"的原则。

发生工伤事故后，应当迅速采取紧急措施抢救受伤人员，及时通知石油库主官，控制事故蔓延，避免重复事故发生，把人员伤亡和财产损失减少到最低程度，并保护好现场。视受伤严重性选择现场急救或送往医院，轻伤者可先在现场进行简单处理或送本单位卫生所进行急救；重伤者应直接通知石油库主管部门组织送往医院或直拨120急救电话送往医院。工伤事故发生后要及时组织事故调查，事故调查按照"三不放过"(事故原因不清楚不放过、事故责任者以及员工受不到教育不放过、安全措施不落实不放过)的原则进行。石油库接到工伤通知后，应立即指派相关负责人临场勘察和调查事故原因，分析工伤的全过程，判断工伤性质。工伤事故原因查清后，要认真吸取教训，制定改过措施，指定专人负责，限期完成。如有必要，可将每例工伤事故编制成安全教育培训实例，给员工起到宣传教育及警示作用。

第六章 油罐清洗修理及除锈涂装施工作业安全防护与检测装备

在油罐进行清洗修理施工作业过程中,个体防护装备和安全检测装备是两类必不可少的装备。个体防护装备是确保人员安全的装备,安全检测装备是确保施工和质量安全的装备。这两类装备用途不同、用法不同,但在整个施工活动中缺一不可,都在时刻监护着作业的安全,有着异曲同工之用。由于油罐除锈涂装施工作业也涉及作业安全防护与检测装备的问题,为此,将两类作业的安全防护与检测装备一并进行介绍。

第一节 个体防护装备

油罐的清洗修理及除锈涂装施工作业,是在爆炸危险场所,甚至是带油、带压、带温条件下作业,作业人员难免要接触油气、涂料和各种胶黏剂等化学品,有一定的有危害性。因此,为确保油罐清洗修理及除锈涂装作业人员的安全施工,配备必要的个体防护装备,做好个体防护与安全工作十分重要。

一、个体防护装备的分类

个体防护装备是指人们在生产和生活中为防御各种职业毒害和伤害而在劳动过程中穿戴和配备的各种用品的总称,亦称个体劳动防护用品或个体劳动保护用品。个体防护装备是保护职工安全与健康所采取的必不可少的辅助措施,也是劳动者防止职业毒害和伤害的最后一项有效措施。

依据《劳动防护用品标准体系表》规定,按人体防护部位将用品划分为10个大类:头部护具类、呼吸护具类、眼(面)护具类、听力护具类、防护手套类、防护鞋类、防护服类、护肤用品类、防坠落护具类和其他防护装具品种。

从职业卫生角度考虑,劳动防护用品分为七类:头部防护类、呼吸器官防护类、眼(面)防护类、听觉器官防护类、手足防护类、防护服类和防坠落类。

二、头部防护装备

在油罐清洗修理及除锈涂装施工作业中,头部可能受到的伤害包括物体打击伤害、高处坠落伤害、机械性损伤等,头部防护主要选择安全帽。安全帽又称头盔,主要由帽壳和帽衬两大部分组成,如图6-1所示,其防护作用就在于:当作业人员受到坠落物、硬质物体的冲击或挤压时,减少冲击力,消除或减轻其对人体头部的伤害。从理论上讲就是:在冲击过程中,即从坠落物接触头部开始的瞬间,到坠落物脱离开帽壳,安全帽的各个部件(帽壳、帽衬、插口、拴绳、缓冲垫等)首先将冲击力分解,然后通过各个部分的弹性变形、塑性变形和合理破坏将大部分冲击力吸收,使最终作用在人体头部的冲击力小于4900N,从而起到保护作用。安全帽的这一性能叫冲击吸收性能,是判定安全帽合格与否的重要指标之一。

选择安全帽时,一定要选择符合国家标准规定、标志齐全、经检验合格的安全帽。使用者在选购安全帽产品时还应检查其近期检验报告。近期检验报告由生产厂家提供,并且要根据不同的防护目的选择不同的品种,否则就达不到防护的作用。使用安全帽时,首先要了解安全帽的防护性能、结构特点,使用前一定要检查安全帽上是否有裂纹、碰伤迹、凹凸不平、磨损(包括对帽衬的检查)等缺陷,并掌握正确的使用和保养方法,否则,就会使安全帽在受到冲击时起不到防护作用。据有关部门统计,坠落物伤人事故中15%是因为安全帽使用不当造成的。

三、呼吸器官防护装备

油罐清洗修理及除锈涂装施工作业中,呼吸器官可能受到的伤害主要是有害物吸入体内后可引起急性或慢性中毒。毒物侵入人体的途径主要是呼吸道,其次是皮肤,再次是消化道。毒物进入体内积累到一定量后,便与体液、体组织作用,干扰和破坏机体的正常生理功能,引起病变,发生慢性中毒或急性中毒。大量资料统计表明,中毒事故主要来自高浓度毒物的短暂侵入或较低浓度毒物的长期接触。

呼吸护具按防护用途分为防尘、防毒和供氧三类;按作用原理分为净化式、隔绝式两类。呼吸防护产品主要有自吸过滤式防尘口罩、过滤式防毒面具、氧气呼吸器、自救器、空气呼吸器、防微粒口罩等。

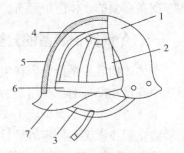

图6-1 安全帽结构示意图
1—帽体;2—帽衬分散条;
3—系带;4—帽衬顶带;
5—吸收冲击内衬;
6—帽衬环形带;7—帽檐

呼吸器官防护是指操作人员佩戴有效、适宜的防护器具，直接防御有害气体、蒸气、尘、烟、雾经呼吸道进入体内，或者供给清洁空气(氧气)，从而保证其在尘、毒污染或缺氧环境中的正常呼吸和安全健康。如图6-2所示是各类防护面具；如图6-3所示是各类防护口罩。

图6-2 各类防护面具

图6-3 各类防护口罩

自给式正压空气呼吸器由高压空气瓶、输气管、面罩等部分组成。使用时，压缩空气经调节阀由瓶中流出，通过减压装置将压力减到适宜的压力供佩戴者使用。通常高压空气瓶的压力由 $1.47×10^7 Pa$ 减到 $2.94×10^5 \sim 4.9×10^7 Pa$。人体呼出的气体从呼气阀排出。如图6-4所示是正压式空气呼吸器实物图。

图6-4 正压空气呼吸器

四、眼、面部防护装备

眼、面部是人体直接裸露在外界的器官，容易受各种有害因素的伤害，特别是眼睛伤害的概率很大。在油罐清洗修理及除锈涂装施工作业中，眼、面部可能受到的伤害主要是异物性和化学性眼、面部伤害。眼、面部的防护用品主要有各种防护眼镜、防护眼罩、防护头盔等。

安全护目镜是防御有害物伤害眼睛的产品，如防冲击护目镜和防化学药剂护目镜等，如图6-5所示。安全型防护面罩是防御固态的或液态的有害物体伤害眼面的产品，如钢化玻璃面罩、有机玻璃面罩、金属丝网面罩等产品，如图6-6所示。所有产品都可以在市场采购。

图6-5 防护眼镜

图6-6 防护面具(罩)

五、听觉器官防护装备

油罐清洗修理及除锈涂装施工作业中，由于机械的转动、撞击、摩擦及气流的排放、运输车辆的运行等情况都会产生噪声。噪声对人体的影响是多方面的，一般分为特异性和非特异性作用或分听觉系统和非听觉系统的影响。噪声对身体的影响一般表现是慢性损害，但在强大声级的突然冲击下，可能引起急性损伤。防噪声用品主要有耳塞和耳罩两类。

耳塞是插入外耳道内，或置于外耳道口处的护耳器。耳塞的种类按其声衰减性能分为防低、中、高频声耳塞和隔高频声耳塞；按使用材料分为纤维耳塞、塑料耳塞、泡沫塑料耳塞和硅橡胶耳塞。各种耳塞产品如图6-7所示。

耳罩是由压紧每个耳部或围住耳部四周而紧贴在头上遮住耳道的壳体所组成的一种护耳器。耳罩壳体可用专门的头环、颈环或借助于安全帽或其他设备上附着的器件而紧贴在头部，见图6-8。

六、手(臂)防护用品

油罐清洗修理及除锈涂装施工作业中，手(臂)可能受到的伤害主要是化学物质的腐蚀，机械性的刺、磨、切、轧、砸、挤、压伤害等。手(臂)的防护用品有防护手套和防护袖套。防护手套用以保护肘以下(主要是腕部以下)部位免受伤害；防护袖套用以保护前臂或全臂免遭伤害，如图6-9所示。

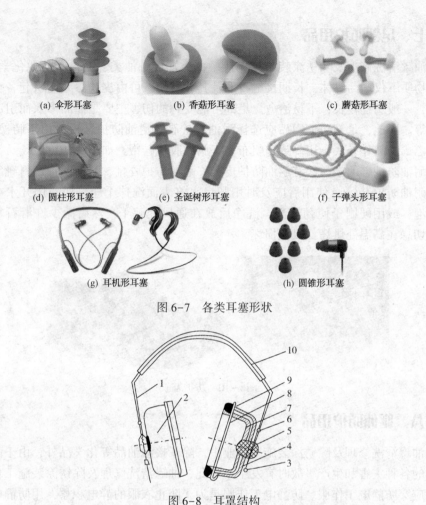

图 6-7 各类耳塞形状

图 6-8 耳罩结构

1—头环；2、4—耳罩的左右外壳；3—小轴；5—橡胶塞；6—羊毛毡(吸声材料)；7—泡沫塑料(吸声材料)；8—垫板；9—密封垫圈；10—护带

油罐清洗修理及除锈涂装施工作业应使用耐油手套。耐油手套采用丁腈橡胶、氯丁二烯或聚氨酯等材料制成，用以保护手部皮肤避免受油脂类物质(矿物油、植物油以及脂肪族的各种溶剂油)的刺激引起各种皮肤疾病，如急性皮炎、痤疮、毛囊炎、皮肤干燥、龟裂、色素沉着以及指甲变化等。防护袖套应选用胶布套袖，适用于与水、酸碱和污物等接触的作业。

图 6-9 常用防护手(袖)套

七、足部防护用品

油罐清洗修理及除锈涂装施工作业中，经常接触油类、涂料和其他化学品，油类物质不仅玷污身体，长期接触石油及其裂解物，可由皮肤渗入而引起各种皮肤病，一般病程较长，不易治愈。足部可能受到的伤害主要是油品渗入而引起皮肤病等。因此，足部防护用品应选择耐油防护鞋。耐油防护鞋一般用丁腈橡胶、聚氯乙烯塑料作外底，用皮革、帆布和丁腈橡胶作鞋帮，如图6-10所示。

耐油防护鞋的产品，有耐油防护皮鞋、耐油防护胶靴、耐油防护塑料靴等品种。耐油防护鞋(靴)使用后应及时用肥皂水将表面洗抹干净，切勿用开水或碱水浸泡，或用硬刷子使劲擦洗。洗净后放在通风处晾干，然后撒少许滑石粉保存，切忌在高温处烘烤，以免损坏。

图6-10 防护鞋

八、躯体防护用品

油罐清洗修理及除锈涂装施工作业中，除了接触油品等化学品外，由于静电引起的各种灾害和生产事故时有发生。因此，油罐清洗修理及除锈涂装施工作业人员应穿防静电工作服。防静电工作服是为了防止衣服的静电积累，用防静电织物为面料而缝制的工作服，如图6-11所示。

图6-11 防静电服

使用防静电工作服要求：
(1) 凡是在正常情况下，爆炸性气体混合物连续地、短时间频繁地出现或长时间存在的场所及爆炸性气体混合物有可能出现的场所，可燃物的最小点燃能量在 0.25MJ 以下时，应穿防静电服。

（2）禁止在易燃易爆场所穿脱防静电服。

（3）禁止在防静电服上附加或佩戴任何金属物件。

（4）穿用防静电服时，还应与防静电鞋配套使用，同时地面也应是导电地板。

（5）防静电服应保持清洁，保持防静电性能，使用后用软毛刷、软布蘸中性洗涤剂刷洗，不可损伤服料纤维。

（6）穿用一段时间后，应对防静电服进行检验，若防静电性能不符合标准要求，则不能再作为防静电服使用。

九、皮肤防护用品

油罐清洗修理及除锈涂装作业中，皮肤受到的伤害主要是油品的渗入而引起的皮肤病。护肤产品分为防水型、防油型、皮膜型、遮光型和其他用途型等五类。护肤产品是直接用于皮肤的物质，其材料必须不对人体皮肤黏膜产生原发性刺激和致敏作用以及化学物质经皮肤吸收而引起全身毒性作用，保证远期效应的安全性。作业人员除了可用防护膏和护肤霜外，皮肤清洗剂、皮肤防护膜也是常用的防护用品。

皮肤防护膜，又称隐形手套。这种皮肤防护膜附着于皮肤表面，阻止有害物对皮肤的刺激和吸收作用。皮肤防护膜一般采用的配方有以下几种。

（1）甲基纤维 3.9g，白陶土 7.8g，甘油 1.7g，滑石粉 7.8g，水 68.8g。

（2）补骨脂 20g，酒精 100mL。

（3）水杨酸苯酯 10g，松香 15g，酒精 100mL。

（4）干酪素 10g，无水碳酸钠 1g，纯甘油 7.5g，95% 酒精 30mL，蒸馏水 26mL。

以上配方能对有机溶剂、清漆、树脂胶类引起的皮炎有一定预防作用，但不能防酸碱类溶液。

十、防坠落用具

油罐清洗修理及除锈涂装施工作业中存在着高空作业场所。高处作业难度大、危险大，稍不注意就可能发生坠落事故。由于坠落高度不同、着地姿势不同、碰撞物不同，坠落事故一旦发生，轻则导致骨折、伤残，重则导致死亡。高处坠落伤亡事故与许多因素有关，如人的因素、物的因素、环境的因素、管理的因素、作业高度等，而其中主要与作业高度有密切关系。据高处坠落事故统计分析，5m 以上的高空作业坠落事故约占 20%，5m 以下的占 80% 左右。前者大多数是致死的事故。防坠落的用具主要有安全带和安全网。

安全带是高处作业人员预防坠落伤亡事故的防护用具，由带子、绳子和金属配件组成，总称为安全带。其作用是：当坠落事故发生时，使作用在人体上的冲击力小于人体的承受极限。通过合理设计安全带的结构、选择适当材料、采用合适的配件，实现安全带在冲击过程中吸收冲击能量，减少作用在人体上的冲击力，从而实现预防和减轻冲击事故对人体产生伤害的目的。

安全带按其作用分为围杆作业类安全带、悬挂作业类安全带和攀登作业类安全带，如图 6-12 所示。

图 6-12　安全带

安全带的使用和保管要求如下：

（1）应选用经检验合格的安全带产品。使用和采购之前应检查安全带的外观和结构，检查部件是否齐全完整、有无损伤，金属配件是否符合要求，产品和包装上有无合格标识，是否存在影响产品质量的其他缺陷。发现产品损坏或规格不符合要求时，应及时调换或停止使用。

（2）不得私自拆换安全带上的各种配件，更换新件时，应选择合格的配件。

（3）使用过程中应高挂低用，或水平悬挂，并防止摆动、碰撞，避开尖锐物质，不能接触明火。

（4）不能将安全绳打结使用，以免发生冲击时安全绳从打结处断开，应将安全钩挂在连接环上，不能直接挂在安全绳上，以免发生坠落时安全绳被割断。

（5）使用 3m 以上的长绳时，应加缓冲器，必要时，可以联合使用缓冲器、自锁钩、速差式自控器。

（6）作业时应将安全带的钩、环牢固地挂在系留点上，卡好各个卡子并关好保险装置，以防脱落。

（7）在低温环境中使用安全带时，要注意防止安全绳变硬割裂。

（8）使用频繁的安全绳应经常做外观检查，发现异常时应及时更换新绳，并注意加绳套的问题。

（9）安全带应储藏在干燥、通风的仓库内，不准接触高温、明火、强酸、强碱和尖利的硬物，也不能暴晒。搬动时不能用带钩刺的工具，运输过程中要防止日晒雨淋。

安全网是用来防止高处作业人员或物体坠落，避免或减轻坠落伤亡或落物伤人，是对高处作业人员和作业面的整体防护用品。安全网的结构是由网体、边绳、系绳等组成。网体是由单丝线、绳等经编织（手工编织或机编织）而成，为安全网的主体。边绳是沿网体边缘与网体连接的绳，有固定安全网形状和加强抗冲力的作用。系绳是把安全网固定在支撑物（架上）上的绳。为了增加安全网的强度，还可以在安全网（平网）的网体中有规则地穿些筋绳。

安全网分为平网、立网和密目式安全立网。立网的安置垂直于水平面，用来围住作业面挡住人或物坠落，平网的安置平面或平行于水平面或与水平面成一定夹角，用来接住坠落的人或物。如图6-13所示。

图6-13 安全网

安全网的选用要求：

（1）以防止人或物体坠落伤害为主要目的时，应选用合格的平网、立网或密目式安全立网。

（2）必须严格依据使用目的选择安全网的类型，立网不能代替平网使用。

（3）所选用的新网必须有近期产品检验合格报告，旧网必须是经过检验合格并有允许使用的证明书。

（4）受过冲击、做过试验的安全网不能再使用。

十一、医疗救护设备

油罐清洗修理及除锈涂装施工作业中，容易发生中毒窒息、高空坠落等人体伤害事故，应根据作业需要，有针对性地配备医疗救护装备，一般需要配备救护车、担架、平板夹板、氧气、急救箱等，如图6-14所示。

图6-14 常用医疗救护设备

十二、油罐清洗防护装具

目前，军队油料仓库系统广泛使用的是UFZ-200油罐清洗防护装具（图6-15），其主要战术技术指标见表6-1。主要用于各类含油蒸气的储油罐、油船、油罐车等清洗作业防护，也适用于缺氧环境场地作业、救护、抢险等。由无油空压机、防爆电机、头盔式防护面具、防护服、防护手套、防护靴、安全带、安全绳等组成。作业完毕后，配套器材可放入一辆手推车内。根据使用人数不同，分为A、B、C、D四个型号，型号意义如图6-16所示。

图6-15 UFZ-200油罐清洗防护装具　　图6-16 油罐清洗防护装具型号意义

UFZ93-200A型防护装具由单缸无油空压机、防爆电机、头盔式防护面具、防护服等组成，适合一人作业使用。

UFZ93-200B型防护装具由双缸无油空压机、防爆电机、头盔式防护面具、防护服等组成，适合二人同时作业使用。

UFZ93-200C型防护装具由双缸无油空压机、汽油机、头盔式防护面具、防护服等组成，适合无电源条件下三人同时作业使用。

UFZ93—200D型防护装具由双缸无油空压机、防爆电机、头盔式防护面具、防护服等组成，适合四人同时作业使用。

头盔式防护面具集供气、通信、照明、防护于一体，分为通信和非通信两种型号。防护服具有防油、防静电、不透气、抗熔融功能，有连体和分体两种型号，分大、中、小三种规格。

操作使用要求：

（1）禁止在O区防爆场所穿脱防护服，小推车静电接地装置应接触良好。

（2）转动电缆绞盘时，必须拔掉防爆插销，并将防爆插销放入电缆绞盘筒内，以防绞断电缆。

（3）清洗作业开始后，空压机应设专人看守，时刻观察空压机工作情况、压力表读数，并与罐内作业人员随时保持联系，当发现供气系统出现异常情况时，应立即让罐内人员撤出。

（4）罐内作业人员感到呼吸不畅，身体不适或通信、照明、防护系统出现故障时，应立即撤出，必要时罐外监视人员可用安全绳将罐内人员拉出。

表 6-1 油罐清洗防护装具主要战术技术指标

序号	规格型号	适用人数	供气性能			原动机性能参数				质量/kg
			最大压力/MPa	使用压力/MPa	排气量/(L/min)	电发动机	转速/(r/min)	功率/kW	防爆型号	
1	UFZ93—200A	1	0.7	0.2	50	YB801-4	1420	0.55	dⅡBT₄	70
2	UFZ93—200B	2	0.7	0.2	110	YB90S-4	1420	1.1	dⅡBT₄	80
3	UFZ93—200C	3	0.7	0.2	110	16ZF 汽油机	3600	1.7		82
4	UFZ93—200D	4	0.7	0.2	220	YB100L1-4	1420	202	dⅡBT₄	102

注：1. 按照国家人体工程卫生标准，一人每分钟需 30L 含氧空气，选择防护装具型号时，要充分计算后再确定机型；

2. A、B、C 型为整体结构，所有配套器材可全部放入各自的手推车内；

3. D 型为分体结构，由空压机和手推车两部分组成，可根据需要选型。

第二节 安全检测装备

进行油罐清洗修理及除锈涂装作业，需要实施的安全检测主要有：可燃性气体浓度检测、静电检测、接地电阻检测、油罐钢板厚度检测以及涂层厚度检测五类，其目的主要是消除不安全隐患，预防作业中发生安全和质量事故，确保工程质量。这几类检测仪表具体品种型号有很多，下面简要介绍其中常用的、具有代表性的几种。

一、可燃性气体检测仪

油罐位于石油库储油区，属于爆炸性危险场所，施工作业前，要求检测油气浓度。XP3110 型可燃性气体检测仪目前在石油库中使用较为普遍，见图 6-17。

XP-3110 可燃气体检测仪是本质安全防爆型检测仪，常用于动火前的可燃气体浓度分析、检测各种场所的可燃气体浓度、检测可燃性溶剂的蒸气浓度、各种燃气管道和燃气设备的检漏等，最适合监视有爆炸危险的场所。XP-3110 可燃气体检测仪产品主要有以下特点：

（1）两种浓度显示方式：数字显示、条形刻度显示。

（2）小型、轻量、省电。

（3）可使用干电池和专用充电电池。

图 6-17 XP-3110 型可燃气体检测仪

(4) 流量异常自检功能。

(5) 具有数据记录功能。

(6) 可直读最多五种气体(可选功能)。

(7) 具有数据下载功能(可选功能)。

(8) 可检测全部可燃性气体(指定对象气体)。

(9) 检测对象气体：可燃性气体与可燃性溶剂的蒸气(指定对象气体)。

(10) 采集方式：内置独特微型电磁泵，自动采样被测气体(自动吸引式)。

(11) 检测原理：接触燃烧式。

(12) 检测范围：0~100%LEL。

(13) 指示精度：全量程的±5%。

(14) 报警设定值：20%LEL。

(15) 显示方式：液晶数字(带背景灯)；数字数值显示：0~100%LEL。

(16) 报警方式：气体报警时，蜂鸣器鸣叫、红色灯闪烁；故障报警时，蜂鸣器鸣叫、红色灯闪烁、液晶显示。

(17) 防爆结构：ExibdⅡBT3(本质安全防爆构造+耐压防爆)。

(18) 使用温度范围：-20~50℃(异丁烷以外 0~40℃)。

(19) 电源：5号碱性干电池4节或专用镍镉充电电池组(选购品)。

(20) 操作简便，开机就能检测。

(21) 带有报警音接触按键和液晶黑暗照明灯。

(22) 响应时间：3s以内。

(23) 外形尺寸：W82×H162×D36mm

(24) 重量：约450g(不含电池)

(25) 标配附件：皮套、5号碱性干电池4节、气体导管(1m)、排放过滤器、过滤片、吸管、吸管用橡胶盖。

二、静电测量仪

静电放电是石油库发生安全事故的重要隐患之一，油罐清洗修理及除锈涂装作业前，对静电进行测量，能有效预防静电放电起火引起的火灾事故。EST101防爆静电电压表是在吸收国内外先进静电仪表的基础上，经广大用户多年使用并多次改进的新型高性能、低价格静电电压表(静电电位计)。该仪表防爆性能好，能在各类爆炸性气体(如汽油、二硫化碳、市用煤气、乙烯、乙炔、氢、苯等)中使用，适用于测量带电物体的静电电压(电位)，如导体、绝缘体及人体等的静电电位。还可测量液面电位及检测防静电产品性能等。广泛适用于石油、化工、消防、电子、国防、航天、天然气、印刷、纺织、印染、橡胶、塑料、喷涂、医药等科研、生产、储运安全管理部门中有关静电的测量，是现场静电检测的理想仪表，见图6-18。

图6-18　EST101型防爆静电电压表

1. 特点

（1）数字显示，分辨率高。

（2）有读数保持功能，读数准确方便。

（3）非接触式测量，对被测物体影响小，测量准备迅速，测量速率约3次/s。

（4）体积小、质量轻，携带方便。

（5）耗电省，一节电池能连续工作达200h。

（6）有电池欠压显示，确保测量准确。

（7）使用大规模集成电路，可靠性高。

2. 适应范围

（1）各类爆炸性气体中带电物体的静电电压测量。

（2）导体、绝缘体及人体的静电电压测量。

（3）液面电位测量。

3. 技术参数

（1）型号：EST101。

（2）测量方式：非接触式测量。

（3）检测范围：±30V～±80kV。

（4）测量误差：<±10%。

（5）测量显示速度：每秒3次。

（6）测量显示：3位半液晶数字显示。

（7）工作环境：温度(0～40℃)，相对湿度(小于80%)。

（8）尺寸：W120×H70×D32(mm)。

（9）质量：120g。

三、接地电阻测量仪

石油库中的接地装置，受埋置环境条件的影响，随着时间的增长，接地电阻会增大。为确保油罐清洗修理及除锈涂装作业施工安全，应提前测量接地电阻值，保证接地极工作可靠，以免发生事故。ETCR2000A+钳形接地电阻测量仪因其使用方便，准确度高，现在已逐渐成为石油库常见的接地电阻测量仪，见图6-19。

ETCR2000钳形接地电阻测试仪能测量出用传统方法无法测量的接地故障，因为该仪表测量的是接地体电阻和接地引线电阻的综合值；ETCR2000系列钳形接地电阻测试仪还可应用于传统摇表无法测试的环境下（如水泥地面、楼房内、地下室内、电信机房内等）。其中C型产品还能测量接地系统的泄漏电流和中性电流。

图6-19 ETCR2000钳形接地电阻测试仪

1. 特点

（1）不需断开接地引下线，不需辅助电极，省时省力。

（2）能测量出传统（接线）测量方法无法测量的接地故障，能应用于传统方法无法测量的场合。

（3）非接触式测量，安全迅速。

（4）携带方便，操作简单。

（5）声光报警。

2. 适应范围

（1）电力系统接地：输电线路杆塔接地，变压器中性点接地；

（2）电信系统接地：电信电缆屏蔽层接地，发射架接地，机房接地；

（3）建筑物接地：仓库接地，厂房接地，电梯接地；

（4）加油站接地、石油库接地、避雷针接地；

（5）回路连接电阻测试。

3. 技术参数

（1）型号：ETCR2000A+。

（2）测量方式：非接触式测量。

（3）测量范围：$0.01 \sim 200\Omega$。

（4）测量精度：0.001Ω。

（5）测量显示：4位液晶数字显示

（6）数据储存：99组。

（7）单次测量时间：0.5s。

（8）电阻测量频率：>1kHz。

（9）工作环境：温度（-20~55℃），相对湿度（10%~90%）外部磁场（小于40A/m²），外部电场（小于1V/m）。

（10）尺寸：285×56×85(mm)。

（11）重量：1160g。

4. 产品优越性

对比传统电压电流测试法，2000系列钳形接地电阻仪优越性能表现如下：

（1）操作简便

只需将钳表的钳口钳绕被测接地线，即可从液晶屏上读出接地电阻值。而传统电压电流测试法必须将接地线从接地系统中分离，同时还要将电压极及电流极按规定的距离打入土壤中作为辅助电极才能进行测量。

（2）测量准确

传统电压电流测试法的准确度取决于辅助电极之间的位置，以及它们与接地体之间的相对位置。另外，电压极电流极与接地体之间的土壤电阻率的不均匀性都会影响测量结果。如果辅助电极的位置受到限制，不能符合计算值，则会带来所谓布极误差。对于同一个接地体，不同的辅助电极位置，可能会使测量结果有一定程度的分散性。从而影响测量的准确度。不存在布极误差。只要客户在测量时，先对本产品附带的测试环进行测量，如果读数准确，那么之后所测量的接地电阻值就是准确的。

（3）不受周围环境限制

传统电压电流测试法因为要设置两个有相对位置要求的辅助电极，所以对周围环境是有要求的，否则会影响测量的准确度。而随着我国城市化的发展，有时被测接地体周围很难找到土壤，它们全被水泥所覆盖，何况还要找到满足相对位置要求的土壤，有时就更为困难。钳形接地电阻仪就没有这些限制，只要进行一次开合钳口的操作，就可得到准确的接地电阻值。

5. 其他

在某些场合下能测量出用传统方法无法测量的接地故障。例如，在多点接地系统中（如杆塔等）。另外，有一些建筑物也是采用不止一个的接地体），它们的接地体的接地电阻虽然合格，但接地体到架空地线间的连接线有可能使用日久后接触电阻过大甚至断路。尽管其接地体的接地电阻符合要求，但接地系统是不合格的。

对于这种情形用传统方法是测量不出的。用钳形接地电阻仪则能正确测出，因为钳形接地电阻仪测量的是接地体电阻和线路电阻的综合值。

四、超声波测厚仪

TT380系列超声波高精度测厚仪，具有更佳的测量稳定性和可重复性，符合

GB 11344/JJF 1126—2004，ISO/TS 18173 国际标准、欧盟标准、德国 DIN 标准、美国 ASME 标准和日本 JIS 标准，是一款真正的防腐蚀检测壁厚的测厚仪，见图 6-20。

图 6-20　TT380 超声波测厚仪

TT380 超声波测厚仪主要技术特点：

（1）同档产品中采用清晰亮丽的 OLED 真彩屏。对比度 10000∶1，是 TFT 彩色液晶屏的 40 倍；分辨率 320×240，是同档产品的 9 倍以上。

（2）更快的测量更新率。更新率 4Hz、8Hz、16Hz 可调；测值更实时，更快速，更稳定。普通的应用可选择 4Hz，当需要快速扫查时可选更高的更新率。

（3）创新的 A 扫描快照功能，标志着经济型测厚仪进入全数字时代。TT380 系列在同档产品中提供 A 扫描快照波形显示功能。超声波不再是看不见摸不着的抽象概念，用户在屏幕上可直接看到超声信号波形，用于验证厚度读数是否正确、分析出现问题的原因、帮助用户找到解决问题的办法。

（4）业界经济型全数字测厚仪。全数字测厚仪需要把模拟的超声波信号转换成数字信号，然后对数字信号进行运算处理，最终获得高性能的厚度测量能力。

（5）同档产品中真正达到 0.01mm 分辨能力的超声波测厚仪。一般超声波测厚仪的显示分辨率通常是 0.01mm，但真实的分辨能力很难达到 0.01mm。普通测厚仪电路内的定时计数器一般在 30MHz 以下，真正的硬件分辨力勉强只能到 0.1mm，通过把多次测量结果取平均值的方法，模拟 0.01mm 变化的显示效果，其实这样并不能有效提高真实的分辨力，反而造成示值不稳定的现象。TT380 高精度超声波测厚仪采用突破性的全数字技术及特殊的算法，其真实分辨力可达到 0.01mm，实验证明可轻松分辨出厚度只相差 0.01mm 的两个试块。

（6）采用突破性的过零测量技术。高精度超声波测厚仪以全数字技术为基础，采用过零测量技术，厚度测量值不受回波强度、材料衰减系数、增益和闸门高度的影响，具有高测量稳定性和可靠性。

（7）TT380D/TT380DL 可穿透涂层功能，不再需要费时费力的去除涂层工作。之前在国内推出了具有穿透涂层技术的 TT170A 测厚仪,现在 TT380D/DL 同样具备了这一广受好评的功能。该功能是通过测量基材的两个连续底面回波实现的厚可以穿透 10mm 涂覆层测量基材厚度。该模式下还具有更多的优势:

① 免零点校准;
② 高稳定性,测量值不受探头压力、耦合层厚度和工件表面灰尘污渍的影响;
③ 零漂移。

(8) TT380DL 独具更大的存储器、更方便的存储功能。可存储 100000 个厚度值,是同档产品的 20~200 倍;国内采用栅格式存储文件,一屏可显示 15 个厚度值,并同时显示其在栅格中的位置,便于用户浏览所存的厚度数据;USB2.0 全速(Full Speed)接口,功能强大的 DataView 数据统计及管理软件。

(9) 稳定性高,不受探头压力和工件表面灰尘污渍的影响。

(10) 操作简便,不需要任何培训即可使用。

(11) 适应范围:广泛应用于石化、电力、管道、压力容器及储罐的壁厚测量。

(12) TT380 技术参数

① 测量范围:0.6~508mm。
② 测量分辨率:0.01mm 或 0.1mm。
③ 测量更新率:每秒 4Hz、8Hz、16Hz。
④ 增益:高、中、低三档可调。
⑤ 显示模式:厚度值模式、最小值/最大值捕捉模式、差值/减薄率模式。
⑥ 报警设置:最大值和最小值报警。
⑦ 工作语言:中文等多种语言可选择。
⑧ 工作环境:温度(-10~50℃)。
⑨ 尺寸:H153×W76×D37(mm)。
⑩ 重量:280g。

五、涂层测厚仪

涂层测厚仪可无损地测量磁性金属基体(如钢、铁、合金和硬磁性钢等)上非磁性涂层的厚度(如铝、铬、铜、珐琅、橡胶、油漆等)及非磁性金属基体(如铜、铝、锌、锡等)上非导电覆层的厚度(如:珐琅、橡胶、油漆、塑料等)。

涂镀层测厚仪具有测量误差小、可靠性高、稳定性好、操作简便等特点,是控制和保证产品质量必不可少的检测仪器,广泛地应用在制造业、金属加工业、化工业、商检等检测领域。在石油库油罐涂装作业中也得到了广泛应用。

1. 测厚方法

(1) 磁性测厚法

适用导磁材料上的非导磁层厚度测量。导磁材料一般为:钢、铁、银、镍。

此种方法测量精度高。

（2）涡流测厚法

适用导电金属上的非导电层厚度测量，此种方法较磁性测厚法精度低。

（3）超声波测厚法

目前国内还没有用此种方法测量涂镀层厚度的，国外个别厂家有这样的仪器，适用多层涂镀层厚度的测量或者是以上两种方法都无法测量的场合。但一般价格昂贵、测量精度也不高。

（4）电解测厚法

此方法有别于以上三种，不属于无损检测，需要破坏涂镀层，一般精度也不高，测量起来较其他几种麻烦。

（5）放射测厚法

此种仪器价格非常昂贵（一般在10万元人民币以上），适用于一些特殊场合。

2. 选型方法

用户可以根据测量的需要选用不同的测厚仪，磁性测厚仪和涡流测厚仪一般测量的厚度适用0～5mm，这类仪器又分探头与主机一体型，探头与主机分离型，前者操作便捷，后者适用于测非平面的外形。更厚的致密材质材料要用超声波测厚仪来测，测量的厚度可以达到0.7～250mm。电解法测厚仪适合测量很细的线上面电镀的金、银等金属的厚度。

图6-21和图6-22分别为分体两用和一体两用型测厚仪。

图6-21 分体两用型测厚仪

图6-22 一体两用型测厚仪

该仪器由德国生产，集合了磁性测厚仪和涡流测厚仪两种仪器的功能，可用于测量铁及非铁金属基体上涂层的厚度。如：

① 钢铁上的铜、铬、锌等电镀层或油漆、涂料、搪瓷等涂层厚度。

② 铝、镁材料上阳极氧化膜的厚度。

③ 铜、铝、镁、锌等非铁金属材料上的涂层厚度。

④ 铝、铜、金等箔带材及纸张、塑料膜的厚度。

⑤ 各种钢铁及非铁金属材料上热喷涂层的厚度。

仪器符合国家标准 GB/T 4956—2003 和 GB/T 4957，可用于生产检验、验收检验及质量监督检验。

仪器采用双功能内置式探头，自动识别铁基或非铁基体材料，并选择相应的测量方式进行精确测量。设计上符合人体工程学设计的双显示屏结构，可以在任何测量位置读取测量数据。采用手机菜单式功能选择方式，操作十分简便。

可设定上下限值，测量结果超出或符合上下限数值时，仪器会发出相应的声音或闪烁灯提示。稳定性极高，通常不必校正便可长期使用。

技术规格：

量程：0~2000μm；

电源：两节 5 号电池。

随着技术的日益进步，特别是近年来引入微机技术后，采用磁性法和涡流法的测厚仪向微型、智能、多功能、高精度、实用化的方向进了一步。测量的分辨率已达 0.1μm，精度可达到 1%，有了大幅度的提高。它适用范围广，量程宽、操作简便且价廉，是工业和科研使用最广泛的测厚仪器。

采用无损方法既不破坏覆层也不破坏基材，检测速度快，能使大量的检测工作经济地进行。

3. 技术原理

(1) 磁吸力测量原理

永久磁铁(测头)与导磁钢材之间的吸力大小与处于这两者之间的距离成一定比例关系，这个距离就是覆层的厚度。利用这一原理制成测厚仪，只要覆层与基材的磁导率之差足够大，就可进行测量。鉴于大多数工业品采用结构钢和热轧冷轧钢板冲压成型，所以磁性测厚仪应用最广。测厚仪基本结构由磁钢，接力簧，标尺及自停机构组成。磁钢与被测物吸合后，将测量簧在其后逐渐拉长，拉力逐渐增大。当拉力刚好大于吸力，磁钢脱离的一瞬间记录下拉力的大小即可获得覆层厚度。新型的产品可以自动完成这一记录过程。不同的型号有不同的量程与适用场合。

这种仪器的特点是操作简便、坚固耐用、不用电源，测量前无须校准，价格也较低，很适合车间做现场质量控制。

(2) 磁感应测量原理

采用磁感应原理时，利用从测头经过非铁磁覆层而流入铁磁基体的磁通的大小，来测定覆层厚度。也可以测定与之对应的磁阻的大小，来表示其覆层厚度。覆层越厚，则磁阻越大，磁通越小。利用磁感应原理的测厚仪，原则上可以有导磁基体上的非导磁覆层厚度。一般要求基材磁导率在 500 以上。如果覆层材料也有磁性，则要求与基材的磁导率之差足够大(如钢上镀镍)。当软芯上绕着线圈的测头放在被测样本上时,仪器自动输出测试电流或测试信号。早期的产品采用指针式表头,测量感应电动势的大小,仪器将该信号放大后来指示覆层厚度。近年来的电路设计引入稳频、锁相、温度补偿等新技术,利用磁阻来调制测量信号。还采用专利设计的集成电路,引入微机,使测量精度和重现性有了大幅度的提高(几乎达一个数量级)。现代的磁感应测厚仪,分辨率达到 $0.1\mu m$,允许误差达 1%,量程达 10mm。

磁性原理测厚仪可以用来精确测量钢铁表面的油漆层,瓷、搪瓷防护层,塑料、橡胶覆层,包括镍铬在内的各种有色金属电镀层,以及化工石油行业的各种防腐涂层。

(3) 电涡流测量原理

高频交流信号在测头线圈中产生电磁场,测头靠近导体时,就在其中形成涡流。测头离导电基体愈近,则涡流愈大,反射阻抗也愈大。

这个反馈作用量表征了测头与导电基体之间距离的大小,也就是导电基体上非导电覆层厚度的大小。由于这类测头专门测量非铁磁金属基材上的覆层厚度,所以通常称之为非磁性测头。非磁性测头采用高频材料做线圈铁芯,例如铂镍合金或其他新材料。与磁感应原理比较,主要区别是测头不同,信号的频率不同,信号的大小、标度关系不同。与磁感应测厚仪一样,涡流测厚仪也达到了分辨率 $0.1\mu m$,允许误差 1%,量程 10mm 的高水平。

采用电涡流原理的测厚仪,原则上对所有导电体上的非导电体覆层均可测量,如航天航空器表面、车辆、家电、铝合金门窗及其他铝制品表面的漆,塑料涂层及阳极氧化膜。覆层材料有一定的导电性,通过校准同样也可测量,但要求两者的导电率之比至少相差 3~5 倍(如铜上镀铬)。虽然钢铁基体亦为导电体,但这类任务还是采用磁性原理测量较为合适。

(4) 激光测厚仪的测量原理

使用两个激光传感器安装在被测物(纸张)上下方,将传感器固定在稳定的支架上,确保两个传感器的激光能对在同一点上。随着被测物的移动传感器就开始对其表面进行采样,分别测量出目标上下表面分别与上下成对的激光位移传感器距离,测量值通过串口传输到计算机,再通过在计算机上的测厚软件进行处理,得到目标的厚度值。

ZTMS08 激光测厚仪的出现,大大提高了纸张等片材涂层测量的精度,尤其是在自动化生产线上,得到广泛应用。

4. 影响测量的因素

(1) 基体金属磁性质。磁性法测厚受基体金属磁性变化的影响(在实际应用中,低碳钢磁性的变化可以认为是轻微的),为了避免热处理和冷加工因素的影响,应使用与试件基体金属具有相同性质的标准片对仪器进行校准;亦可用待涂覆试件进行校准。

(2)基体金属电性质。基体金属的电导率对测量有影响,而基体金属的电导率与其材料成分及热处理方法有关。使用与试件基体金属具有相同性质的标准片对仪器进行校准。

(3)基体金属厚度。每一种仪器都有一个基体金属的临界厚度。大于这个厚度,测量就不受基体金属厚度的影响。

(4)边缘效应。仪器对试件表面形状的陡变敏感。因此在靠近试件边缘或内转角处进行测量是不可靠的。

(5)曲率。试件的曲率对测量有影响。这种影响总是随着曲率半径的减少明显地增大。因此,在弯曲试件的表面上测量是不可靠的。

(6)试件的变形。测头会使软覆盖层试件变形,因此在这些试件上测出可靠的数据。

(7)表面粗糙度。基体金属和覆盖层的表面粗糙程度对测量有影响。粗糙程度增大,影响增大。粗糙表面会引起系统误差和偶然误差,每次测量时,在不同位置上应增加测量的次数,以克服这种偶然误差。如果基体金属粗糙,还必须在未涂覆的粗糙度相类似的基体金属试件上取几个位置校对仪器的零点;或用对基体金属没有腐蚀的溶液溶解除去覆盖层后,再校对仪器的零点。

(8)磁场。周围各种电气设备所产生的强磁场,会严重地干扰磁性法测厚工作。

(9)附着物质。仪器对那些妨碍测头与覆盖层表面紧密接触的附着物质敏感,因此,必须清除附着物质,以保证仪器测头和被测试件表面直接接触。

(10)测头压力。测头置于试件上所施加的压力大小会影响测量的读数,因此,要保持压力恒定。

(11)测头的取向。测头的放置方式对测量有影响。在测量中,应当使测头与试样表面保持垂直。

5. TT260涂层测厚仪

TT260涂层测厚仪是石油库常用的一种测厚仪,见图6-23。这是一种便携式测量仪,采用了磁性和涡流两种测厚方法,可无损地测量磁性金属基体(如钢、铁、合金和硬磁性钢等)上非磁性覆盖层的厚度(如铝、铬、铜、珐琅、橡胶、油漆等)及非磁性金属基体(如铜、铝、锌、锡等)上非导电覆盖层的厚度(如:珐琅、橡胶、油漆、塑料等)。本仪器

图6-23 TT260涂层测厚仪

能广泛地应用在制造业、金属加工业、化工业、商检等检测领域，是材料保护专业必备的仪器。它能快速、无损伤、精密地进行涂、镀层厚度的测量。既可用于实验室，也可用于工程现场。通过使用不同的测头，还可满足多种测量的需要。该仪器符合以下标准：GB/T 4956—2003《磁性基体上非磁性覆盖层 覆盖层厚度测量 磁性法》、GB/T 4957—1985《非磁性金属基体上非导电覆盖层厚度测量》、JB/T 8393—1996《磁性和涡流式覆层厚度测量仪》、JJG 889—95《磁阻法测厚仪》、JJG 818—93《电涡流式测厚仪》。

TT260 涂层测厚仪广泛应用于石化、电力、管道、压力容器及储罐的壁厚测量，具有以下功能：

（1）可使用 6 种测头（F400、F1、F1/90°、F10、CN02、N1）；

（2）具有两种测量方式：连续测量方式（CONTINUE）和单次测量方式（SINGLE）；

（3）具有两种工作方式：直接方式（DIRECT）和成组方式（A-B）；

（4）可采用两种方法对仪器进行校准，并可用基本校准法对测头的系统误差进行修正；

（5）具有存储功能：可存储 495 个测量值；

（6）具有删除功能：对测量中出现的单个可疑数据进行删除，也可删除存储区内的所有数据，以便进行新的测量；

（7）设置限界：对限界外的测量值能自动报警；并可用直方图对一批测量值进行分析；

（8）具有打印功能：可打印测量值、统计值、限界、直方图；

（9）具有与 PC 机通信的功能：可将测量值、统计值传输至 PC 机，以便对数据进行进一步处理；

（10）具有电源欠压指示功能；

（11）操作过程有蜂鸣声提示；

（12）具有错误提示功能，通过屏显或蜂鸣声进行错误提示；

（13）设有两种关机方式：手动关机方式和自动关机方式；

（14）测量范围：0~1250μm；显示分辨率：0.1μm（测量范围小于 100μm）；1μm（测量范围大于 100μm）；

（15）有音乐铃声随时对操作进行提示；

（16）可以边充电边工作；电源：镍氢电池 5×1.2V，600mAH。

（17）TT260 数字式涂层测厚仪基本配置：TT260 主机 1 台（270×86×47mm，质量 530g）、TT260 打印机 1 台、F1 或 N1 测头 1 支、校准标准片 1 套、充电器 1 个。

第七章
油罐清洗修理及除锈涂装工程施工作业安全风险管理

油罐清洗修理工程施工作业属高风险作业，必须加强作业安全风险管理。与油罐清洗修理作业紧密相连的除锈涂装作业也属高风险作业，同样需要加强作业安全风险管理。为了便于叙述，本章将油罐清洗修理与除锈涂装工程施工两项高风险作业的安全风险管理合并到一块进行简要的介绍。

第一节 安全风险评估管理

油罐清洗修理与除锈涂装工程施工两项高风险作业在开工前，必须进行作业安全风险评估。安全风险评估也称危险度评价或安全评价，它以实际系统安全为目的，应用安全系统工程方法，对该系统中固有的或潜在的危险源进行定性或定量分析，掌握系统发生危险的可能性及其危害程度，对可能发生的事故类别、概率、危害等进行定性定量的分析与评价，确定风险等级，提出规避或者降低风险的建议和应对措施，以便采取最经济、合理及有效的安全对策，保障石油库作业安全进行，为预防事故的发生提供行之有效的安全对策和管理办法。从安全风险评估的定义不难看出，安全风险评估包含了安全分析、安全评价、安全决策与事故控制三层意义。

一是安全分析。作为安全风险评估内容的核心，应从安全角度对油罐清洗修理及除锈涂装作业系统中的危险因素进行辨识，再对该系统中固有的或潜在的危险性进行定性、定量分析。安全分析既要考虑导致危险的原因和危险源、危险后果及其发生的可能性，识别影响后果和可能性因素，还要考虑现有的危险控制措施及其有效性，然后结合危险发生的可能性及后果来确定危险等级。一个危险事件可能产生多个后果，从而可能影响多个项目。具体地说，就是应用系统工程方法，将系统进行分解，依靠人的观察分析能力借助相关的法规、标准、规范、经验和判断能力帮助分析。分析内容主要包括"可能出现的初始的、诱发的及直接引发事故的各种危险源及其相互关系；与作业有关的环境、设备、人员及其他有关因素；能够利用适当的设备、规程、工艺或根除某种特殊危险因素的措施；可能出现的危险因素的控制措施及实施这些措施的最好方法；不能根除的危险因素失去或减少控制可能出现的后果；危险因素一旦失去控制，为防止伤害和损害的安全防护措施"等内容。

二是安全评价。在安全分析基础上，了解掌握油罐清洗修理及除锈涂装作业系统中存在的各种危险因素，通过与评价标准进行一一比较，得出作业系统发生危险的可能性或危险程度，即从数量上说明分析系统安全性的程度，并提出改进措施，以寻求最低的事故率。为了达到准确评估的目的，要有足以说明事件情况的可靠数据、资料和评价指标。评价指标可以是指数、概率值或等级，油罐清洗修理及除锈涂装等石油库重大作业的风险评价通常要选用等级指标来衡量，而这种危险的等级水平不仅取决于危险因素本身，还与现有的危险控制措施的充分性和有效性密切相关。因此，安全评价应从明确的安全目标值开始，对作业系统的各种安全属性进行科学测定，最后根据测定结果用一定的方法综合、分析、判断，并作为决策的参考依据。值得注意的是，安全评价应在不断改进措施的基础上反复进行，改进与评价是一个不断提升的过程，直至各种危险因素通过采取控制措施后，评价结果符合安全目标时才能结束。

三是安全决策与事故控制。决策是指根据分析与评价的结果，引入决策者的倾向性信息和酌情选定的决策规划，对备选方案进行排序，由决策者选择满意方案付诸实施的过程。安全决策，首先要确定目标，对于油罐清洗修理及除锈涂装作业安全问题，应有风险率、严重度、安全系数等具体量化指标，对于难于量化的定性目标，应尽可能加以具体说明；其次是确定决策方案，由决策人员依据科学的决策理论，对要求达到的目标进行调查研究，进行详细的技术设计、预测分析，拟出备选方案；再次是潜在问题或后果分析，对备选方案，可能产生的后果和不良影响进行比较，以决定方案的取舍；最后是实施、反馈与事故控制，制定实施规划，落实各类职责，及时检查与反馈实施情况，使决策方案在实施过程中趋于完善。

一、安全风险分类

根据油罐清洗修理及除锈涂装工程施工作业过程的性质、危害程度、可控性、影响范围、事故概率等因素，以及前面章节对作业危险因素的分析可知，油罐清洗修理及除锈涂装工程施工作业安全风险分为三类：

1. 一类风险

（1）在储存甲、乙类油品油罐的清洗、除锈、涂装施工作业。

（2）在储存甲、乙类油品洞库内、覆土油罐罐室内和各种类型油罐罐体上的动火作业。该类动火作业主要是指当油罐清洗完成后，经检测，需要对油罐进行局部修理的动火作业。

2. 二类风险

（1）在储存丙$_A$类油罐的清洗、除锈、涂装施工作业；

（2）在呼吸阀、测量孔、排污阀、罐前阀、测量仪表等油罐附件在线修理、安装等检修检测作业。

3. 三类风险

除上述作业之外，其他还存在潜在安全风险的油罐清洗、除锈、涂装施工作业等。

二、安全风险评估组织程序

由上可知，油罐清洗修理及除锈涂装作业存在着三类风险，有风险就应该评估。因此，在每次作业实施前，都应该组织实施安全风险评估，按照"建立评估组织、确定评估范围内容、收集相关管理标准和技术规范、确定评估方法、开展评估分析、作出评估结论，提出评估报告"的程序进行。通过评估，全面掌握作业风险情况，做到心中有数，安全施工。

（1）一类作业安全风险评估，由石油库清洗修理及除锈涂装作业领导小组专门组织实施，选择3~5位思想作风正派、责任心强、业务技术精湛的人员参加，评估方案报相应上级业务主管部门审查批准。遇特殊情况或者有特殊技术要求的，根据需要可以请求上级主管部门派遣技术专家协助或聘请专业权威机构组织评估。

（2）二、三类安全风险评估，由具体实施作业单位领导组织实施，选择3~5位思想作风正派、责任心强、业务技术精湛的人员参加，报石油库清洗修理及除锈涂装作业领导小组审查批准。

（3）外来人员承担作业的安全风险评估由所在石油库负责组织实施。

三、安全风险评估方法任务

近年来，石油库作业安全风险评估普遍采用安全检查表法、事故树法（FTA）、事件树法（ETA）等方法，无论采用哪种方法，在组织实施安全风险评估时，通常都是采取"现场调查、查阅资料、技术检测、专家咨询、研究讨论"的方法，综合运用风险管理与控制、危险源辨识与评估、后果分析等科学理论，对事故风险进行定性分析与定量分析。

油罐清洗修理及除锈涂装作业安全风险评估，应根据作业任务内容和特点，依据石油库建设技术规范和安全管理制度，综合运用多种评估方法，对潜在的危险因素进行定性与定量相结合的分析和测算，判断发生事故的可能性及其危害程度，确定危险等级，提出规避、降低风险的意见建议和出现事故征兆苗头后的应急处置对策。

四、安全风险评估原则

石油库油罐清洗修理及除锈涂装作业安全风险评估，应当坚持尊重科学、实事求是，严谨细致、准确客观，全面系统、精于细节的原则。评估必须着眼于保证圆满完成任务，不得随意提高风险等级，不得擅自降低工作标准、难度和强度。

（1）安全风险评估必须在作业实施之前进行，未组织评估，不得组织实施作业。

（2）坚持谁组织谁负责、谁评估谁负责，严格落实责任制，确保评估工作的真实性、准确性。

（3）根据安全标准和技术规范，综合运用技术检测、模拟试验、综合分析等评估方法，对前面章节提到的 8 类潜在危险因素进行定性定量的分析与评价。

（4）参与安全风险评估的单位和人员，应当具备相应的资质条件，做到坚持原则、秉公办事、实事求是。

（5）坚持领导、专家、群众相结合，可以共同分析评估、得出结论；也可以分别评估、综合分析、得出结论。

五、安全风险评估内容

油罐清洗修理及除锈涂装作业的风险评估，主要是分析与评价任务特点、施工设计、施工方案、设备状况、安全措施、人员素质和气象、水文、地质、环境等因素对施工作业的影响。可以概括为以下 7 个方面的内容：

（1）基本情况。对清洗修理及除锈涂装的作业性质、时间、地点、内容、天候、季节等情况进行分析，总结特点规律。基本情况作为必须掌握的一项基本内容，在后续的评估表中不一定体现出来，但对每一位参加评估人员必须做到对基本情况心中有数。

（2）风险预测。结合作业特点、危险因素、人员素质、设备器具状况、环境条件等因素，推测预判安全隐患和事故征兆。

（3）作业方案。重点检查设计方案是否科学合理，作业程序是否客观具体，组织分工是否明确到位，应对风险的安全措施是否可靠管用。

（4）作业条件。重点检查作业现场可燃气体浓度是否符合防爆要求，所用设备和器材是否性能可靠、满足安全要求；气象、水文、地质、环境等因素是否符合作业要求。

（5）作业人员。重点检查作业(施工)队伍及关键岗位人员资质是否符合要求，作业前是否经过了安全教育和必要的培训、考核。

（6）监督管理。重点检查作业(施工)队伍的安全责任是否明确，监管措施是否有效，石油库领导、现场指挥员和安全员的监管职责是否清楚；必要时还需明确并检查上级业务主管部门相关人员的监管职责。

（7）应急措施。重点检查对可能出现的突发情况是否有应急处置预案，应急装备、器材、人员是否落实到位，预警响应是否能够及时启动等。

六、安全风险评估报告

油罐清洗修理及除锈涂装作业每次风险评估结束后，应由评估组织给出安全风险评估结论，主要是指应重点防范的重大危险因素，明确风险等级、可能发生事故的关键环节、事故发生概率和临界度、采取对策措施的重点和先后顺序、规避或者降低风险的最佳方案等内容；编制风险评估报告，填写"油罐清洗修理及除锈涂装作业安全风险评估表"，主要内容包括评估的范围内容、简要经过、评估方法、评估结论、消除或减弱危险和有害因素的技术与管理对策建议等。安全风险评估组织，应根据作业安全风险评估具体情况，及时填写"油罐清洗修理及除锈涂装作业安全风险预测表"，对存在问题、不具备作业条件的，发出"油罐清洗修理及除锈涂装作业安全风险存在问题整改通知"。

七、安全风险评估主要表格式样

目前，石油库进行安全风险评估，大多采用安全检查表法。油罐清洗修理及除锈涂装作业安全风险评估在采用安全检查表法进行时，评估报告及相关报告要借助于一定的表格式样直观地表现出来。一方面，依据表格逐项评估，不至于漏项缺项，便于报告的完成；另一方面，表格一目了然，非常直观形象，方便评估操作，也便于管理者从中很快掌握评估结果及存在的问题和整改建议，是一种很好的表述评估结论情况的展现方法。针对油罐清洗修理及除锈涂装作业，主要有：油罐清洗修理及除锈涂装作业安全风险评估报告封面、油罐清洗修理及除锈涂装作业安全风险评估报告表(表7-1)、油罐清洗修理及除锈涂装作业安全风险评估表(表7-2)、石油库动火作业安全风险评估表(表7-3)、油罐设备在线安装修理作业安全风险评估表(表7-4)、油罐清洗修理及除锈涂装作业安全风险预测表(表7-5)、油罐清洗修理及除锈涂装作业风险评估存在问题整改通知(表7-6)等。

油罐清洗修理及除锈涂装作业安全风险评估报告(封面)

石油库名称：

作业内容：

作业地点：

风险类别：

评估部门：

责任人：

审核人：

评估时间：

表 7-1　油罐清洗修理及除锈涂装作业安全风险评估报告表

作业内容	
基本情况	
风险预测	
作业方案	
作业条件	
作业人员	
监督管理	
应急措施	
评估结论	□零风险　　□轻度风险　　□中度风险　　□高度风险
评估组织	组长：(签名)
	组员：(签名)

表 7-2　油罐清洗修理及除锈涂装作业安全风险评估表

序号	评估内容	评估项目及标准	项目级别	评估意见	
				符合	不符合
一	风险预测	对可能出现的安全风险分析全面、到位	A		
		输油及通风工艺系统能够与动火场所、设备隔离	A		
		动火作业期间能避免交叉作业	A		
		作业风险在一定范围内可控	A		
二	作业方案	有详细的油罐清洗修理、除锈、涂装作业方案	A		
		罐底油料清理人员防护措施明确	A		
		罐底油污收集、处理方式合理	B		
		通风方式选用合理、满足作业要求	B		
		除锈、涂装作业人员安全防护措施得当	A		
		临时用电安全防护措施明确	A		

续表

序号	评估内容	评估项目及标准	项目级别	评估意见	
				符合	不符合
三	作业条件	检测仪器齐全、技术性能良好	A		
		可燃气体、粉尘浓度检测值符合进罐作业要求	A		
		作业证制度落实	A		
		消防装备器材准备充足、性能良好	A		
		作业场所消防道路畅通	B		
		相邻工艺管道已封堵隔离	A		
		天气条件利于动火作业	B		
四	作业人员	作业(施工)队伍具备相应的施工资质	A		
		关键岗位作业人员具有相应专业的职业技能资质	B		
		作业人员经过安全教育、熟悉作业方案、熟知安全要求	A		
五	监督管理	现场指挥员监督职责清楚、熟悉作业方案	A		
		现场安全员职责明确、熟悉安全措施	A		
		施工队伍安全责任明确	A		
		作业安全措施落实到位	A		
六	应急措施	有相应的作业安全方案	A		
		风险规避措施明确	B		
		应急装备、器材和消防、救护人员落实到位	A		
		预警响应能够及时启动	A		
汇总	A 项	共评估　　项，　　项符合，　　项不符合			
	B 项	共评估　　项，　　项符合，　　项不符合			
评估		□零风险　　□轻度风险　　□中度风险　　□高度风险			

注：此表明确的六项评估内容中的具体评估项目，可根据作业实际和风险程度增加。

表 7-3　石油库动火作业安全风险评估表

序号	评估内容	评估项目及标准	项目级别	评估意见	
				符合	不符合
一	风险预测	对可能出现的安全风险分析全面、客观	B		
		输油及通风工艺系统能够与动火场所、设备隔离	A		
		动火作业期间能避免交叉作业	A		
		作业风险在一定范围内可控	A		

续表

序号	评估内容	评估项目及标准	项目级别	评估意见	
				符合	不符合
二	作业方案	有详细的动火作业方案	A		
		动火理由充分合理	A		
		动火级别界定准确	A		
		作业程序合理	A		
		人员分工明确	B		
		有详细的安全措施	A		
三	作业条件	检测仪器齐全、技术性能良好	A		
		可燃气体浓度检测值符合动火作业要求	A		
		动火场所、设备与邻近场所、设备相对隔离	A		
		消防装备器材准备充足、性能良好	A		
		作业场所消防道路畅通	A		
		动火作业工具齐全、性能可靠、满足安全要求	A		
		天气条件利于动火作业	B		
四	作业人员	作业(施工)队伍具备相应的施工资质	A		
		关键岗位作业人员具有相应专业的职业技能资质	A		
		作业人员经过安全教育、熟悉作业方案、熟知安全要求	A		
五	监督管理	现场指挥员监督职责清楚、熟悉作业方案	A		
		现场安全员职责明确、熟悉安全措施	A		
		施工队伍安全责任明确	A		
		作业安全措施落实到位	A		
六	应急措施	有相应的作业安全方案	A		
		风险规避措施明确	B		
		应急装备、器材和消防、救护人员落实到位	A		
		预警响应能够及时启动	A		
汇总	A 项	共评估　　项，　　项符合，　　项不符合			
	B 项	共评估　　项，　　项符合，　　项不符合			
评估		□零风险　　□轻度风险　　□中度风险　　□高度风险			

注：此表明确的六项评估内容中的具体评估项目，可根据作业实际和风险程度增加。

表 7-4 油罐设备在线安装修理作业安全风险评估表

序号	评估内容	评估项目及标准	项目级别	评估意见 符合	评估意见 不符合
一	风险预测	对作业可能出现的风险分析全面、到位	A		
		动火作业期间能规避交叉作业	A		
		预测的作业风险在一定范围内可控	A		
二	作业方案	作业方案合理、安全	A		
		人员分工明确	B		
		消防值班力量安排得当	B		
三	作业条件	检修的设施设备未进行收发作业	A		
		作业工具、设备性能良好,符合场所安全要求	A		
		管线封堵设备性能可靠,达到在线作业要求	A		
		输油管线断开部位流出油料收集措施明确	B		
		通风系统运行正常	A		
		临时照明设备符合场所安全要求	A		
		消防器材准备充分	A		
四	作业人员	作业人员经专业培训、持证上岗	B		
		现场值班员熟悉作业方案	A		
		作业人员掌握油罐设备在线安装、检修作业技能	A		
		作业人员熟知自身安全防护措施	A		
		人体防静电措施落实	A		
五	监督管理	现场值班员监管职责清楚	A		
		现场安全员职责明确、熟悉安全措施	A		
		操作人员安全责任明确	A		
		作业安全措施落实到位	A		
六	应急措施	风险规避措施明确	B		
		应急装备、器材和消防人员落实到位	B		
		预警响应能够及时启动	A		
汇总	A项	共评估　项,　项符合,　项不符合			
	B项	共评估　项,　项符合,　项不符合			
评估结论		□零风险　　□轻度风险　　□中度风险　　□高度风险			

注:此表明确的六项评估内容中的具体评估项目,可根据作业实际和风险程度增加。

表 7-5 油罐清洗修理及除锈涂装作业安全风险预测表

阶段划分	可能发生的风险	风险的主要原因分析	规避措施
准备阶段			
实施阶段			
收尾阶段			
说明			

表 7-6 油罐清洗修理及除锈涂装作业风险评估存在问题整改通知书

_____：

　　你单位在_____于_____年___月____日组织的作业安全风险评估中，存在不符合安全规定和要求的问题，现通知你们进行整改。

序号	存在问题	整改要求	整改时限

评估组织单位负责人：（签名）　　　　　　　　　　　年　　月　　日
作业单位负责人确认：（签名）　　　　　　　　　　　年　　月　　日

采用安全检查表法进行安全风险评估，虽然直观形象，但存在以下主要缺陷：一是建立的检查表内容要素不全，合理分配要素值不当。往往以分析关键因素为主，忽略那些看似不重要却影响安全的细节问题。此外在作业系统中，其危险因素也是不一样的，有的比较好判断，有的则不易判断，往往对不易判断的问题会造成忽略；二是缺乏对作业过程中危险物质和安全保障体系间相互作用关系的考虑分析，忽视了各要素之间重要性的差别，罗列的影响因素存在交叉、重叠、涵盖等情况；三是评价结果的最终结论通常是以合格项目占检查总项的百分比作为评判标准，对恰似不重要实际上也会影响安全的项目予以忽略，缺乏对各种检查项目的重要度进行深度剖析。因此，为了弥补此种评估方法的不足，针对目前评估方法的现状，参照风险评估的基本思路，有时还要结合"事故树法"对石油库重大作业时的安全风险进行评估。

八、事故树分析法在安全风险评估中的应用

事故树分析（Fault Tree Analysis，FTA）法是从要分析的特定事故（顶上事件）开始，层层分析其发生原因，直到找出事故的基本原因（底事件）为止，这些底事件又称为基本事件，它们的数据已知或者已经有统计或实验的结果。事故树分析法是安全系统工程的重要分析方法之一，它是运用逻辑推理对各种系统的危害性进行辨识和评价，不仅能分析出事故的直接原因，而且能深入地揭示出事故的潜在原因。用它描述事故的因果关系直观明了，思路清晰，逻辑性强，既可定性分析，又可定量分析。在风险管理领域常用于风险的识别和衡量。同样，该方法也适用于石油库油罐清洗修理及除锈涂装作业安全风险评估与管理。

1. 构建事故树，计算出最小割集

事故树分析法是一种图形演绎法，是从结果到原因描绘事故发生的有向逻辑树分析方法，这种树是一种逻辑分析过程，遵从逻辑学演绎分析原则（即从结果到原因的分析原则）。把系统不希望出现的事件作为事故树的顶上事件，用逻辑"与"或"或"门自上而下地分析导致顶上事件发生的所有可能，安全的直接原因及相互间的逻辑关系，并由此逐步深入，直到找出事故的基本原因，即为事故树的基本事件。事故树的建立不仅能分析出造成事故的直接原因，还能深入地揭示出事故的潜在原因。因此进行石油库油罐清洗修理及除锈涂装等重大作业时的风险评估时，首先应划定作业系统与外界环境及其边界条件，明确影响作业安全的要素，然后依据历年发生的事故案例，对确定的作业系统进行深入的剖析研究，选择最容易发生且后果严重的事故作为事故的顶上事件，根据事件发生的因果关系，寻找发生上一级事件的所有可能原因，递次推进，直至列出所有的最基本事件为止。再根据相互之间的逻辑关系，绘制出基本要素齐全、逻辑关系合理的油罐清洗修理及除锈涂装作业事故树。通过布尔变换法和福赛尔行列法，计算出事

故树的最小割集，明确顶上事件发生的可能性，梳理出事故树中各个基本事件对顶上事件的影响程度，提出降低作业危险性的控制水平。

2. 依据事故树分析，创建初始安全检查表

显而易见，通过事故树的分析，理清事故发生途径和导致事故发生原因的各种因素之间的关系，以及事故发生概率等，并据此采取相应的解决措施，以提高作业过程中的安全性和可靠性。在具体操作过程中，通过事故树分析，找出作业中存在的安全隐患、导致事故形成的最直接原因、事故发生的可能途径及影响后果。在此基础上，依据国家的法规、规定及标准等安全技术要求，结合国内外同行业的事故案例、事故教训以及本单位实际情况，参照事故树对系统进行分析得出能导致引发事故的各种不安全因素的基本事件，作为防止事故控制点分项列入检查表。检查表应包括系统的全部主要内容，并从检查部位中引申和发掘与之有关的其他潜在危险因素，不能忽略主要的、潜在的不安全因素，每项检查要点，要定义明确，便于操作。检查表应包括分类、检查项目、检查部位、检查小项、安全要求、检查结果、检查日期及检查人员等内容。

3. 专家打分与层次分析法相结合，进行重要度分析

针对专家打分法中风险因素的权重受专家主观影响较大的问题，在实际评估过程中必须采用层次分析法确定权重，使权重确定相对客观准确，确保风险评估中提高专家打分的准确性。为此，在风险识别的基础上，首先请相关专家对风险因素的发生概率和影响水平进行评价，再综合整体风险水平进行评价。然后采用层次分析法构建风险递阶层次结构，采用专家调查法确定各层次内的风险因素指标权重，逐级进行模糊运算，直至总目标层，最终获得项目各个层级以及整体的风险评估结果。这种方法基本实现了风险的定性和定量相结合，对于难以量化的风险因素也能进行有效分析，不依赖绝对指标，造成标准不合理导致偏差。具体实施过程中，在确定定性属性量化等级取5级的基础上，通过召集熟悉本行业的管理者、专业技术人员、实际操作者，对检查表中最底层项目进行评分，然后分别计算出各项得分，再用其除以总评分，即可得到同层次项目在该层次中的权重。运用层次分析法，计算出以上各层项目的权重，将各层次各项目的权重赋予检查项目后，得到最终安全检查表。

4. 现场检查与评估结果的判定

安全检查表中的某项内容有规定但未实施的，定为不符合；有规定但实施不规范的，为基本符合。根据最终安全检查表内容进行现场检查和核验，对所有检查项目进行逐项评估，确定每个项目是否符合，结合项目权重，计算出该层次的不符合率，直至得出最终的不符合率。当不符合率小于5%的，视为轻度风险；大于5%且小于10%的，为中度风险；超过10%的，为高度风险。如果第一步确定的某个最小割集中，项目全部不符合，则可直接判定为高度风险。

5. 检查项目修正与事故控制

对检查项目中的不符合项，要及时组织整改，对一时无法整改的项目要制定相应且具体的防范措施，做好事故预防和控制。项目整改后，应在适当的范围内组织相关人员重新进行风险评估。对重大作业过程中没有预判到且出现的可能影响作业安全的新情况、新问题，要具体情况具体分析，需要及时纳入评估体系的，应及时更新评估结果；对暂时不影响作业安全但确实会造成事故隐患的，应予以高度关注，制定必要的预防措施，从而提高作业系统的安全系数和效率。

事故树分析法可以事前预测事故及不安全因素，估计事故的可能后果，寻求最经济的预防手段和方法。但该方法需要积累大量的事故资料，以大量事故资料为支撑的计算机模拟分析，预测的结果将更为有效。

九、安全风险评估应注意把握的几个问题

在油罐清洗修理及除锈涂装作业安全风险评估中，有时只注重安全风险评估的方法，有时一味地面面俱到，缺乏科学性、针对性和准确性。因此，为有效克服这种一边倒的现象，在评估过程中，应解决好以下三方面的问题。

1. 评估技术应与油罐清洗修理及除锈涂装技术紧密结合

安全风险评估技术的选择必须依据石油库作业的这一特定属性，真正将两者充分结合起来，才能实现科学、高效、准确的作业安全风险评估。在安全检查表的确定、事故树的建立、层次分析法的运用上，既离不开专业评估人员的框架设计，更离不开专业从事油罐清洗修理及除锈涂装的管理人员及技术人员的参与。在安全检查表的建立和完善上，应由从事油料专业的专家、精通本行业的管理者以及清洗修理及除锈涂装实际操作者共同来完成，并对安全检查表进行实际检验，发现问题及时修改补充，使之更贴近实际。

2. 定性分析应与定量分析有机融合

定性分析主要根据经验和判断能力对作业系统进行评估，其缺点是：过于简单笼统，不易准确辨识作业系统的危险性。定量分析需要充足的评估资源和丰富的评估经验，一般石油库很难做到。因此只能立足现有条件，充分利用现有资源，同时集中群体智慧，合理利用专业知识及平时作业经验的积累，采取问卷调查、专家打分的方法，将原本定性的内容加以量化，获取基本接近实际的项目权重，来替代定量分析所需要的概率数据，从而避免风险评估的片面性和盲目性，真正提高风险评估项目的科学性、针对性和准确性。

3. 风险评估应与事故控制相互制约

风险评估只是一种预判的手段，而事故控制才是真正的目的。因此风险评估与事故控制，既属独立的个体，但又相互牵制。一方面通过风险评估，可以准确判断作业系统的危险性，全面分析导致危险的影响因素，为制定防范措施和事故

控制提供充分的依据；另一方面通过事故控制可有效改进作业系统中存在的明显不足，促进风险评估的改进与完善。因此，风险评估过程中，应以事故控制为最终目标，力求相互协调、相互统筹，共同构筑防范油罐清洗修理及除锈涂装作业意外事故的有效防线，将事故消灭在萌芽状态。

第二节　安全风险预警管理

一、安全风险等级

根据油罐清洗修理及除锈涂装工程施工作业的特点和可能发生事故的危害程度，在进行安全风险评估时，应按照不同作业内容，分为若干评估项目，具体项目按照风险程度和重要性分为A、B两个等级，其中A级项目是风险程度较高的项目，B级项目是风险程度相对较低的项目。依据评估分析情况，安全风险等级分为四个等级：

（1）零风险。设计方案、作业方案、作业条件、自然环境、作业人员、监督管理和应急措施等，A、B两个等级都符合安全技术要求，可以正常组织作业。

（2）轻度风险。设计方案、作业方案、作业条件、自然环境、作业人员、监督管理和应急措施等，A级项目全部符合安全技术要求，B级项目中不符合项不超过1项(含)安全技术要求，存在潜在危险性较小，不足以引发事故，具备安全作业条件，可以正常组织作业。

（3）中度风险。设计方案、作业方案、作业条件、自然环境、作业人员、监督管理和应急措施等，A级项目全部符合安全技术要求，且B级项目中不符合项不超过3项(含)安全技术要求，具有潜在危险，但不会立即构成危险，作业中需注意危险的转化，或采取措施消除危险后可正常组织作业。

（4）高度风险。平时情况下，设计方案、作业方案、作业条件、自然环境、作业人员、监督管理和应急措施等，A级项目有不符合安全技术要求的项目，或B级项目中不符合安全技术要求有3项(不含)以上，则存在严重的潜在危险和隐患，不具备安全作业条件，禁止组织作业，问题整改后须重新评估。遇特殊情况确需作业时，作业过程中要特别注意存在的问题。

二、安全风险预警类别及预警区分

根据油罐清洗修理及除锈涂装作业评估的"零风险、轻度风险、中度风险、高度风险"四个等级，预警类别等级从小到大依次为"四级预警、三级预警、二级预警、一级预警"。预警级别分别用不同的颜色区分表示：

一级预警发布红色预警；

二级预警发布橙色预警；
三级预警发布黄色预警；
四级预警发布蓝色预警。

三、预警信息发布

石油库应根据油罐清洗修理及除锈涂装作业风险预警类别，采取自下而上的程序，逐级预警，及时准确地发布预警信息，准确反映作业的性质类别、作业地点、作业内容、作业起止时间、作业影响范围、作业风险评估等级和可能出现的突发情况、危害程度及应采取的相关安全措施要求等。

油罐清洗修理及除锈涂装作业安全风险预警信息发布，主要通过在现场设置标牌、旗帜和通过石油库内部局域网发布预警信息来实现，具体形式主要有以下几种：

（1）一级预警（对应一类风险作业），应当在石油库办公楼、业务区大门、作业现场设立红色预警标示牌（屏）和红色预警三角旗帜，并在石油库内部局域网上发布（打开电脑后强制性弹出）红色预警信息。

（2）二级预警（对应二类风险作业），应当在石油库办公楼、业务区大门、作业现场设立橙色预警标示牌（屏），并在石油库内部局域网上发布橙色预警信息（屏）。

（3）三、四级预警（对应三类及以下风险作业），应当在作业现场设立黄色预警标示牌。

（4）洞库内的作业，应当在洞口增设相应颜色的预警标示牌，风险作业涉及的油罐，应当在醒目位置增设相应颜色的预警标记。

四、预警发布时间

油罐清洗修理及除锈涂装作业不同的风险预警级别，应按规定的时间进行预警。

（1）一级预警（对应一类风险作业），应于作业实施前24h发布风险预告信息，并报上级业务主管部门备案；预警从作业实施前3h开始，直到作业结束。

（2）二级预警（对应二类风险作业），应于作业实施前12h发布风险预告信息，并报上级业务主管部门备案；预警从作业实施前1h开始，直到作业结束。

（3）三、四级预警（对应三类及以下风险作业），预警从作业实施前1h开始，直到作业结束。

五、安全风险管控

油罐清洗修理及除锈涂装作业实施安全风险管控，对及时发现安全隐患，预防事故发生，确保作业安全具有重要意义。为此，将清洗修理及除锈涂装作业风险管理纳入日常安全管理体系之中是非常必要的，在加强风险管理过程中应注意把握风险管理的特点及其规律，正确认知风险、规避风险、评估风险、处置风险、反馈风险，从而实现安全平稳作业之目标。

1. 探索特点规律，全面认知风险

无论从理论上还是从实践上看，油罐清洗修理及除锈涂装作业风险都是客观存在的事实，加强风险管理，要紧紧围绕"认知风险危害、掌握风险规律、规范风险管理、消除风险隐患"的目标，提高作业风险管理水平。一是要研究风险特点。组织机关、院校、石油库和地方专家，对油罐清洗修理及除锈涂装作业的应急管理、安全风险评估、危险源分析、预测预报等理论问题和应对突发事件的组织指挥、协同支援、经验做法等实践问题进行深入研究和探讨，形成研究成果，提高理论认识。从人员职责、安全分析、隐患排查、风险评估、预警响应、情况处置等多个方面明确相关要求和应对措施，有效提高对风险特点的认知。二是要探究风险规律。针对油罐清洗修理及除锈涂装作业风险管理规律，研发作业风险管理平台，制订符合石油库作业实际、体现专业特色的管理工作手册，建立应急管理长效机制，有针对性地解决风险评估、决策指挥、军地联合等制约风险管理工作开展的"瓶颈"问题，探索风险规律，在实践中创新发展。三是要强化风险意识。按照"着眼险时救、强化平时防"的要求，采取现场观摩、理论辅导、网上推演、实地演练等方法，组织石油库风险管理集训，进一步规范作业风险评估的程序步骤，推广试点经验，示范作业风险评估的方法手段，提高石油库广大人员对作业风险的认识和预知、预判、预防的能力。

2. 落实防范措施，着力规避风险

防范是规避风险的基础，制度是安全管理的保障。始终坚持预防为主、防范在先的指导思想，规避油罐清洗修理及除锈涂装作业风险转化为事故。一是要从技术手段上规避风险。积极探索新技术、新手段在石油库风险管理方面的应用，采用信息化智能化手段，加大安全管控力度，提高技术防范能力。为此，深化对油罐清洗修理及除锈涂装作业人员的培训辅导工作，走开"以老带新、部队帮带、岗位练兵、服务传授"的育才路子，是提高作业人员和管理人员能力素质、减少石油库内部人员因素造成风险的关键。二是要从设施设备上规避风险。石油库本级以及石油库上级主管部门，应将清洗修理及除锈涂装所动用的设施设备管理作为规避风险管理的重要环节，要做到事前有计划、事中有监督、事后有检修，按计划、有步骤地对影响作业安全的设施设备进行整治，消除风险隐患的存在。三是要从制度落实上规避风险。积极推行清洗修理及除锈涂装作业规章制度本库化、具体化，将安全隐患责任追究、安全检查责任联系等管理制度落实到规避作业风险中，是促进安全管理和落实制度的有效措施。以国家"突发事件应对法"

为总揽，按照"安全条例"等有关规定要求，制订油罐清洗修理及除锈涂装作业安全风险评估实施办法和安全预警响应工作规定，建立军地一体、上下联动、左右协同的风险应急管理体制，完善应急处置指挥、协调、管理等机制建设，是石油库各级领导机关从制度层面规范对风险管理，石油库本级从作业层面加强对风险控制的又一有效措施，做到对风险的"早发现、早报告、早防范、早解决"，使其安全管理始终处在掌控系统之中。四是要从精细管理上规避风险。开展以"安全管理精细化、涂装作业制度化、作业实施程序化"为主题的安全管理教育活动，进行精细化、制度化和程序化管理，示范、推广石油库精细化管理程序、经验交流。在石油库提出"细节决定成败、粗疏助长风险"的口号，是提炼石油库管理成果的必要手段，是解决精细管理的有效方法，是规避风险的必由之路。

3. 掌握科学方法，准确评估风险

油罐清洗修理及除锈涂装作业风险是客观存在的现实，只要有作业的动作，就一定会有风险发生。由此而需要人们始终坚持以作业为牵引，以参评人员为主体，全面分析作业要素，综合运用多种手段进行风险评估，有效提高风险评估的准确度和科学性。一是要健全评估组织。石油库应建立健全油罐清洗修理及除锈涂装作业风险评估组织，成立风险评估领导小组，建立评估制度。要根据每次作业任务的不同适时调整参评人员，邀请机关、院校、地方专家等参加重大作业评估活动，形成评估范例。各级石油库主管部门也要相应成立评估组织，建立风险评估专家库，做到随时参加指导石油库的风险评估活动。二是要突出评估重点。以石油库清洗修理及除锈涂装作业活动为牵引，狠抓安全度评估和安全工作评价，重点应突出油罐通风、油气检测、油罐清洗、设备检测、隔离封堵、动火焊接、除锈涂装、现场管理等作业的风险评估。应建立开工前风险分析评估制度，并根据工程进度适时进行分析排查，实时掌握隐患要素。三是要突出作业牵引核心。以作业为牵引的风险评估，从分析作业人员、作业对象和作业程序等构成要素入手，重点评估作业人员是否受过专业培训、是否持证上岗、是否从事过该项工作的实践，以及从事该项工作的时间等要素；评估作业对象存在危害的能量、设备、器具、介质、材料、环境、条件等要素；评估作业程序所涉及的风险和先决条件，以及作业过程所应遵守的规章制度、管理规则等要素。通过对作业各危险要素的分析，把握风险评估的关键环节和危险因素，突出分析重点，从而实现特殊性与普遍性的有机统一，为正确实施风险管理奠定基础。四是要创新风险评估方法。风险评估是一项复杂的系统工程，需要采用多种方法，才能提高评估的准确度。为此，建立计算机评估与人工评估、经验评估与理论计算、石油库评估与专家咨询评估相结合的三位一体评估模式，实现有效减少评估误差目标。首先是要在全面调研、综合论证、系统分析、推理建模的基础上，建立以信息为主导的风险评估理论体系、方法步骤和处理程序，构建作业风险评估管理平台，完善风险评估信息数据库,具备对"清洗除锈涂装、动火作业,局部修理"等作业的计算机风险评估功能。实现从"作业方案、作业条件、作业人员、自然环境、监督管理、应急措施"等全面进行作业风险评估,由计算机辅助决策得出相应的评估结论,确定作业风险程度,给出"零风险、一般风险、中等风险、较大风险"等4个风险等级,提出相应的安全建议。其次是要结合实践经验,由人工对计算机的评估结论进行综合分析和权衡,剔除粗伪因素,从定性与定量的结合上进一步确定评估结果。再次是要针对评估过程中有争议的问题,或石油库依靠自身力量无法得出评估结论的问题,采用专家咨询的方法给予解决。并进一步完善风险评估信息数据库,从定性与定量的结合上修正评估结果,减少评估误差。

4. 完善应急机制,及时处置风险

及时有效地处置风险是进行风险评估的最终目的。从理论和实践上看,风险的存在都是客观的,有风险就应有预警,有预警就要处。为有效响应风险、消除隐患。石油库应建立应急机制,及时处置风险。一是建立风险处置机制。要针对评估出的风险等级确立相对应的预警等级类别,规定不同等级的预警颜色、内容、程序、标识、时间等,规范响应要求、级别,明确不同响应级别的具体响应内容,实施网上预警响应作业。二是制订风险处置预案。根据驻地民情社情和具体作业任务,按照全面系统、内容翔实、便于操作的原则,健全清洗修理及除锈涂装突发情况处置、军警民联防等多种应急预案,组建精干实用的应急救援队伍,配备完善应急装备器材,切实做到预有准备。三是确立风险处置措施。在处置风险过程中,根据风险等级和响应级别,从预防风险转化为事故和限制事故后果两方面入手,合理确定处置办法,以预防性措施为主、限制性措施为辅,确保风险降到最小,资源消耗最少,安全效益最高。

5. 总结经验做法,有效管控风险

反馈信息、总结经验既是实现风险管理渐进发展的客观需要,也是提高风险管理水平的有效途径。油罐清洗修理及除锈涂装作业风险管理是一个循序渐进的发展过程,管理的有效性一方面取决于石油库现有信息的正确性和完整性,另一方面又取决于管理人员的专业知识和实际工作经验。因此,要注重在总结中完善风险管理内涵,在管理中健全风险反馈网络。基于这种认识,注重风险评估的信息收集和反馈工作,既是实现风险管理渐进发展的客观需要,也是提高风险管理水平的有效途径。一是要规范风险管理内容。坚持施行规范化管理,充分借助作业证、风险分析单、安全形势分析会记录、隐患排查登记、安全检查表等载体,以规范的格式将风险管理内容记录在案,及时反馈给管理者,做到永久存储,随用随调。二是要构建风险反馈网络。在每次风险任务完成后,执行人员应将作业过程中遇到的主要风险信息及采取的处置对策、经验做法、总结体会等,及时通过网络反馈到风险管理信息数据库,为下次任务提供参考素材,使风险管理工作不断总结、日趋完善、滚动发展。三是要完善风险管理方法。结合经验总结和风险反馈内容,逐步完善管理方法,不断修订充实"评估办法、预警规定"等制度,带动和促进管理方法的改进，实现风险管理制度与其他法规制度、业务管理规定的配套适应、有机融合，使油罐清洗修理及除锈涂装作风险管理工作步入良性发展轨道。

第三节　安全风险应急管理

油罐清洗修理及除锈涂装作业一旦发出风险预警，就应及时根据预警级别的不同进行响应；当发生突发险情和事故时，必须马上进行应急情况处置，控制、减轻和消除突发事件产生的危害，确保危害降到最低，石油库损失降到最少。这就要求石油库要建立一套风险响应机制和应急管理办法，明确规定应急响应级别、内容，平时加强应急教育，严密制订应急预案，依案强化应急训练，全面提高应急处置能力，规范恢复与重建等工作，确保风险一旦出现、危险一旦发生，能依案处置、规范进行、有序展开。

一、风险应急响应级别及响应内容

油罐清洗修理及除锈涂装作业进入预警状态后，要有一套严格的响应机制及时对存在的风险做出响应。根据一级、二级、三级、四级预警级别，相对应的响应级别是：一级响应、二级响应、三级响应、四级响应。响应级别不同，相对应的响应内容也有所不同：

（1）一、二级响应（对应一、二类风险作业）：停止作业以外的其他作业活动，禁止在同一区域内同时进行两项一、二类风险作业，对作业区域加强安全警戒，禁止无关人员和车辆进入；应急处置人员和装备器材到位，呈战斗展开状态；保持与上级业务主管部门、应急协作救援单位的联系，及时通报作业进展情况。

（2）三、四级响应（对应三类及以下风险作业）：停止可能影响作业区域安全的活动，对作业区域加强安全警戒，根据作业内容和要求，做好应急情况处置准备。

（3）发生突发险情或事故时，石油库应立即启动应急情况处置预案，紧急封控现场，科学处置，防止事态扩大，并及时向上级业务主管部门报告救援工作进展情况。必要时，协调石油库驻地或友邻单位专业应急力量增援。

二、风险应急教育

石油库要着眼于增强工作人员的安全防范意识和提高应急处置能力，结合年度工作计划和训练安排，采取定期教育和随机教育相结合的方式，运用集中授课、专题研讨、专家辅导、经验交流、知识竞赛、警示教育等方法，实施应急教育；要结合形势变化、任务变换、设备更新、季节交替、环境改变、人员变动等时机，抓好随机教育。特别是在油罐清洗修理及除锈涂装作业开始前，要结合岗前培训，重点突出应急教育内容，系统学习相关应急管理法规知识，熟悉应急管理的基本原理，掌握预防和处置事故的程序方法、原则和要求，明白应急预案要求及注意事项，增强应急管理的自觉性和主动性。

三、风险应急预案

石油库在进行油罐清洗修理及除锈涂装过程中，风险随时可能转化为事故。因此，必须制订作业风险应急预案，以备不测。主要制订以下几种应急预案：抽除底油应急防火预案、开启人孔盖应急防火预案、开启人孔盖应急防人员窒息预案、临时用电应急防火预案、油罐通风应急防火预案、除锈涂装作业应急防火预案、清洗储罐内油污应急预案、清洗修理及除锈涂装作业应急防工伤预案、清洗修理及除锈涂装作业应急防人员中毒预案等。这些预案的制订，应当根据安全预测、安全评估的结论，针对可能发生的问题，实事求是地进行制订。制订时，应当客观分析、准确判断，设想合理、计划周密，要素齐全、内容简洁，措施具体、实用可行，注重检验、不断完善。每项预案的内容要包括"编写依据、组织领导、任务分析、情况设想、力量编成、处置办法、保障措施、善后处理、有关要求及附录"等，预案要紧贴实际、紧接地气、便于操作、便于指挥，以文字表述为主，并附必要的图、表和说明。预案应在每次施工前进行修订，施工结束后进行总结完善，并存档管理。

四、风险应急训练

石油库要依据应急预案，积极开展应急训练工作，科学筹划，分类指导，分步实施，因人因地施训，循序渐进，严密组织，注重实效，不断提高安全防范和应急处置能力，检验完善预案内容，使训练更贴近实际、贴近实战。应急训练内容包括防护技能训练、设备操作训练、初起火灾赴救训练、应急处置训练、紧急避险训练、紧急逃生训练、自救互救训练等。各类人员要熟练掌握预案内容，在结合实际、从难从严原则的指导下，每年至少进行两次实兵实装综合演练，模拟火灾场景及人员中毒窒息救助实况，重点训练应急指挥、应急处置、应急保障、应急救援、应急撤退等内容，并对演练情况进行登记和总结。

五、风险应急处置

油罐清洗修理及除锈涂装作业过程中发生突发事件后，现场安全员应该立即向现场指挥员报告，组织现场安全、消防、检测、施工等人员进行现场紧急处置，力争将事件消灭在萌芽状态；边处置边向石油库值班领导报告，石油库领导应当迅速启动应急预案，本着"快速反应、严密组织、救人为先、有序高效"的原则，借助应急管理指挥平台，展开应急处置工作，最大限度地减少伤亡和财产损失，防止事态扩大，消防不良影响，并及时将情况上报上级主管部门，报告内容包括事件类型、时间、地点、人员伤亡、设施受损、事件大致经过等概略情况。当石油库自身力量无法处置时，应当迅速启动应急动员机制，紧急动员石油库周边其他救助力量和资源，在统一的应急组织机构指挥下实施救援。

突发事件处置后，应当及时做好善后处理，做出损失评估报告和调查报告。损失评估报告主要包括造成的人员、装备、物资、财产、油料和环境受损项目、类别、程度以及直接经济损失，并附损失项目清单。同时，石油库要配合好上级主管部门组成的事故调查组做好事故调查报告，按照实事求是、客观公正、按时完成的原则，对事件进行全面调查，并形成调查报告。调查报告通常包括以下内容：

（1）发生突发事件的单位、时间、地点和经过；
（2）发生突发事件的原因、教训和暴露的主要问题；
（3）突发事件处置、救援和善后处理情况；
（4）突发事件造成的人员伤亡、装备物资损失和其他直接经济损失；
（5）事故等级认定；
（6）改进意见和建议；
（7）相关附件。

突发事件若为人为事故，应当依法追究相关人员的直接责任和领导责任，达到吸取教训、引以为戒、教育群众、有效防范的目的。

六、风险应急处置后的恢复与重建

油罐清洗修理及除锈涂装作业过程中发生的突发事件危害和威胁得到控制或消除后，应当采取必要措施，防止发生衍生事件或次生灾害。同时还要及时总结应急处置工伤的经验教训，修订应急处置预案，组织进行安全隐患排查，制订恢复重建计划，重建计划应当根据损失、设备设施毁坏、人员伤亡等情况，提出资金需求计划、物资支持计划、重建项目计划、设施完善修复计划和技术指导帮建要求等，适时展开救助、补偿、抚慰、抚恤、安置等善后工作，妥善解决好因处置突发事件引发的矛盾和纠纷，尽快恢复正规秩序，让各项工作步入规范化的轨道，确保重建和恢复工作顺利进行。

七、安全风险应急管理应把握的几个问题

油罐清洗修理及除锈涂装作业安全风险应急处置管理工作，范围宽广，内容丰富，任务繁重，是一项复杂的系统工程。要从多方联合、上下联动、要素集

成、体制机制、制度建设等多个方面向保障力聚焦，要从风险管理、资源整合、安全管控等多角度全方位为保障力护航，要从平时能保障，险时能应急，战时能应战的目标出发加强建设，要牢固树立安全发展理念，全面贯彻落实国家《突发事件应对法》及安全生产的相关要求，科学践行现行国家、军队颁发的安全规章制度，紧紧围绕新形势下油罐清洗修理及除锈涂装作业安全风险应急处置进入了新时代这一客观要求，深入探索应急管理工作的方法路子，从更高的层面统领作业安全，从最艰难、最复杂、最恶劣的要素思考作业的安全问题，用预警、预测、预估、预报、预防的手段解决作业面临的安全威胁，用提高应急保障、应急抢险、应急救援的方法全面加强石油库综合预防能力，紧抓石油库安全管理的核心，确保石油库作业少出事故或不出事故，是安全所需、任务所迫、大势所趋。

1. 立足多方联合，建立应急管理体制

要充分依托国防动员力量，石油库所在地政府机关领导及公安、消防力量，以及有关部门领导组成应急管理指挥机构，明确各自的领导工作职责，坚持每半年或至少一年召开一次协调工作例会，定期通报有关情况，筹划安排工作，研究出现的新情况和新问题，达到统管应急实体、统用应急力量、统担应急任务的目标，形成主体在石油库自身、多方力量融合、统一指挥、运转高效的应急管理体制。要从认识风险、规避风险、评估风险、处置风险、反馈风险五个方面入手，立足应急抢险需要并结合石油库建设实际，紧贴风险管理特点规律，贯彻落实防范在先指导思想，科学把握风险评估和处置的方法路子，有效将风险管理工作纳入石油库安全管理体制之中。

2. 立足上下联动，形成应急管理机制

石油库要着眼油罐清洗修理及除锈涂装应急管理工作需要，深入开展以"规章制度本库化、安全管理精细化、安全作业程序化"为主题的管理活动，全面落实岗位人员安全职责，认真进行隐患排查，积极探索安全隐患责任追究、安全检查责任联系等新机制在应急管理工作中的贯彻落实。同时要完善石油库、专家、机关分工参与的作业安全风险评估机制，建立石油库、当地消防力量、驻地群众三级联动的应急响应机制，并与有关单位签订协作意向书，形成多方兼容的应急救援机制，通过创立应急信息传递、应急决策指挥、应急资源保障、应急事件响应、多方应急协作、平战应急转换等应急机制，丰富石油库应急管理工作的内涵，完善配套石油库管理制度体系，创新管理方法手段，填补应急情况下管理的空白，从而为石油库全面发展提供有力的支撑和持续的动力，使油罐清洗修理及除锈涂装应急管理工作在石油库大的安全环境下健康有序运行。

3. 立足要素集成，完善应急管理制度

要依据国家和行业有关应急管理法规制度，结合应急管理组成要素，制订石油库应急管理工作规定、作业安全风险评估实施办法、安全预警响应工作规定和应急管理工作手册，建立完善安全分析、预防预测、预警响应、安全教育、安全训练、设备设施管理、多方联合办公、经费物资筹措保障、应急处置、奖励与惩处等制度；明确和规范应急管理的目标任务以及队伍建设、预案演练、检查考核的内容和措施，逐步使应急管理工作走上规范化、制度化轨道。要加强应急预案管理，切实夯实应急处置的基础条件，在紧密结合石油库驻地民情、社情、担负任务和可能出现的突发情况的基础上，立足现有，着眼长远，按照全面系统、注重实用、便于操作的原则，制定完善应急消防、应急收发、应急抽组、抢修抢建等预案，并依案指导训练，在实践中反复检验预案的针对性和实用性，使预案与应对突发事件的需要相适应，确保达到"拿来就能用，照着就能干，干了就管用"的要求。

4. 立足应急救援，抓好资源统筹管理

搞好应急救援的关键是抓好资源统筹。要通过开展驻地人力、运力、物资和专职救援队伍等应急力量普查，摸清石油库周边医疗、公安、消防、运输等多个单位和部门的应急救援资源现状，掌握分布特点，掌控可随时调用的救援力量和装备器材，并将之纳入石油库应急救援资源体系中统一管理、统一使用、统一调配、有偿征用，实现多方资源的有效整合和共享，最大限度地发挥应急救援资源效能。要严格标准，配齐应急装备器材，打牢做好应急管理工作的物质基础，按照业务正规化建设标准的要求，安装视频监控、入侵检测、火灾报警等智能化安防设备，配备更新消防、救援等应急装备，实现石油库"三抢"器材数量充足、品种齐全、质量可靠。要突出应急保障抽组训练，每年组织一次实兵实装应急保障演练，提高石油库应急处突能力。要在充分调查收集应急资源信息的同时，借鉴政府突发公共事件信息平台建设模式，依托网络研制开发集应急值守管理系统、应急处置辅助决策系统、应急资源动态管理系统、应急演练模拟系统、军警民联防系统和石油库基础数据库于一体的石油库应急管理平台，实现应急管理信息化、辅助决策智能化、风险评估多元化、预警控制网络化、应急训练模拟化等目标，带动和促进石油库组建锤炼一支精干高效、反应迅捷的应急综合力量，有效提升应急管理工作组织指挥、判断决策、协调控制的能力。

参 考 文 献

[1] 郝宝根，朱焕勤，樊宝德. 油库实用堵漏技术[M]. 北京：中国石化出版社，2004.
[2] 范继义，张全奎. 油库建设工程施工与验收[M]. 北京：中国石化出版社，2012.
[3] 范继义. 油库安全工程管理[M]. 北京：中国石化出版社，2009.
[4] 范继义. 油库千例事故分析[M]. 北京：中国石化出版社，2005.
[5] 许文忠，王银锋，夏天. 立式钢制油罐换底技术规程[S]. 中国人民解放军部标，2012.
[6] 许文忠，等. 立式钢制油罐换底大修改造技术规程[S]. 中国人民解放军部标，2012.
[7] 聂世全. 军队油库油罐清洗除锈涂装规程[S]. 中国人民解放军部标，2014.
[8] 邓三鹏. 储油罐清理机器人发展现状及关键技术[J]. 油气田地面工程，2009，28(1).
[9] 谢阶齐. 油罐底泥清洗机器人本体设计研究现状与展望[J]. 机械研究与应用，2012，119(3).
[10] 范继义. 油罐涂料防腐作业的安全要求[J]. 石油库与加油站，2007，16(5).
[11] 周利坤，战仁军，李悦. 一种油罐清洗机器人(发明专利). CN 102764750 A，2012.
[12] 张永国. 油罐涂装作业中的安全问题[J]. 石油库管理与安全，1998，7(6).
[13] 吕明智. 加油站油罐清洗问题分析[J]. 汽车维修技师，2016，10.
[14] 蔡忠林. 油库重大作业前安全风险评估方法初探[J]. 化工安全与环境，2014，36.
[15] 聂世全. 油库油罐清洗爆炸事故教训及安全作业对策探讨[J]. 化学工程与装备，2013，5.
[16] 王智源. 事件树在油库作业安全风险评估中的运用[J]. 训练与科技第，2009，30(6).
[17] 王智源. 基于事件树分析法的油库作业安全风险评估研究[J]. 石油库与加油站，2010，19(5).
[18] 白雪亮. 油罐清洗作业中存在的安全问题及对策分析[J]. 石油库与加油站，2008，17(3).
[19] 赵琳，刘国荣，姚凤灵，等. 油罐清洗技术的发展现状[J]. 过滤与分离，2015，25(4).
[20] 王伟峰，聂世全. 加油站静电着火爆炸事故的原因及对策[J]. 石油安全，2005，8(6).
[21] 张全奎，王伟峰，孔佑铭. 加油站预防雷电事故的措施[J]. 化工安全与环境，2006，14(826).
[22] 王伟峰，张全奎，聂世全，等. 加油站电气设备引发着火爆炸事故原因分析及对策[J]. 石油库与加油站，2006，(15).
[23] 王伟峰，聂世全，张全奎，等. 设备烧焊引发加油站着火爆炸分析[J]. 化工安全与环境，2007，3.
[24] 祝超. 油罐的安全清洗[J]. 石油库与加油站，2009，18(1).
[25] 宋广成. 石油储罐导静电涂料使用情况的调研报告[J]. 防腐蚀，2002(6).
[26] 杨占品，赵庆华，范传宝，等. 钢质储油罐底板腐蚀调查与分析[J]. 防腐蚀，2002(6).
[27] 倪余伟. 洞库金属油罐防腐蚀研究[J]. 装备环境工程，2008(4)：45-47.

[28] 隋静海. 立式圆筒铜质油罐腐蚀分析[J]. 黑龙江科技信息, (3): 52.
[29] 程基明. 复合罐底法在油罐大修换底改造中的应用[J]. 石油库与加油站, 2011, 1(1).
[30] 谌彪. 油罐内壁防腐蚀工程应把握的几个环节[J]. 军需物资油料, 2010(3).
[31] 刘华峰. 立式钢质油罐腐蚀穿孔的原因及修补[J]. 军需物资油料, 2010(10).
[32] 王延生, 张永生. 航空炼油储运过程中的质量控制[J]. 油气储运, 2001, 20(3): 29.
[33] 赵文杰. 储油罐防腐的施工方法及技术标准[J]. 化学工程与装备, 2009(10): 39-41.
[34] 黄郑华. 油罐清洗的防火与防爆[J]. 油气储运, 2001, 20(3): 51-53.
[35] 唐保华. 油罐清洗过程中的安全管理[J]. 当代化工, 2006, 35(6): 407-408.